建筑设备类专业系列教材

建筑
设备安装

主编　相里梅琴　陈宏振

江苏大学出版社
JIANGSU UNIVERSITY PRESS
镇　江

图书在版编目(CIP)数据

建筑设备安装 / 相里梅琴，陈宏振主编. — 镇江：江苏大学出版社，2021.3(2022.6重印)
ISBN 978-7-5684-1509-5

Ⅰ.①建… Ⅱ.①相… ②陈… Ⅲ.①房屋建筑设备－建筑安装工程－教材 Ⅳ.①TU-8

中国版本图书馆CIP数据核字(2020)第254741号

建筑设备安装
Jianzhu Shebei Anzhuang

主　　编/相里梅琴　陈宏振
责任编辑/孙文婷
出版发行/江苏大学出版社
地　　址/江苏省镇江市梦溪园巷30号(邮编：212003)
电　　话/0511-84446464(传真)
网　　址/http://press.ujs.edu.cn
排　　版/镇江文苑制版印刷有限责任公司
印　　刷/镇江文苑制版印刷有限责任公司
开　　本/787 mm×1 092 mm　1/16
印　　张/16.25
字　　数/388千字
版　　次/2021年3月第1版
印　　次/2022年6月第2次印刷
书　　号/ISBN 978-7-5684-1509-5
定　　价/52.00元

如有印装质量问题请与本社营销部联系(电话:0511-84440882)

前言

Preface

本书以建筑工程技术、建筑装饰工程技术、工程造价等专业对建筑设备安装工程的职业能力要求为出发点，按照理论、实践一体化的学习要求编写。本书是由高等职业技术学院专任教师、现场兼职教师等共同参与编写而成的一本工学结合立体化教材。

本书在编写过程中较好地贯彻了素质教育的思想，力求体现以人为本的现代理念，从建筑设备安装行业岗位群的知识和技能要求出发，并结合学生思政教育方面的要求，提出教学目标并组织教学内容。

本书结合安装行业的生产实际，设置了 14 个学习任务，每个任务配套施工图识读及技能训练环节，通过体系化的引导，帮助学生在完整的项目中进行理论、实践一体化学习。在培养学生职业能力的同时，帮助学生学习工作任务知识，促进学生关键能力和综合素质的提高，实现工学一体化教学目标。

本书紧紧围绕培养学生安装工程职业能力这一中心，以能力培养为目标、以学生为主体、以教师为主导、以完成任务为载体，组织编写内容。同时，配套了二维码扫描查询、超星平台课程网站、中国大学 MOOC 网站、慕课堂手机网上学习系统、微课教学视频、动漫演示辅助学习内容。

本书由江苏建筑职业技术学院相里梅琴、陈宏振任主编，郭扬、张娅玲任副主编。相里梅琴编写了项目一，并对全书进行了统筹；陈宏振编写了项目二；江苏城乡职业技术学院张娅玲编写了项目三任务一、任务二；江苏建筑职业技术学院张丽娟编写了项目三任务三、任务四；江苏建筑职业技术学院郭扬编写了项目四；江苏建筑职业技术学院夏如杰、王文杰进行了配套微课录制；中建八局上海公司杜金苏编写了技能训练的内容。

本书承蒙江苏建筑职业技术学院徐红梅老师主审，她结合自己多年的教学和实践经验，提出了许多宝贵意见，在此谨致诚挚的谢意。在本书编写过程中，江苏建筑职业技术学院暖通教研室各位老师鼎力相助，提供了大量施工图。此外，本书还参考了其他作者的相关资料和书籍，在此一并表示衷心的感谢。

由于编者水平有限，加上国内外安装工程技术和标准的发展和更新很快，书中难免存在不妥和疏漏之处，敬请广大读者批评指正。

编　者

2020 年 11 月

目录

Contents

项目一

建筑给水排水系统安装

项目描述

人们的生活、工作都离不开水，室内给水排水系统可满足人们用水和排除污废水的需求，能够给人们提供卫生舒适、实用经济、安全可靠的生活与工作环境。因此，水如何输送到用水点，用完的水如何排出，用什么样的管材，用什么样的设备，如何布置，如何安装，都需要深入学习和研究。

知识目标

1. 认知常用管材、设备及附件。
2. 熟悉给水系统、排水系统、消防系统的基本知识。
3. 了解建筑给水排水施工图的基本组成及识读施工图的方法。
4. 熟悉建筑给水排水系统施工安装工艺流程。

技能目标

1. 能正确识读建筑给水排水系统施工图。
2. 能进行建筑给水排水系统与建筑结构、装饰施工安装的配合。

素质目标

1. 养成认真严谨的工作作风，识读施工图能够做到严格、有序、准确。
2. 培养组织、沟通、团结协作能力，能够做好建筑给水排水与其他专业间的配合。

任务一 认知常用管材

常用管材

安装工程常用的管材有金属管、非金属管和复合管三类。钢管、铸铁管、铜管和不锈钢管等为金属管，无规共聚聚丙烯（PP-R）管、聚丁烯（PB）管和硬聚氯乙烯（PVC-U）管等为非金属管。

一 认知钢管

钢管主要有焊接钢管和无缝钢管两种。

1. 焊接钢管

（1）焊接钢管的分类

焊接钢管按壁厚一般可分为普通钢管和加厚钢管两种，包括直焊缝和螺旋焊缝钢管。普通钢管的出厂试验水压力为 2.0 MPa，用于工作压力小于 1.0 MPa 的管路；加厚钢管出厂试验水压力为 3.0 MPa，用于工作压力小于 1.6 MPa 的管路。

焊接钢管又分为镀锌钢管和非镀锌钢管两种。钢管镀锌的目的是防腐、防锈，保护水质，延长管道使用寿命。

焊接钢管适用于冷热水、蒸汽、空气和燃气等的输送，可采用螺纹连接、焊接、法兰连接、卡箍连接。镀锌钢管一般不能焊接，否则需进行二次镀锌处理。

（2）焊接钢管管件

焊接钢管一般采用螺纹管件，可分为镀锌管件（见图 1-1）和非镀锌管件两类。

管件按用途可分为：

① 用于管路延长连接的管件：管箍、对丝、大小头；

② 改变管路方向的管件：45°弯头、90°弯头等；

③ 改变管路管径的管件：补芯、大小头、异径弯头等；

④ 管路分支连接的管件：等径三通、等径四通、异径三通、异径四通；

⑤ 节点碰头连接的管件：活接头、螺旋法兰盘、根母（六角内丝）；

⑥ 管子堵口的管件：丝堵（堵头）、管堵头（管帽）。

焊接钢管一般用公称直径 DN 表示管道的尺寸，等径管件的规格与所连接的公称直径一致，如 DN25 三通、DN32 弯头等。异径管件也用公称直径表示，如 DN20×15 表示补芯。

（3）焊接钢管的优缺点

焊接钢管具有强度高、耐压、接头少、加工安装方便、表面光滑等优点。但抗腐蚀性能差，造价较高。

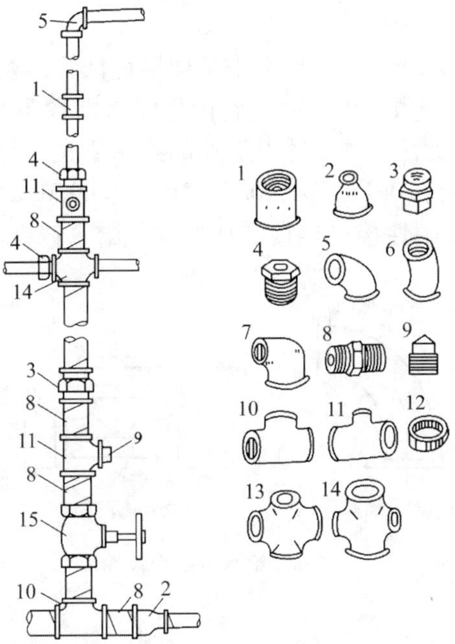

1—管箍；2—大小头；3—活接头；4—补芯；5—90°弯头；6—45°弯头；
7—异径弯头；8—对丝；9—丝堵；10—等径三通；11—异径三通；
12—根母；13—等径四通；14—异径四通；15—截止阀

图 1-1 镀锌钢管螺纹连接管件

2. 无缝钢管

无缝钢管具有承受高压及高温的能力，主要输送高压流体、高温热水及易燃易爆物质。

无缝钢管按制造方法分，有热轧管和冷拔管；按用途分，有普通无缝钢管和专用无缝钢管。普通无缝钢管适用于输送给水、蒸汽、燃气及较高压力的流体。专用无缝钢管用于特定用途和场所，如低中压锅炉用无缝钢管、低温管道用无缝钢管等。

无缝钢管一般用“外径×壁厚”来表示，如 D108×4 表示外径为 108 mm、壁厚为 4 mm 的无缝钢管。无缝钢管通常可采用螺纹连接、焊接、法兰连接、卡箍连接。

此外，薄壁不锈钢管由于强度高，耐腐蚀、不易生锈，安全卫生性能好，内壁光滑水阻小，外表美观、清洁、时尚，使用范围广，使用寿命长，综合成本低，已大量应用于建筑给水和直饮水管道。

二 认知铸铁管

铸铁管由生铁浇铸而成，与钢管相比具有耐腐蚀、使用寿命长、价格低等优点，缺点是管壁厚、重量大。

铸铁管按使用场合的不同，可分为给水铸铁管和排水铸铁管；按制造材质的不同，可分为灰口铸铁管和球墨铸铁管；根据其制造工艺，又可分为砂型离心铸铁管和连续铸造铸铁管。

1. 给水铸铁管

给水铸铁管及管件为承压管材，通常采用球墨铸铁管，离心浇铸，质地较为匀密，内外壁较光滑，壁厚均匀一致，出厂时在管内外喷涂沥青防腐层。单根管一般长度为 6 m，由于耐腐蚀、价格便宜，被大量用于外部给水管道。给水铸铁管的公称直径为 DN75～DN1500，工作压力有 0.45 MPa，0.75 MPa，1.00 MPa 等几种。给水铸铁管可采用承插连接、法兰连接和柔性接口连接三种形式。给水铸铁管承插连接管件如图 1-2 所示。

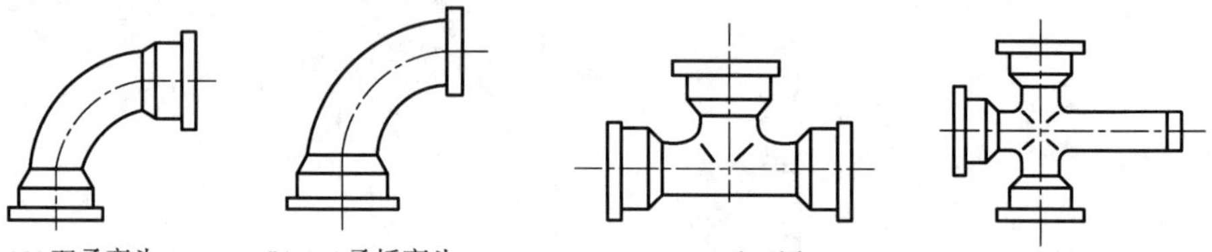

(a) 90° 双承弯头　(b) 90° 承插弯头　(c) 三承三通　(d) 三承四通

图 1-2　给水铸铁管管件

2. 排水铸铁管

排水铸铁管管壁较薄，不能承受较大压力，常用于生活污水和雨水管道。排水铸铁管管径通常为 50～200 mm，采用承插连接。承插口直管有单承口和双承口两种，主要接口有青铅接口、普通水泥接口、氯化钙石膏水泥接口、石棉水泥接口和膨胀水泥接口等，最常用的是普通水泥接口。

柔性接口机制的排水铸铁管采用离心铸造法铸造，管壁无砂眼和气孔，组织致密度高，壁厚均匀，管壁光滑，具有承压高、水流噪声小、接口不易漏水、耐高温、寿命长、可曲挠性强等优点。采用柔性接口机制的排水铸铁管，具有抗震动性能强的特点，可用于有横向位移的场所，如高层建筑、抗震设防要求较高的建筑。常见的规格有 DN50，DN75，DN100，DN125，DN150，DN200 等。

图 1-3 所示为柔性接口排水铸铁管管件。图 1-4 所示为排水铸铁管 RK-A 柔性接口。

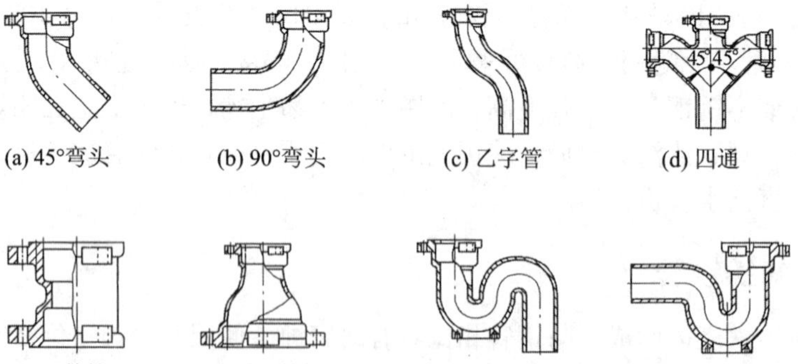

(a) 45°弯头　(b) 90°弯头　(c) 乙字管　(d) 四通

(e) 管箍　(f) 异径管箍　(g) S形存水弯　(h) P形存水弯

图 1-3　柔性接口排水铸铁管管件

图 1-5 所示为排水铸铁管 W 型卡箍式柔性接口，无承口管道和配件，接口采用橡胶套密封，效果好，能承受来自各方向的振动（包括强烈地震）。外罩为不锈钢卡箍，接口美观牢固、耐腐蚀。

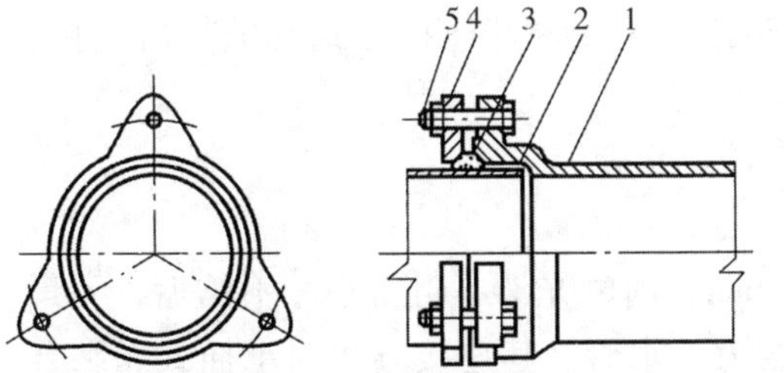

1—承口端；2—插口端；3—橡胶密封圈；4—法兰压盖；5—螺栓

图 1-4 排水铸铁管 RK-A 柔性接口

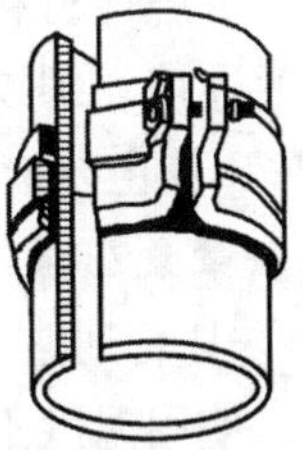

图 1-5 排水铸铁管 W 型卡箍式柔性接口

三 认知铜管

铜管按材质不同分为紫铜管、青铜管和黄铜管三大类。紫铜管依其是否覆塑又分为紫铜光管、紫铜覆塑冷水管及紫铜覆塑热水管。铜管一般用于水质要求高的给水系统。

薄壁紫铜管的常用规格有公称直径 DN15～DN250 共十五种。建筑给水的铜管，公称压力推荐 1.0 MPa 和 1.6 MPa。目前小口径铜管的连接方式有三种基本类型，即螺纹连接、钎焊承插连接和卡箍式机械挤压连接，也可延伸为法兰式、沟槽式、承插式、插接式和压接式等连接。

铜管化学性能稳定，经久耐用；力学性能好，便于加工安装；使用卫生条件好，对某些细菌具有生长抑制作用，可保证水质的安全，同时铜还是人体所需的微量元素之一。

四 认知塑料管

塑料管及管件的材质种类很多，最主要的材料是聚氯乙烯。随着我国有机化学工业的发展及对化学建材的推广应用，应用于建筑给水系统的塑料管材逐渐增多，如硬聚氯乙烯（PVC-U）、聚乙烯（PE）、交联聚乙烯（PE-X）、无规共聚聚丙烯（PP-R）、聚丁烯（PB）、丙烯腈-丁二烯-苯乙烯共聚物（ABS）等。我国塑料管材采用公制外径系列，规格一般以“外径×壁厚（$D_e \times e_n$）”表示。

塑料管具有密度小，比强度大，耐腐蚀、化学性能稳定，管内壁光滑、水力条件好，重量轻，易切割，安装方便等优点。其缺点是不能抵抗强氧化剂的作用，强度低，耐热性差。

塑料管材的优劣主要取决于构成管材的内在压力及原材料、添加剂等，而环境介质温度、管内工作压力、管道管径及壁厚等都会影响塑料管的使用寿命。常见塑料管中，PVC-U，ABS 塑料管只能输送冷介质；PP-R，PB，PE，PE-X 塑料管常用于热水系统。

1. 无规共聚聚丙烯（PP-R）管

PP-R 管无毒、无害，有高度的耐酸性和耐氯化物性；耐热性能好，在工作压力不超过 0.6 MPa 时，长期工作水温为 70 ℃，短期使用水温可达 95 ℃，软化温度为 140 ℃；使用寿命长，达 50 年以上；耐腐蚀性好，不生锈，不腐蚀，不会滋生细菌，无电化学腐蚀，膨胀力小。PP-R 的缺点是抗紫外线能力差，在阳光的长期照射下易老化；属于可燃性材料，不得用于消防给水系统。其连接方式有电热熔连接、热熔对接焊、法兰连接、螺纹连接。

PP-R 管主要应用于饮用水管、冷热水管。

2. 硬聚氯乙烯（PVC-U）管

PVC-U 管通常直径为 40～100 mm，内壁光滑、阻力小、不结垢，无毒、无污染、耐腐蚀，使用温度不超过 40 ℃，故为冷水管。其连接方式为承插式、黏合剂黏结式。由于其抗老化性能好、难燃，可采用橡胶圈柔性接口安装。

PVC-U 管主要用于给水管道（非饮用水）、排水管道、雨水管道。

3. 聚丁烯（PB）管

PB 管有较高的强度，韧性好、无毒。其长期工作水温为 90 ℃左右，最高使用温度可达 110 ℃。其缺点是易燃、热胀系数大、价格高。

PB 管主要应用于饮用水管、冷热水管，特别适用于薄壁小口径压力管道，如地面辐射供暖系统的盘管。

4. 聚乙烯（PE）管

PE 管卫生条件好，无毒，不含重金属添加剂，不结垢，不滋生细菌，柔韧性好，抗冲击能力强。其连接方式有电热熔连接、热熔对接焊、热熔承插连接。

PE 管主要用于输送生活用水。

5. 交联聚乙烯（PE-X）管

PE-X 管无毒、卫生、透明；有折弯记忆性，不可热熔连接，热蠕动性较小，低温抗脆性较差，原料较便宜；使用寿命可达 50 年；可输送冷水、热水、饮用水及其他液体。阳光照射会使 PE-X 管加速老化，缩短使用寿命，避光可使塑料制品减缓老化，寿命延长，这也是用于地面辐射供暖系统分水器前供回水管必须加避光护套的原因；同时，也可避免夏季供暖停止时，光线照射产生水藻、绿苔，造成管路栓塞或堵塞。

PE-X 管主要用于地面辐射供暖系统的盘管。

6. 丙烯腈-丁二烯-苯乙烯共聚物（ABS）管

ABS 管是一种新型的耐腐蚀管道，它在一定的温度范围内具有良好的抗冲击强度和表面硬度，综合性能好，易于成型和机械加工，表面还可镀铬。它兼有 PVC 管的耐腐蚀性能和金属管道的力学性能，连接方式为冷胶溶接法。

ABS 管主要用于纯净水系统、石化工业管道系统、环保行业。

五 认知复合管

1. 铝塑复合管

铝塑复合管是以焊接铝管或铝箔为中层，内外层均为聚乙烯材料（常温使用），或内外层均为高密度交联聚乙烯材料（冷热水使用），通过专用机械加工方法复合成一体的管材，如图 1-6 所示。

铝塑复合管长期使用温度（冷热水管）为 80 ℃，短时最高温度为 95 ℃。其安全无毒、耐腐蚀、耐高温、易弯曲、不回弹、不结垢、流量大、阻力小、寿命长、柔性好、安装简单。

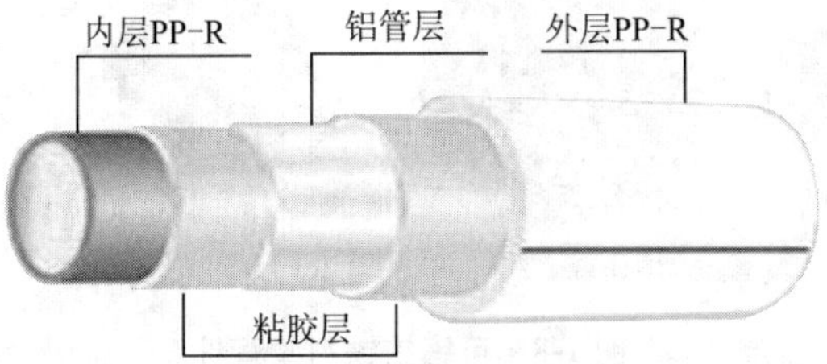

图 1-6 铝塑复合管

铝塑复合管主要应用于饮用水管和冷、热水管。冷水管外层的颜色为黑色、蓝色或白色；热水管外层为橙红色。

铝塑复合管表示方法为“用途代号（拼音）内径外径（mm）”，如 R1620 表示内径为 16 mm、外径为 20 mm 的热水管。

铝塑复合管管件采用黄铜冷挤压或锻造材料生产，有金属冷压式和螺纹压紧式。其种类、功能与金属管件类似，有的接口带金属螺纹，以便与螺纹管件连接，如图 1-7 所示。

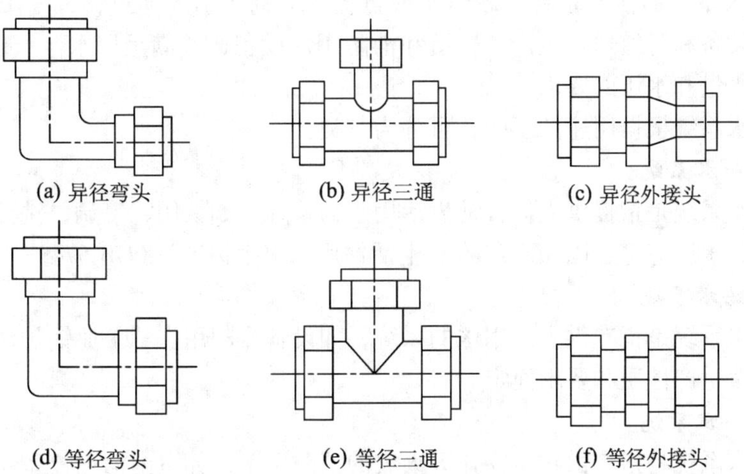

图 1-7 铝塑复合管管件

2. 钢塑复合管

钢塑复合管分为给水涂塑复合钢管和给水衬塑复合钢管。钢塑复合管既有金属坚硬、刚直不易变形、耐热、耐压、抗静电的特点，又有塑料耐腐蚀、不生锈、不易产生水垢、管壁光滑、保温性能好、清洁无毒、自重轻、施工方便、使用寿命长的优点。其常用规格为 DN15 ~ DN500，连接方式有螺纹、沟槽、承插和法兰等连接。

钢塑复合管根据覆层的材质不同，可分别用于给水和热水系统。

钢塑复合管的管件形式如图 1-8 所示。

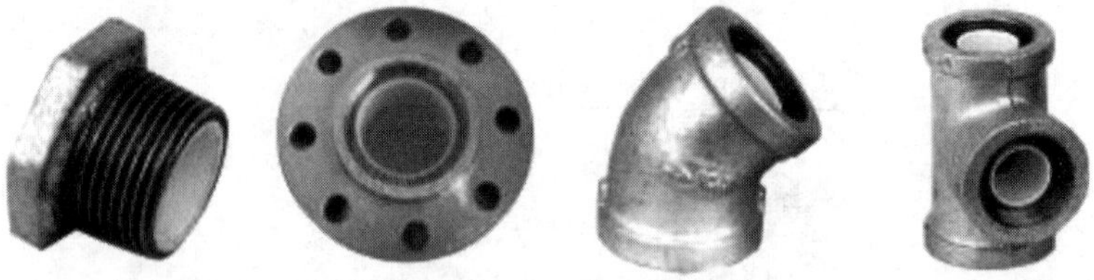

(a) 补芯　(b) 法兰　(c) 45°弯头　(d) 三通

图 1-8　可锻铸铁衬塑管件

任务二　建筑给水系统安装

一　知识点学习

建筑给水系统的分类与组成

（一）建筑给水系统的分类

建筑给水系统的任务是将市政给水或自备水源的水引入建筑物，经室内给水设备和管道送至生产、生活和消防用水设备，并满足用水点对水质、水量和水压的要求。

建筑给水系统根据用途的不同，可分为三类：

1. 生活给水系统

生活给水系统是指提供人们日常生活用水的系统，如饮用、烹调、洗涤、盥洗和淋浴等用水。其水质应符合国家规定的《生活饮用水卫生标准》（GB 5749—2006）。

2. 生产给水系统

生产给水系统是指专供生产用水的系统，如设备冷却用水、工业锅炉用水等。生产给水的水质按生产性质和要求而定。

3. 消防给水系统

消防给水系统是指专供建筑物扑灭火灾的消防用水，如室内消火栓系统、自动喷水灭火系统等。消防给水对水质无特殊要求，但要保证水压和水量。

在一幢建筑内，不一定都需要设置上述三种给水系统。可以按水质、水压和水量的要求及安全方面的需要，结合室外给水系统的情况，组成不同的共用给水系统。例如，生产-生活给水系统，生活-消防给水系统，生活-生产-消防给水系统等。

（二）建筑给水系统的组成

建筑给水系统主要由引入管、水表节点、室内给水管网、给水附件、升压和贮水设备等组成，如图 1-9 所示。

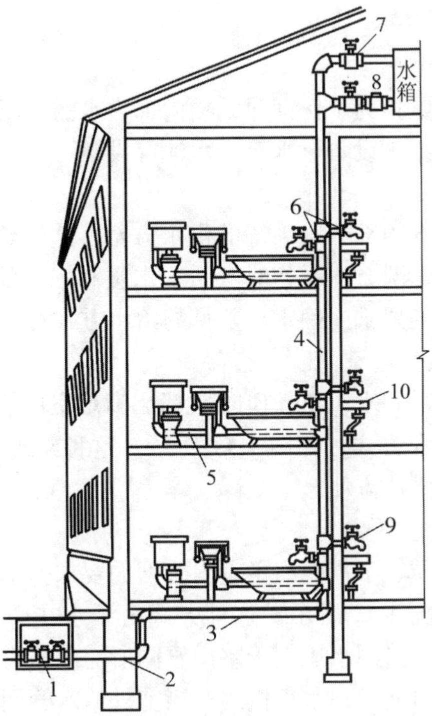

1—水表节点；2—引入管；3—水平干管；4—立管；5—支管；
6—配水支管；7—阀门；8—止回阀；9—水龙头；10—洗涤盆

图 1-9　建筑给水系统

1. 引入管

引入管又称进户管，是将市政给水管网和建筑内部给水管网连接起来的管道。该管道通常为一条（也可以为几条），与室外给水管网相连接处一般要设阀门井。

2. 水表节点

水表节点是指引入管上装设的水表及其前后设置的阀门及泄水装置等的总称，如图 1-10 所示。

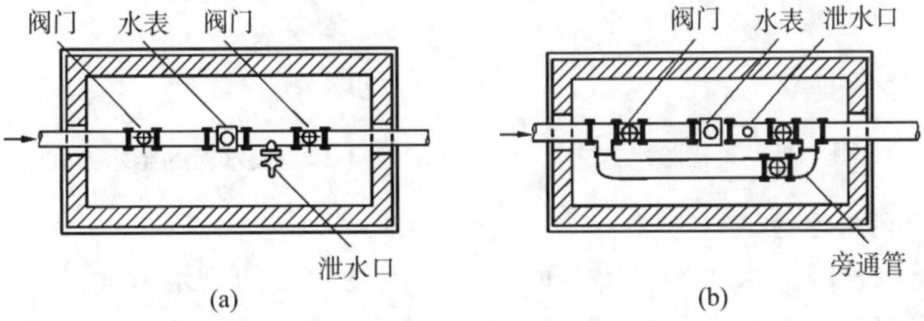

图 1-10　水表节点

3. 室内给水管网

室内给水管网是指建筑内给水系统中的水平干管、立管和支管。

4. 给水附件

为了便于取用、调节和检修，在给水管路上需要设置各种给水附件。例如，各种阀门、水龙头、消火栓、喷头等。

5. 升压和贮水设备

升压和贮水设备主要是指为了保证建筑物内部供水的水压、水量或供水稳定性、安全性而设置的水泵、气压给水设备、水箱、水池等设备。

（三）建筑给水方式

建筑给水方式

建筑给水方式是指建筑内部给水系统的供水方案。建筑给水方式根据城镇给水管网的供水情况，建筑物对水质、水量和水压的要求及供水卫生安全、经济节能的要求而确定。常见的给水方式有：

1. 直接给水方式

当室外给水管网的水量和水压在任何时候都能满足室内给水管网的要求时，可采用直接给水方式，如图 1-11 所示。这种给水方式无需任何加压设备和储水设备，投资少，施工维修方便。

2. 设水箱的给水方式

当室外给水管网的水质、水量能满足室内管网的要求但水压间断性不足时，可采用设有水箱的给水方式，如图 1-12 所示。这种方式由于水在中间水箱中的滞留，存在二次污染的可能。当室外给水管网水压大于室内管网所需的压力时，由室外给水管网直接向室内给水管网供水，同时向屋顶水箱供水；当室外给水管网水压不足时，则由水箱向室内给水管网供水。

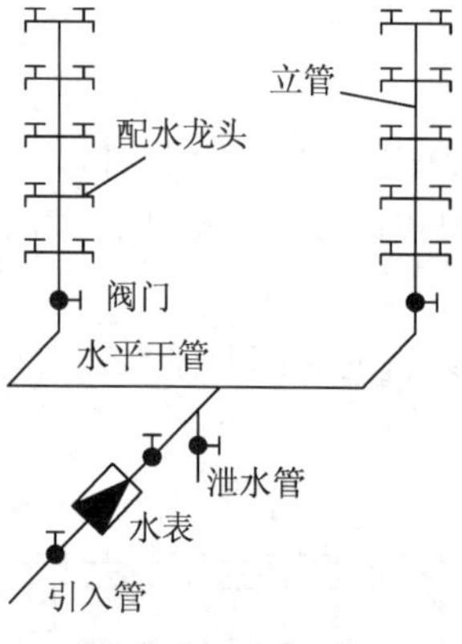

图 1-11　直接给水方式

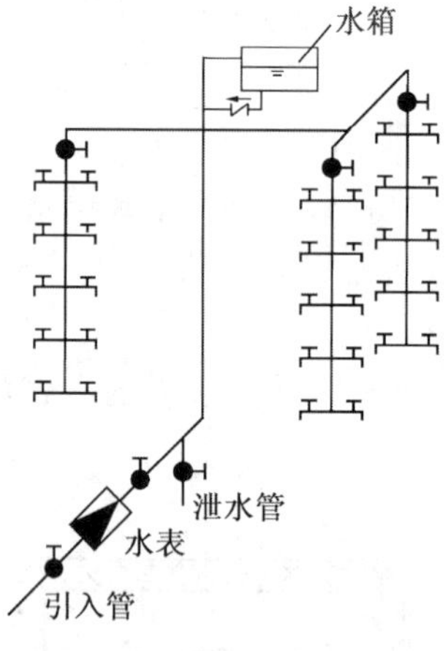

图 1-12　设水箱的给水方式

3. 设水泵的给水方式

当室外给水管网的水压经常不足时，应采用设水泵的给水方式，如图 1-13 所示。这种方式会引起室外给水管网压力降低，影响外网上其他用户用水，需经当地供水行政主管部门及供水部门批准认可。

4. 设水泵、水箱的联合给水方式

当室外给水管网水压低于或周期性低于建筑内部给水管网所需水压，而且建筑内部用水量又很不均匀时，宜采用设有水泵、水箱的联合给水方式，如图 1-14 所示。这种方式不仅技术上合理，而且供水可靠，但初投资费用较高，一般用于多层和高层建筑。

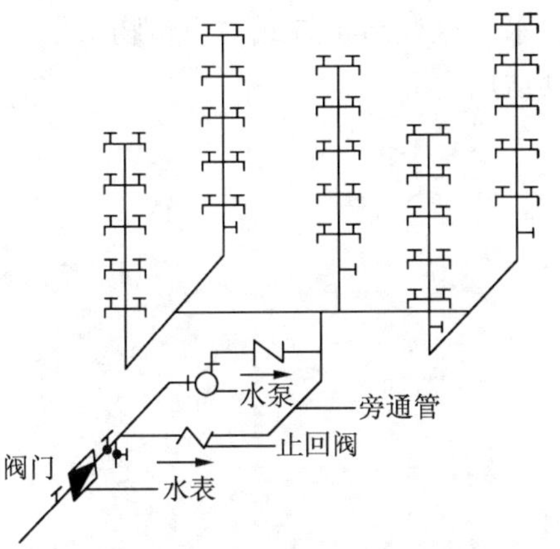

图 1-13 设水泵的给水方式

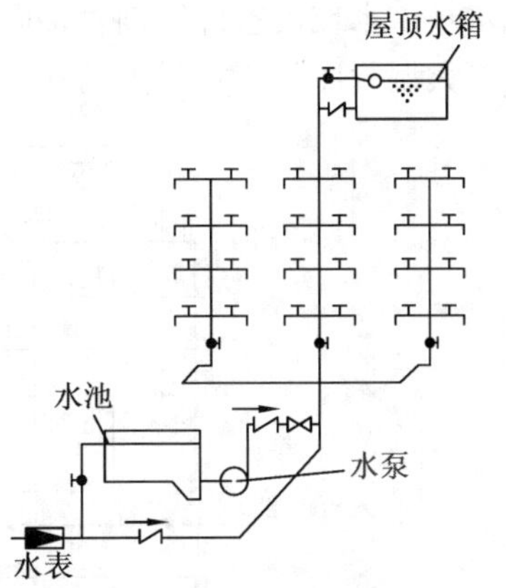

图 1-14 设水泵、水箱的联合给水方式

5. 设气压给水装置的给水方式

当室外给水管网的水压经常不能满足建筑内部给水管网的要求，而建筑内又不宜设置高位水箱或设置水箱确有困难的情况下，可设置气压给水装置，如图 1-15 所示。气压给水装置是利用密闭压力水罐内空气的可压缩性储存、调节和压送水量的给水装置。这种给水方式投资少，安装、拆卸方便，建设周期短，水质不易受到污染，便于实现自动化。但是，由于给水压力变化幅度较大，管理及运行费用较高。

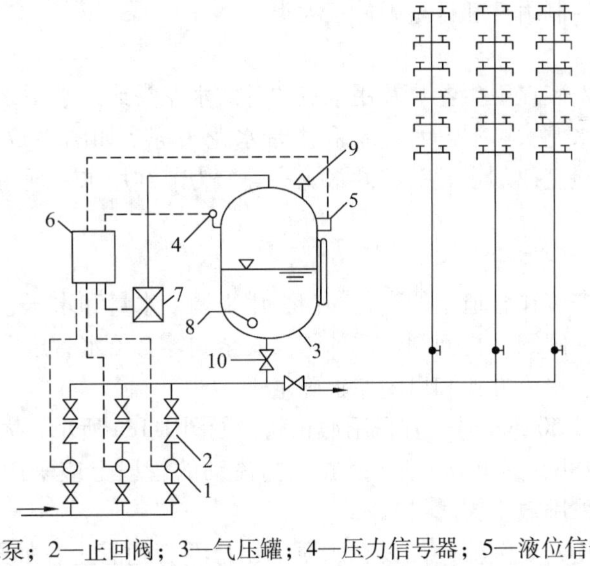

1—水泵；2—止回阀；3—气压罐；4—压力信号器；5—液位信号器；
6—控制器；7—补气装置；8—排气阀；9—安全阀；10—阀门

图 1-15 设气压给水装置的给水方式

6. 分区给水方式

在多层建筑中，室外给水管网的水压只能保证建筑物下面几层的需要，而不能供到建筑物上层时，为了充分有效地利用室外管网的水压，常将建筑物给水系统分成上、下两区，下区利用室外给水管网的水压直接供水，上区则由水泵、水箱联合给水，如图 1-16 所示。两区间可由一根或两根立管相连，在分区处装设闸阀，必要时可使整个管网全由水箱供水或由室外管网直接向系统供水。这种给水方式对建筑物低层设有洗衣房、浴室、大型餐厅等用水量大的建筑物尤其适用。

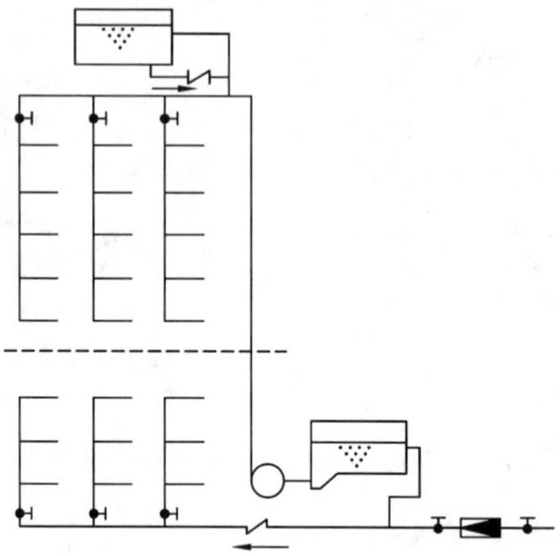

图 1-16　分区给水方式

（四）建筑给水系统的附件及设备

1. 建筑给水附件

给水附件是对安装在管道及设备上的启闭、调节、计量等装置的总称。给水附件一般分为配水附件、控制附件和计量附件三大类。

（1）配水附件

配水附件是指安装在卫生器具及用水点的各式水龙头或进水阀，用以调节和分配水流，常用的有普通水龙头、混合水龙头和皮带水龙头等，如图 1-17 所示。另外，还有专用水龙头，如实验室鹅颈水龙头、洒水龙头等。为节约用水，现国家推广使用陶瓷阀芯的水龙头。

（2）控制附件

控制附件是指安装在管道上的各种阀门，用来调节水量和水压、关闭水流、改变水流方向，如截止阀、闸阀、止回阀、浮球阀及安全阀等。给水管道上的阀门，应根据管径大小、接口形式、水流方式和启闭要求确定。

一般管径不超过 50 mm 时，宜采用截止阀，如图 1-18a 所示；大管径时，宜采用闸阀或蝶阀，如图 1-18b、图 1-18c 所示。在双向流动的管段上应采用闸阀或蝶阀，在经常启闭的管段上宜采用截止阀。

止回阀用于防止介质倒流，如设在水泵的出口及旁通管上，如图 1-18d、图 1-18e、图 1-18f、图 1-18g 所示。设置止回阀时，要求其阀板和阀芯在重力作用下能自动关闭。

液位控制阀一般设在水箱、水池的进水管上。图 1-18h 所示为浮球阀，是保证系统和设备安全的阀件，其作用是避免管网和其他设备中压力超过规定的范围而使管网、用具或密闭水箱受到破坏。图 1-18i 所示为液压水位控制阀，是改进后的水位控制阀。

安全阀是防止系统和设备超压、对管道和设备起保护作用的阀门。其按结构的不同分为弹簧式、杠杆式、脉冲式三种。图 1-18j、图 1-18k 所示分别为弹簧式安全阀、杠杆式安全阀。

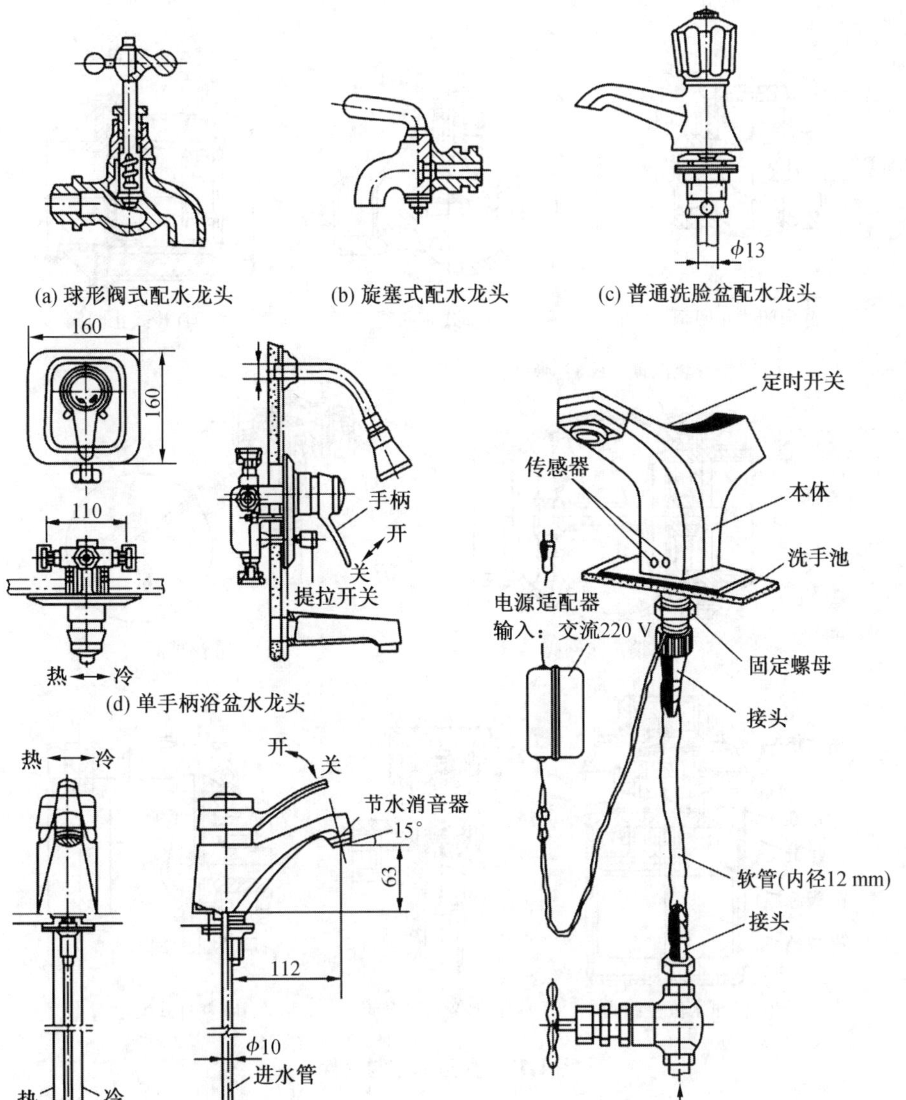

(a) 球形阀式配水龙头　(b) 旋塞式配水龙头　(c) 普通洗脸盆配水龙头　(d) 单手柄浴盆水龙头　(e) 单手柄洗脸盆水龙头　(f) 自动水龙头

图 1-17　典型的配水附件

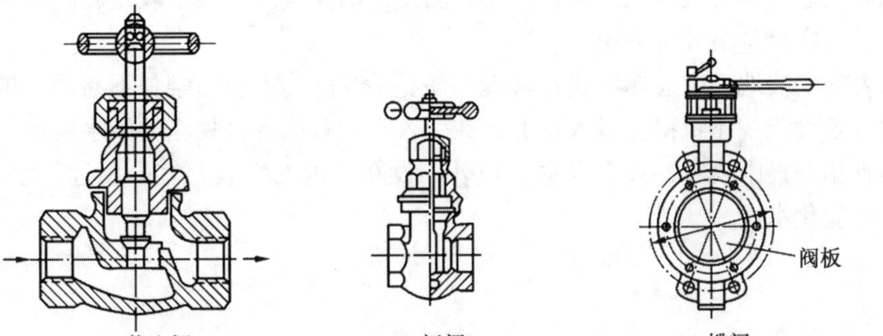

(a) 截止阀　(b) 闸阀　(c) 蝶阀

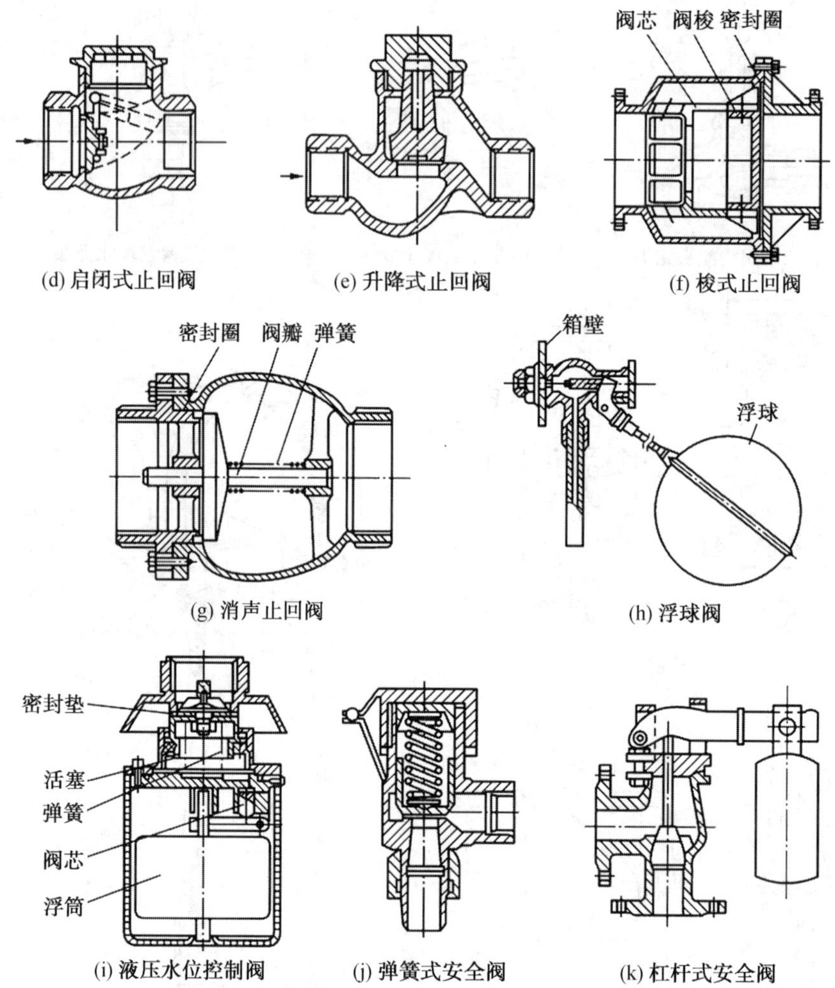

(d) 启闭式止回阀　(e) 升降式止回阀　(f) 梭式止回阀

(g) 消声止回阀　(h) 浮球阀

(i) 液压水位控制阀　(j) 弹簧式安全阀　(k) 杠杆式安全阀

图 1-18　典型的控制附件

（3）计量附件

水表是一种计量建筑物或设备用水量的仪表。常用水表按翼轮构造不同，可分为旋翼式和螺翼式两种，如图 1-19 所示。旋翼式水表多为小口径水表，宜用于测量小的流量；螺翼式水表多为大口径水表，宜用于测量大的流量。复式水表是旋翼式和螺翼式的组合形式，在流量很大时采用。

水表的安装地点应选择在查看管理方便、不受冻、不受污染和不易损坏的地方。建筑物的水表设置在建筑物的引入管上，在引入管后分成各自独立的给水管网；住宅的分户水表宜相对集中读数，且宜设置于户外；设在户内的水表，宜采用远传水表或 IC 卡水表等智能化水表。

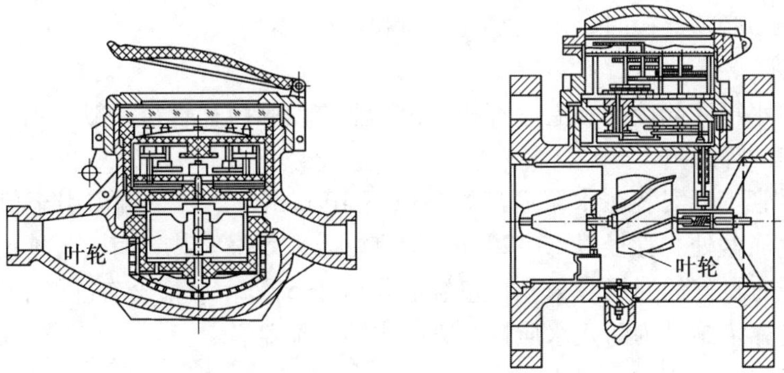

图 1-19　水表

2. 附属设备

(1) 水箱

水箱具有储备水量、稳定水压、调节水泵工作和保证供水的作用。水箱一般用钢板、钢筋混凝土或玻璃钢制作，其外形有圆形和矩形两种。圆形水箱结构上较为经济，矩形水箱便于布置。玻璃钢水箱重量轻、强度高、耐腐蚀、外形美观、安装维修方便，而且大容积水箱可现场组装，所以目前被普遍采用。

在水箱上，通常需要设置进水管、出水管、溢流管、泄水管、水位信号管等管道，如图 1-20 所示。

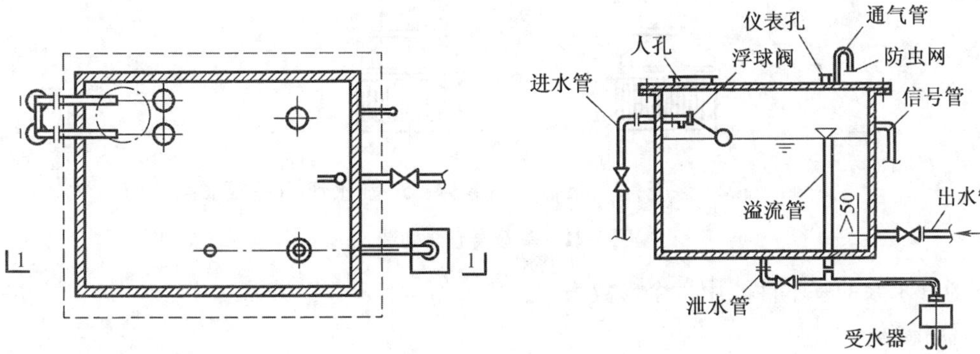

图 1-20　水箱配管示意图

① 进水管

当水箱利用管网压力进水时，其进水管上应装设不少于两个浮球阀或液压水位控制阀。为检修方便，在每个阀前应设置阀门，进水管距水箱上缘应有 200 mm 的距离。

② 出水管

管口下缘应高出水箱底 50～100 mm，以防污物流入配水管网。出水管与进水管可以分别和水箱连接，也可以合用一条管道，合用时出水短管上应装设止回阀。

③ 溢流管

溢流管口应高于设计最高水位 20 mm，距水箱顶不小于 150 mm，管径应比进水管大 1~2 号，但在水箱底以下可与进水管相同。溢流管上不得与排水系统直接相连，以防水质被污染。必须连接时，需设空气隔断和水封装置。

④ 泄水管

泄水管由水箱底部接出和溢流管相连，其上应设阀门，管径一般为 40~50 mm。

⑤ 水位信号管

水位信号管一端安装在水箱溢流管口以下 10 mm 处，另一端需引至值班人员房间的洗脸盆、洗涤盆处。管径以 15~20 mm 为宜。当采用报警装置时，可不设此管。

水箱间应有良好的通风和采光，室温不得低于 5 ℃。水箱若有冻结和结露的可能，应采取保温防露措施。为防止水质被污染，水箱应加盖。

（2）水泵

水泵是给水系统中的加压设备。在给水系统中，一般采用离心式水泵，它具有结构简单、体积小、效率高、流量和扬程在一定范围内可以调整等优点，其结构如图 1-21 所示。

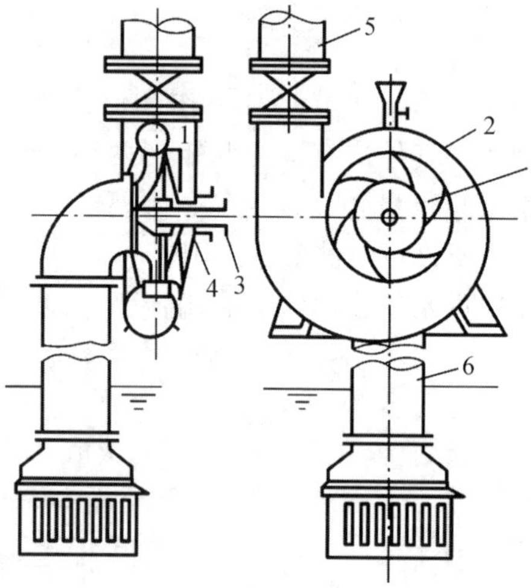

1—叶轮；2—泵壳；3—泵轴；4—泵体；5—压水管；6—吸水管

图 1-21　单级离心泵构造

通常水泵的基本性能用六个参数表示：

① 扬程

扬程为水泵进、出口总水头之差，它反映了通过水泵的液体所获得的有效能量，以符号 H 表示，单位为 m。

② 流量

流量为水泵在单位时间内输送流体的体积或质量，以符号 Q 表示，单位为 m^3/h 或 L/s。

③ 轴功率

轴功率又称输入功率，指原动机传递给泵轴的功率，以符号 $N_{轴}$ 表示，单位为 kW。

④ 效率

效率是水泵的有效功率与轴功率的比值，表示轴功率被利用的程度，以符号 η 表示。有效功率是指单位时间内流过水泵的流体从水泵得到的能量，用符号 N 表示，单位为 kW。

⑤ 转速

转速即水泵每分钟的转动次数，以符号 n 表示，单位为 r/min。

⑥ 允许吸上真空高度及气蚀余量

允许吸上真空高度是指为避免水泵发生气蚀所允许的最大吸上真空高度，用来反映离心泵的吸水性能。气蚀余量是指为保证不发生气蚀，在泵的入口处必须具有的超过其汽化压力的静压水头，它反映了轴流泵、混流泵的吸水性能。

建筑给水系统中水泵的选择，主要是根据计算后所确定的水泵流量和相应流量下所需的压力两个参数确定。

(3) 气压给水设备

气压给水设备是利用密闭压力罐内的压缩空气，将罐中的水送到管网中各配水点的升压装置，作用相当于水塔或高位水箱，可以调节和储存水量，并保持所需的压力。由于气压给水设备系统中供水压力是借罐内的压缩空气保持的，罐体的安装高度可以不受限制，因而在不宜设置水塔或高位水箱的场所都可采用。

如图 1-22 所示，气压给水罐是一个密闭的钢罐，罐内充有一定质量的压缩空气，利用在一定温度下空气的体积随压力成反比变化的性质，使气压给水罐具有贮水和调节水量的功能，并利用压缩空气对水提供能量。气压给水罐配有一根进、出水共用的管道，另设有压力继电器、液位信号器、压力调节阀、安全阀等。

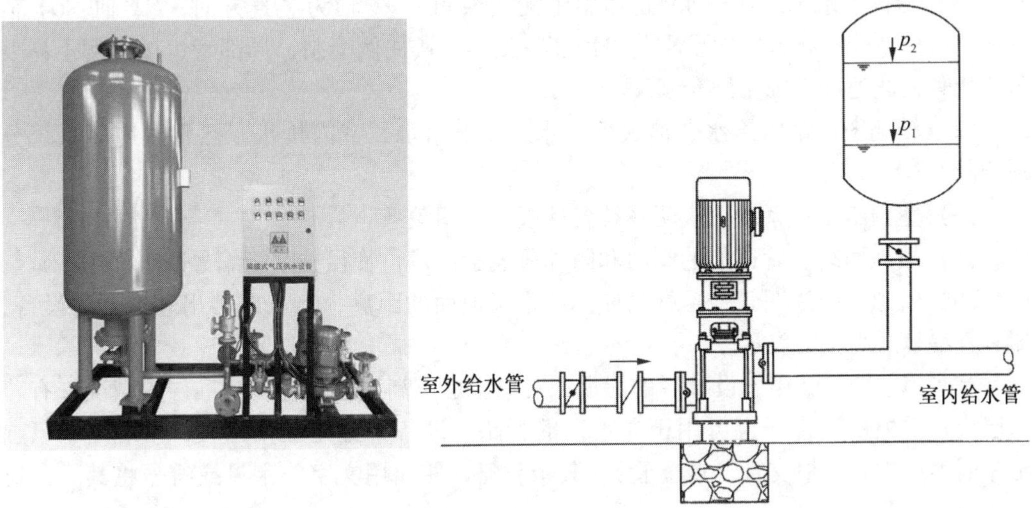

图 1-22　气压给水罐示意图

气压给水罐宜布置在室内，可在建筑物的任何部位。

二　建筑给水系统施工图识读

由于建筑工程中给水系统和排水系统通常一起设置，所以此处综合介绍给排水施工图，但只识读给水系统施工图，排水系统施工图的识读在本项目任务三中介绍。

建筑给排水施工图识读

（一）建筑给排水施工图的主要内容

建筑给排水施工图一般包括平面图、系统图、详图，以及设计说明和设备、材料表等，必要时还需绘制剖面图。

1. 平面图

建筑给排水平面图主要表示建筑物各层的给排水管道及设备的平面位置。平面图中各类管道、用水器具及设备、消火栓、喷洒头、雨水斗、阀门、附件、立管位置等按直线正投影法绘制。对于某些民用与公共建筑，各层管道、设备的布置相同时，可以只绘制首层平面图和标准层平面图。建筑给排水平面图主要包括以下内容：

（1）建筑物轮廓、标注轴线及层间的主要尺寸。为了节省图面，常常只画出与给排水系统相关部分的建筑平面。

（2）用水设备、卫生器具的类型和位置。

（3）建筑物各层给排水干管、立管、支管的位置，首层平面图需绘制给水引入管、排水排出管的位置，穿外墙标高和防水套管形式。标注主要管道的定位尺寸及管径等，按规定对引入管、排出管和立管进行编号，消火栓可根据需要分层按顺序编号。对于安装于下层空间而为本层使用的管道，应绘制在本层平面内。

（4）水表、阀门、水龙头、清扫口、地漏等管道附件的类型和位置。

2. 系统（轴测）图

（1）给排水系统图宜按 45°正面斜轴测法绘制。*OZ* 轴为竖直方向，*OX* 轴、*OY* 轴方向的选择及管道布置方向要求与平面图一致，并按比例绘制，局部管道按比例不易表示清楚时，此处可不按比例绘制。

（2）轴测图按室内给水、消火栓给水、喷淋给水、室内排水、热水供应等系统分别绘制。

（3）室内给排水系统图表明系统各楼层的空间关系。

（4）楼地面线、管道上的阀门和附件应表示清楚，管径、立管编号与平面图一致。

（5）管道上应注明管径、标高或标注距楼地面的距离，接入或接出管道上的设备、器具宜编号或用文字表示。

有些施工图纸，由于设计者的习惯，对于多层或高层建筑存在标准层等情况，有若干层或若干根横支管（也可用于立管）的管路、设备布置完全相同时，系统图中只画出相同类型中的一根支管（或立管），其余省略，并应用文字、字母或符号将其一一对应表示。

3. 详图

（1）当某些设备的构造、安装及管道间的连接在平面图和系统图上表示不清楚，并且无法用文字说明时，可以将其局部放大比例画成详图，如水表节点图等。详图可以用平面图、剖面图的形式表示，也可以绘制轴测图，如卫生间放大图应绘制管道轴测图。

（2）在实际工程中，很多标准设备的构造和常规的安装方法已统一制成标准图册，如《给水排水标准图集》等国家及行业编制的各种标准图集，可供设计、施工选用，不再另出施工图，只需在图纸目录中给出相应的图名、图号。对于无标准设计图可供选用的设备、器具安装图及非标准设备制造图，宜绘制详图。

4. 设计说明

文字说明应通俗易懂、简明清晰，有关工程项目的总体问题应在总说明中体现，局部问题应注写在本张图纸内。设计总说明通常包括下列内容：

（1）工程概况；

（2）设计内容、范围、依据；

（3）系统的形式及敷设方式；

（4）选用的管材及接口方法；

（5）用水设备和卫生器具的类型及安装方式；

（6）消防设计说明；

（7）管路和设备的防腐、保温方法；

（8）施工验收应达到的质量要求，施工安装要注意的事项等；

（9）其他要说明的问题等。

5. 设备、材料表

为了能使施工准备的材料和设备符合图纸要求，对重要工程中的材料和设备需逐项列出，做一个明细表，以便施工备料。简单工程可以不列。

设备、材料表应包括编号、名称、型号规格、单位、数量、质量及附注等项目。

施工图中涉及的管材、阀门、仪表、设备等均需列入表中，不影响工程进度和质量的零星材料，允许施工单位自行决定时可不列入表中。

施工图中选定的设备对生产厂家有明确要求时，应将生产厂家的名称写在设备、材料表的附注里。

图纸目录、设计说明、设备及主要材料表等，如单独成图，其编号应排在其他图纸之前，编排顺序应为图纸目录、设计说明、设备及主要材料表等。

（二）给水系统施工图识读方法

识读施工图一般先看设计说明，对工程情况和施工要求有一个大致的了解。再熟悉图例，识读系统图，了解工程全貌。然后阅读平面图、系统图和详图，注意系统图和平面图要对照起来看，沿着水流方向按给水系统和排水系统分别阅读，摸清系统的来龙去脉。

（三）给水系统施工图识读

图 1-23~图 1-26 为某办公楼给排水系统的平面图和系统图。该建筑共 3 层，建筑高度为 10.8 m，层高 3.6 m。本设计包括室内给水、排水设计。给水系统利用市政管网水压直接供水，系统采用下行上给式方式供水。

给水系统采用 PP-R 塑料管，热熔连接，工作压力为 1.0 MPa。给水管道采用与管材相适应的管件。注意图中采用的“DN”均表示公称直径。

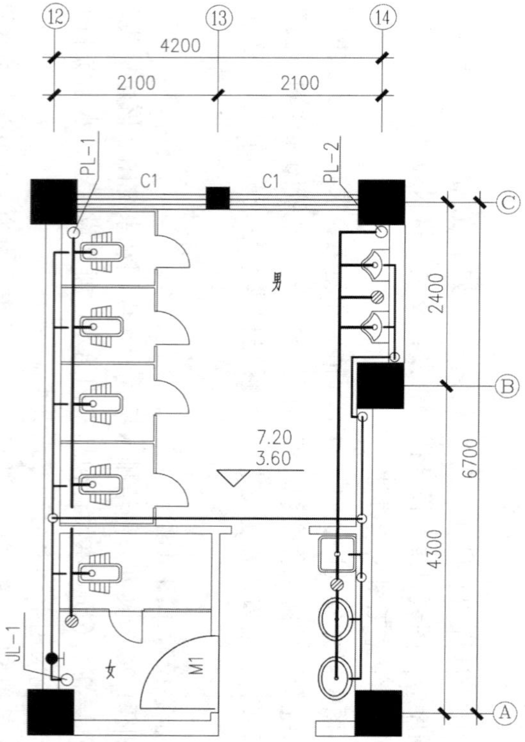

图 1-24　二、三层给排水平面图

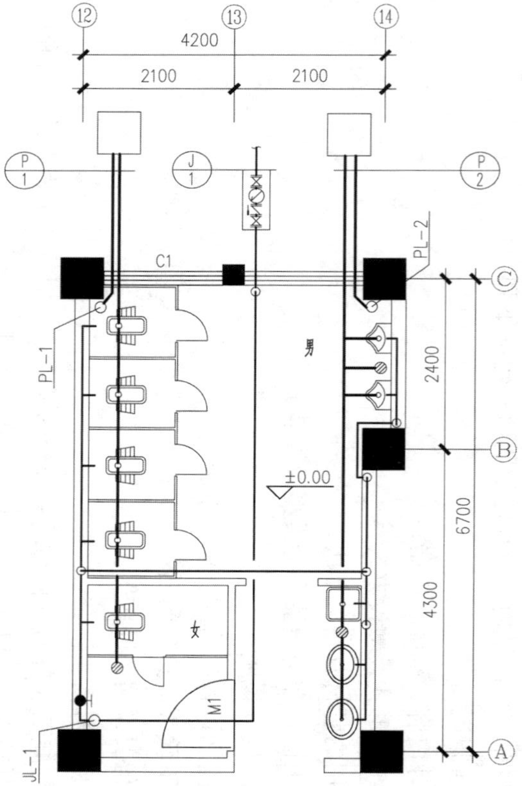

图 1-23　一层给排水平面图

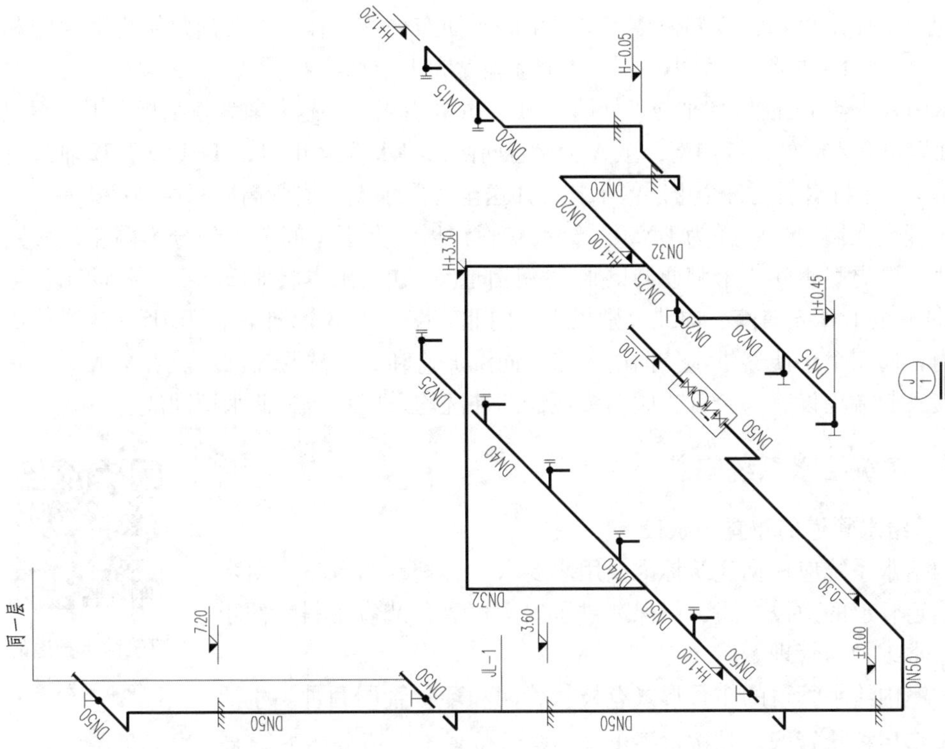

图 1-25 给水系统图

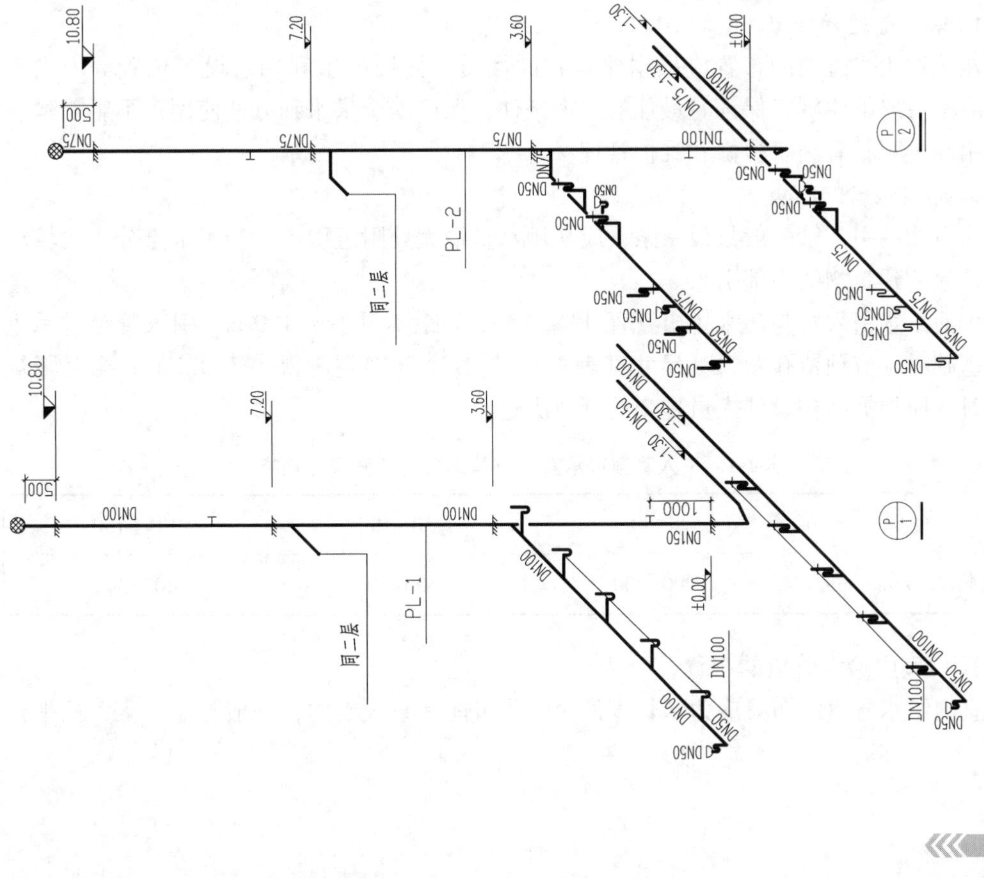

图 1-26 排水系统图

从建筑平面图可知，该办公楼各层卫生间平面布局均一样，主要向每层男卫生间和女卫生间共 5 个蹲便器、2 个小便器、2 个洗脸盆和 1 个洗涤盆供水。

给水引入管从 13 轴与 C 轴交叉处墙外-1.0 m 处引入，穿越 C 轴线墙后即向上，至室内地坪面以下 0.3 m 处继续向南，至 A 轴接着向西，将水送至 JL-1；JL-1 设于 12 轴线与 A 轴线拐角处，将水引至各个楼层给水支管并送至各配水点，支管高出每层地面 1 m，上设阀门，埋设在墙内，管径为 DN50。给水支管在男、女卫生间分界处分为两路，一路继续向北，向男卫生间 4 个蹲便器供水；一路向上，在高出本层地面 3.3 m 处向东，至 14 轴处向下至 1.0 m 向南、向北分别供水。向北一路，在 B 轴向下至-0.05 m，绕柱后埋于墙内，向 2 个小便器供水。向南一路，向洗涤盆和 2 个洗脸盆供水。

各支管起端均设有一个截止阀。蹲便器的冲洗均采用承压式低水箱冲洗。

三 建筑给水系统安装

（一）给水管道的布置与敷设

建筑给水管道的布置与敷设

室内给水系统应根据建筑标准及用水要求，合理地布置室内给水管道和确定管道的敷设方式，以保证供水安全可靠，节省工料，便于施工和日常维护与管理。

通常室内给水管道的布置形式有枝状管网和环状管网两种。生活给水系统多用枝状管网，其按水平干管的敷设位置不同可分为下行上给式（见图 1-11）、上行下给式（见图 1-12）和中分式三种形式。环状管网又分为水平环网与垂直环网，多用于消防系统。

1. 给水管道的布置

建筑物给水管道的布置应根据建筑物的性质、使用要求和用水设备位置等因素确定，应本着以下原则：保证有最佳的水力条件；保证安全供水和方便使用；不影响建筑的使用和美观；有利于检修和维护管理。

（1）引入管的布置

建筑物的引入管一般只设一条，应从用水量最大处附近引入。当用水点分布比较均匀时，应从建筑物的中部引入。

生活给水引入管与污水排出管管外壁的水平间距不得小于 1.0 m。引入管穿过承重墙或基础时，应预留孔洞，其尺寸见表 1-1。管顶上部净空不得小于 0.1 m；当沉降量较大时，应根据结构设计人员提交的资料决定。

表 1-1　引入管穿过承重墙或基础预留孔洞尺寸规格

管径/mm	≤50	50～100	125～150
孔洞尺寸/mm×mm	200×200	300×300	400×400

（2）室内给水管道的布置

室内给水管道的布置应力求长度最短，尽可能呈直线走向，一般与墙、梁、柱平行布置。

① 室内给水管道一般布置成枝状，单向供水；对于不允许间断供水的建筑物，在室内应连成环状，双向供水。

② 给水干管尽可能靠近用水量大或不允许间断供水的用水处，以保证供水可靠，减少管道的传输流量，使大口径管道长度最短。

③ 埋地给水管道应避免布置在可能被重物压坏或设备振动处，管道不得穿过设备基础，如必须穿过，应与有关部门协商处理。

④ 给水管道不得敷设在烟道、风道、电梯井、排水沟内。给水管道不得穿过大便槽和小便槽，且立管离大、小便槽端部不得小于 0.5 m。给水管道不宜穿越橱窗、壁柜。

⑤ 给水管道不宜穿越变形缝。当必须穿越时，应设置补偿管道伸缩和剪切变形的装置。

⑥ 塑料给水管道在室内宜暗设；明设时立管应布置在不易受撞击处，当不能避免时，应在管外加保护措施。

⑦ 塑料给水管道不得布置在灶台上边缘；明设的塑料给水立管距灶台边缘不得小于0.4 m，距燃气热水器边缘不宜小于0.2 m，当不能满足上述要求时，应采取保护措施；不得与水加热器或热水炉直接连接，应有不小于0.4 m的金属管段过渡。

⑧ 室内冷、热水管上、下平行敷设时，冷水管应在热水管下方。卫生器具的冷水连接管应在热水连接管的右侧。

2. 给水管道的敷设

根据建筑物的性质和卫生标准的不同，室内给水管道敷设分为明装和暗装两种方式。

（1）明装

明装是指管道在建筑物内沿墙、梁、柱、地板暴露敷设。该方式造价低，安装维修方便，但管道表面易积灰，会产生凝结水而影响环境卫生，也有碍室内美观。一般的民用建筑和大部分生产车间内的给水管道均采用明装。

（2）暗装

暗装是指管道敷设在地下室的天花板下或吊顶中，以及管沟、管道井、管槽和管廊内。该方式的优点是室内整洁、美观，但施工复杂，维修管理不便，造价高。标准较高的民用建筑、宾馆及工艺要求较高的生产车间一般采用暗装。

管道暗装时，必须考虑便于安装和检修。给水横干管宜敷设在地下室、技术层、吊顶或管沟内，立管和支管可敷设在管井或管槽内。管井尺寸应根据管道的数量、管径、排列方式、维修条件，结合建筑平面的结构形式等合理确定，当需进入检修时，其通道宽度不宜小于0.6 m，管井应每层设检修门，暗装在顶棚或管槽内的管道在阀门处应留有检修门，且应开向走廊。

为了便于暗装和检修，管沟内的管道应尽可能单层布置。当采取双层或多层布置时，一般将管径较小、阀门较多的管道放在上层。管沟应有与管道相同的坡度和防水、排水措施。

（二）建筑给水系统的安装

1. 施工工艺流程

一般情况下，给水管道安装遵循以下流程：安装准备→预制加工→引入管安装→干管安装→立管安装→支管安装→管道试压→管道消毒冲洗→水表安装。

2. 系统安装技术要求

（1）建筑给水系统所用主要材料、成品、半成品、配件、器具和设备应有中文质量合格证明文件，规格型号及性能检测报告应符合有关技术标准和设计要求。

（2）管道穿越建筑物的基础、墙、楼板时的孔洞和暗装时在墙体上的管槽应配合土建施工预留。

（3）穿过地下室或地下构筑物外墙的管道应采取防水措施。防水套管分为刚性防水套管和柔性防水套管两种，应按设计要求选用。防水套管与被套管道规格应相同。

（4）一般套管有钢套管、铁皮套管和塑料套管。管道过墙壁和楼板应采用金属或塑料套管。安装在楼板内的套管，顶部应高出装饰地面 20 mm；安装在卫生间及厨房内的套管，顶部应高出装饰地面 50 mm，底部与楼板底面相平；安装在墙壁内的套管，两端与饰面相平。一般套管的规格通常比被套管道的规格大 2 号。穿楼板套管与管道之间的缝隙应用阻燃密实材料和防水油膏填实，且端面光滑。管道接口不得设在套管内。

（5）管道穿过结构伸缩缝、抗震缝及沉降缝敷设时，应采取保护措施。

（6）明装管道成排安装的直线部分应互相平行。曲线部分无论管道是水平还是垂直并行，都应与直线部分保持等距；管道水平上下并行时，弯管部分的曲率半径应保持一致。

（7）给水立管和装有 3 个或 3 个以上配水点的支管始端均应安装可拆卸的连接件。

（8）冷、热水管道同时安装时应符合下列规定：

① 上下平行安装时，热水管应在冷水管上方；

② 垂直平行安装时，热水管应在冷水管左侧。

（9）敷设管道时，必须采取固定措施，以保证施工方便与供水安全。固定管道常用的支、吊架如图 1-27 所示。金属管、塑料管管道支架最大间距不应大于表 1-2、表 1-3 的规定。

给水、供暖和热水系统的金属管道立管管卡安装应符合下列规定：层高小于或等于 5 m，每层必须安装 1 个；层高大于 5 m，每层不少于 2 个。管卡安装高度距地 1.5～1.8 m，2 个以上管卡应匀称安装。

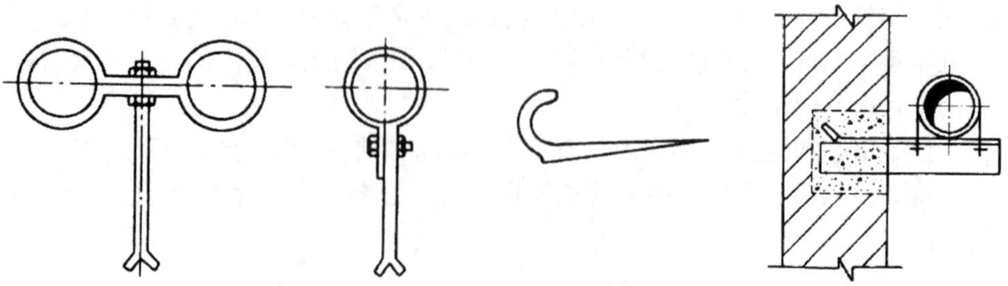

(a) 管卡　　(b) 钩钉　　(c) 栽埋法安装托架

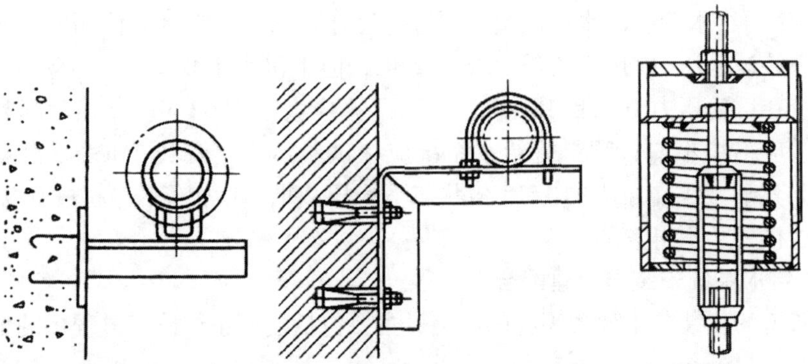

(d) 预埋钢板焊接法安装托架　(e) 膨胀螺栓法安装托架　(f) 弹簧吊架

图 1-27　管道支、吊架

表 1-2　金属管管道支架的最大间距

公称直径/mm		15	20	25	32	40	50	70	80	100	125	150	200	250	300
最大间距/m	保温管	2.0	2.5	2.5	2.5	3.0	3.0	4.0	4.0	4.5	6.0	7.0	7.0	8.0	8.5
	不保温管	2.5	3.0	3.5	4.0	4.5	5.0	6.0	6.0	6.5	7.0	8.0	9.5	11.0	12.0

表 1-3　塑料管管道支架最大间距

公称外径 D_e/mm			20	25	32	40	50	63	75	90	110
最大间距/m	硬聚氯乙烯管（PVC-U）	立管	1.0	1.1	1.2	1.4	1.6	1.8	2.1	2.4	2.6
		横管	0.6	0.6	0.7	0.9	1.0	1.2	1.3	1.4	1.6
	聚丙烯冷水管（PP-R）	立管	1.0	1.2	1.5	1.7	1.8	2.0	2.0	2.1	2.5
		横管	0.6	0.8	0.9	1.1	1.2	1.4	1.5	1.6	1.9
	交联聚乙烯管（PE-X）	立管	0.8	0.9	1.0	1.3	1.6	1.8			
		横管	0.6	0.7	0.8	1.0	1.2	1.4			

（10）金属管材一般应采用适当的防腐措施。最简单的办法是刷油：首先除锈，清除表面灰尘、污垢、锈斑、焊渣等；然后刷两遍防锈漆；最后刷两遍面漆。埋地铸铁管宜在管外壁刷冷底子油一遍、石油沥青两遍；埋地钢管宜在管外壁刷冷底子油一遍、石油沥青两遍并外加保护层；钢塑复合管埋地敷设，其外壁防腐同普通钢管。

明装的热镀锌钢管应刷银粉两道或调和漆两道；明装铜管应刷防护漆。

当管道敷设在有腐蚀性的环境中时，管外壁应刷防腐漆或缠绕防腐材料。

（11）对于寒冷地区，为防止管道、水箱受冻，应做保温处理，一般在防腐、水压试验合格后进行。

对于外表面有可能结露的管道，应采取防结露措施，常做防潮层，其做法与保温层相同。对于有些敷设在屋面等室外裸露的管道，如 PP-R 管，要尽可能防紫外线辐射。

（12）管网或设备在使用中要注意防振和防噪。应尽量选用低噪声水泵，并对水泵进行隔振处理。

（13）室内给水管道的水压试验必须符合设计要求。当设计未注明时，各种材质的给水管道系统试验压力均为工作压力的 1.5 倍，但不得小于 0.6 MPa。金属及复合管给水管道系统在试验压力下观测 10 min，压力降不应大于 0.02 MPa，然后降到工作压力进行检查，应不渗不漏；塑料管给水系统应在试验压力下稳压 1 h，压力降不得超过 0.05 MPa，然后在工作压力的 1.15 倍状态下稳压 2 h，压力降不得超过 0.03 MPa，同时检查各连接处，不得渗漏。

（三）给水系统安装与土建配合

给水管道的安装与土建各工种的配合，主要包括建筑主体施工过程中的配合与安装过程的配合。

1. 主体施工过程中的配合

主体施工过程中与安装的配合：预埋安装管道支、吊架，防止管道位移、破坏；预埋套管，防止管道穿越地下室外墙、楼面、屋面、水箱壁面时影响结构强度或造成构筑物渗漏水；在砌筑墙体时预留箱体位置，方便水表箱、消火栓箱等给水设施的安装；在楼、地面浇筑时，一次性浇筑设备基础或预留浇筑孔洞，为给水系统设备的安装提供条件等。以上均需要在建筑主体施工过程中结合混凝土浇筑、墙体砌筑等工序，做好施工配合工作。

2. 安装过程的配合

给水管道的安装一般是在土建工程主体完工、中间验收结束，管道穿越结构部位的预留、预埋完毕，以及土建各层标高线弹出后进行。

在管道安装过程中，由于土建工程要进行墙体砌筑、抹灰，以及墙面、楼面铺贴装饰面和吊顶安装等工序，应综合考虑给水管道的施工对上述工作的影响。涉及的范围大致如下：

（1）明装给水管道的安装一般在墙面装饰工程完成后进行，土建施工管理人员应认真审核给水管道施工图，合理安排自身的施工进度，注意管道支架安装对装饰面质量的影响。当受施工工期紧迫的影响，管道安装和墙面装饰工程同步进行时，应注意墙面装饰施工对管道位置的要求，合理协调装饰工程和管道安装工程进度，避免因管道安装影响土建墙体装饰施工进度。

（2）暗装给水管道一般应注意沟槽开挖、吊顶空间及管道维修、检查预留口位置对土建的配合要求。注意安装工序与土建施工的前后关系，如暗装管道的安装一般在地沟盖未盖、吊顶未封闭前，管槽和墙槽开挖后进行。住宅给水管道 DN≤20 时，还有可能在楼地面的找平层内敷设。暗装给水管道安装完毕，必须满足试压要求，办好隐蔽工程验收手续后，土建施工人员方可按照施工要求完成地沟加盖、沟槽回填、楼地面找平、吊顶安装和墙槽装饰等工序。

四 技能点训练

1. 训练目的

（1）了解建筑给水系统的组成。

（2）熟悉识读建筑给水系统施工图的方法。

（3）会识读建筑给水系统施工图。

卫生间施工图识读 1　　　　卫生间施工图识读 2

2. 训练内容

图 1-28～图 1-32 为某建筑给排水系统施工图。根据施工图，进行训练：

（1）指出给水系统采用的形式。

（2）指出给水系统引入管的位置、管径及标高。

（3）指出给水系统水表节点设置的阀门附件及作用。

（4）给水系统户内有哪些卫生器具？指出户内管路的布置形式、管径及标高。

（5）指出给水系统水箱上接管的布置位置及作用。

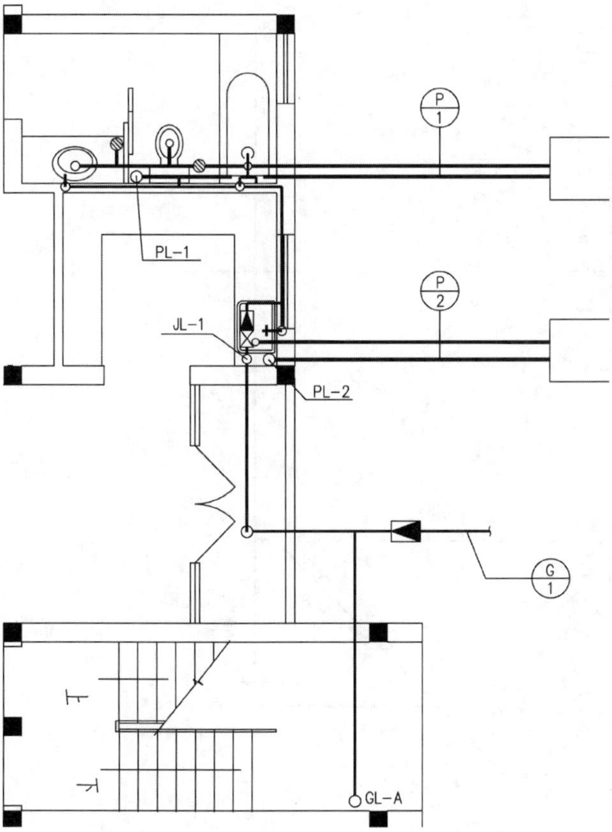

图 1-28　一层卫生间、厨房平面图

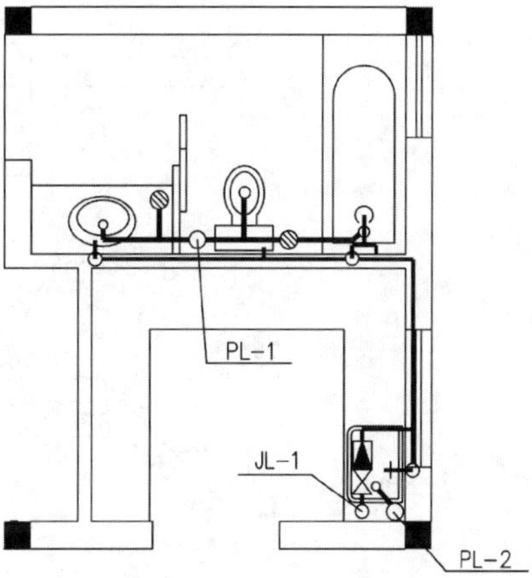

图 1-29　标准层卫生间、厨房平面图

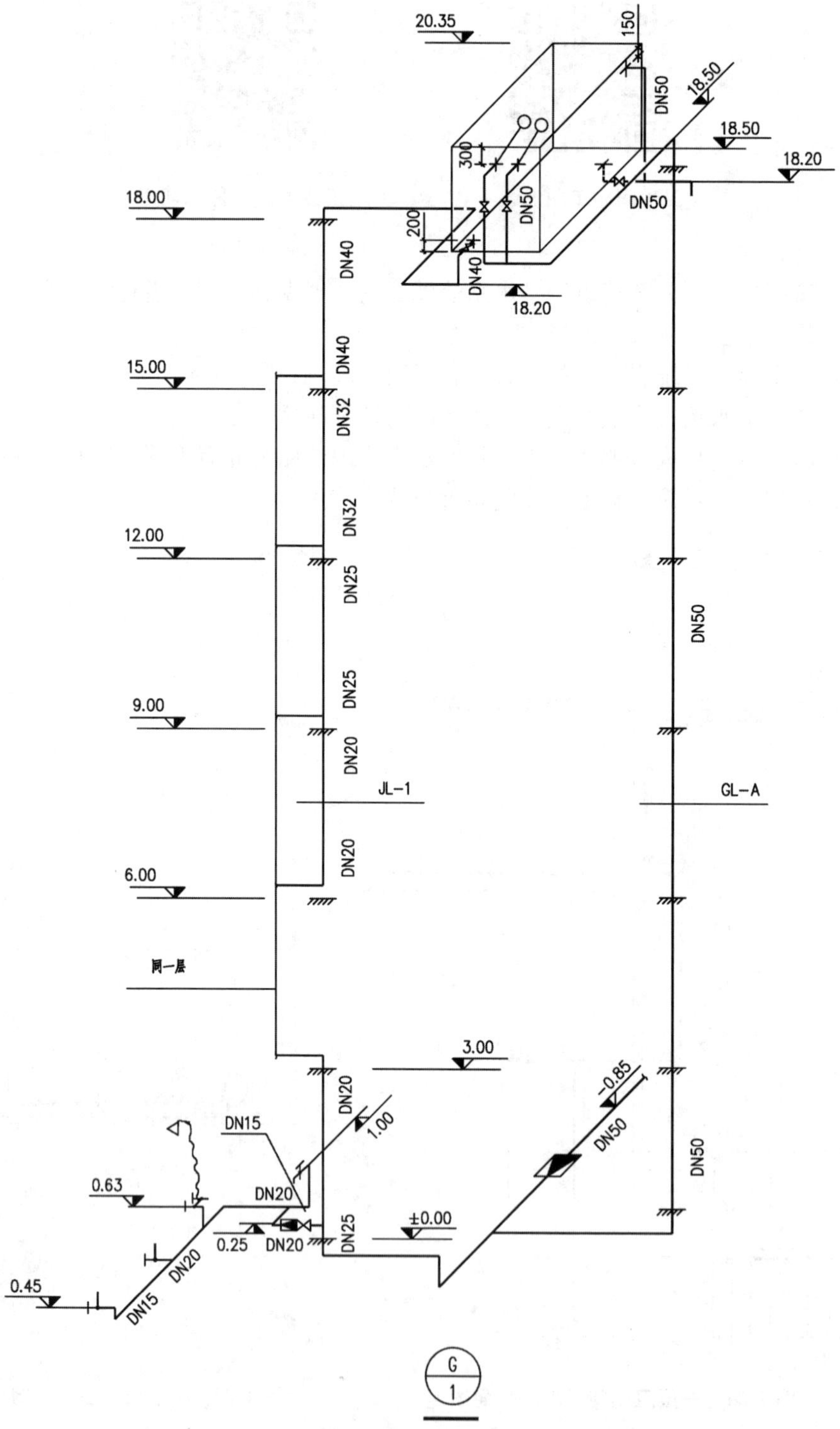
20.35
150
18.50
DN50
18.50
18.20
300
18.00
200
DN50
DN50
DN40
DN40
18.20
15.00
DN40
DN32
12.00
DN32
DN25
DN50
9.00
DN25
DN20
JL-1
GL-A
6.00
DN20
同一层
3.00
DN20
-0.85
DN15
1.00
DN50
DN50
0.63
DN20
0.25
DN20
DN25
±0.00
DN20
0.45
DN15
G
1

图 1-30　给水系统图

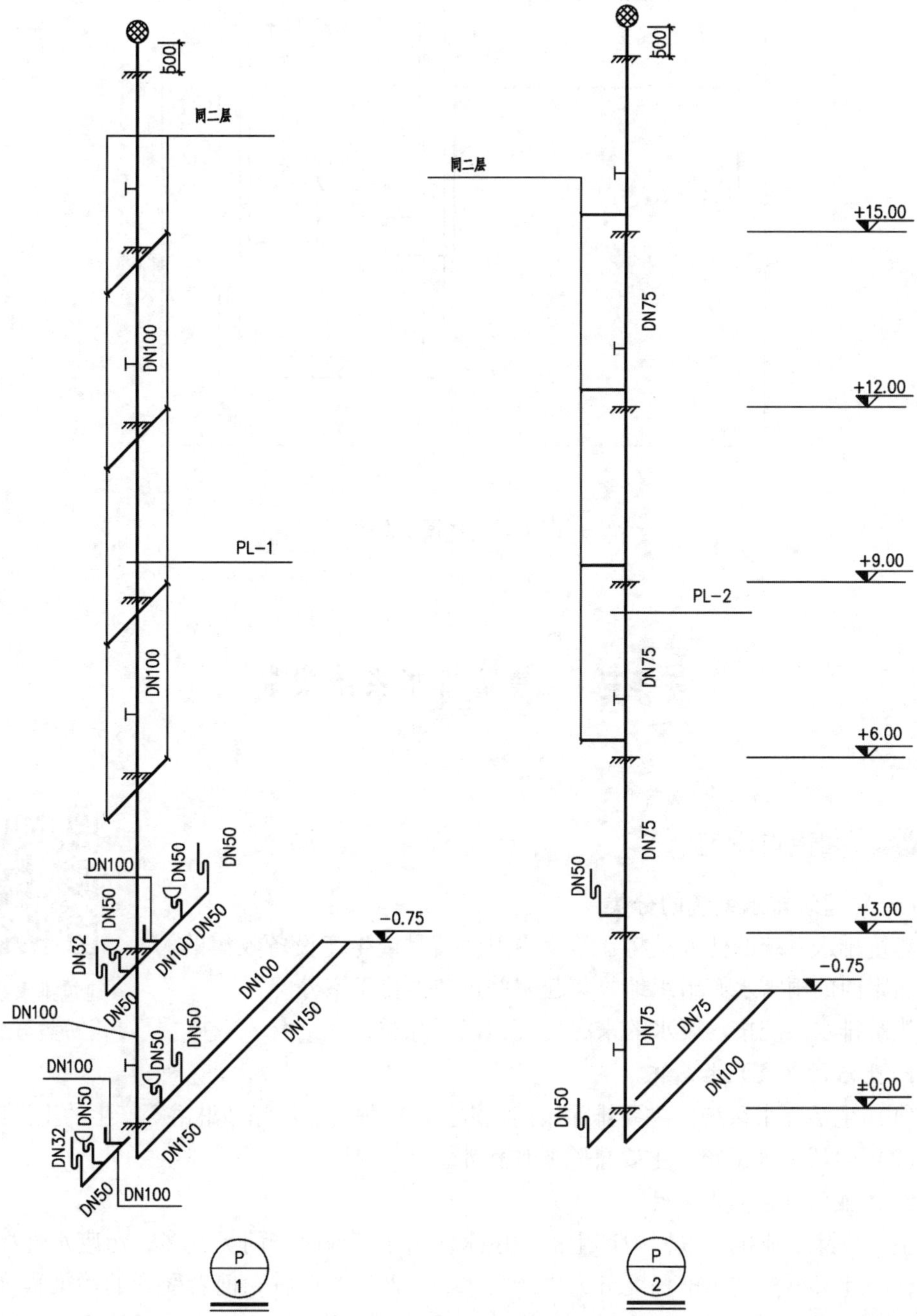

500
同二层
DN100
DN100
PL-1
DN100
DN50
DN50
DN50
DN32
DN100 DN50
DN50
DN100
DN100
DN50
DN50
DN50
DN100
DN50
DN32
DN150
DN150
DN50
DN100
-0.75
P
1
500
同二层
+15.00
DN75
+12.00
+9.00
PL-2
DN75
+6.00
DN75
DN50
+3.00
-0.75
DN75
DN75
DN100
±0.00
DN50
P
2

图 1-31 排水系统图

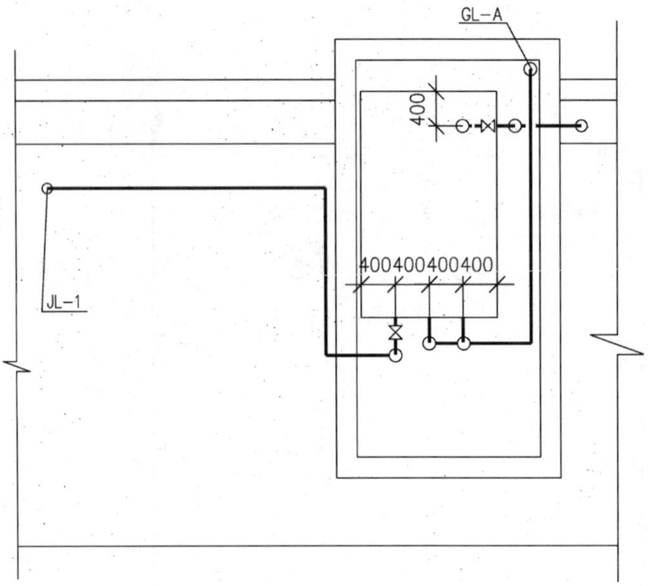

图 1-32　水箱平面图

任务三　建筑排水系统安装

一　知识点学习

建筑排水系统的分类与组成

（一）建筑排水系统的分类

建筑排水系统的任务是将建筑物内卫生器具或生产设备收集的污废水和屋面的雨雪水有组织地收集起来并迅速地排至室外。

建筑排水系统按污废水的来源可分为以下几类：

1. 生活污（废）水系统

（1）生活废水系统：主要排除人们日常生活中盥洗、洗涤和淋浴等产生的生活废水。

（2）生活污水系统：主要排除粪便污水。

2. 工业污（废）水系统

主要排除工业生产过程中产生的污废水。由于工业生产门类繁多，污废水性质极其复杂，因此又可按其污染程度分为生产污水和生产废水两种，前者受到的污染程度较为严重，通常需要经过厂内处理后才能排放；后者仅受到轻度污染，如循环冷却水等。

3. 屋面雨雪水系统

建筑物内部的雨水管道用以接纳排除屋面的雨雪水，一般用于排除高层建筑和大型厂房的屋面雨雪水。

上述三大类污水、废水，如果分别设置管道排出建筑物外，则称建筑分流制排水；

如果将其中两类或者三类污水、废水合流排出，则称建筑合流制排水。确定建筑排水的分流或合流体制，应注意建筑物与市政的排水体制是否适应，必须综合考虑经济技术情况。具体考虑的因素有建筑物排放污水、废水的性质，市政排水体制和污水处理设施的完善程度，污水是否回用，室内排水点和排出建筑的位置等。

室内污废水的排放必须符合国家有关法令、标准和条例的规定。

（二）建筑排水系统的组成

建筑排水系统如图 1-33 所示，主要由以下几部分组成：

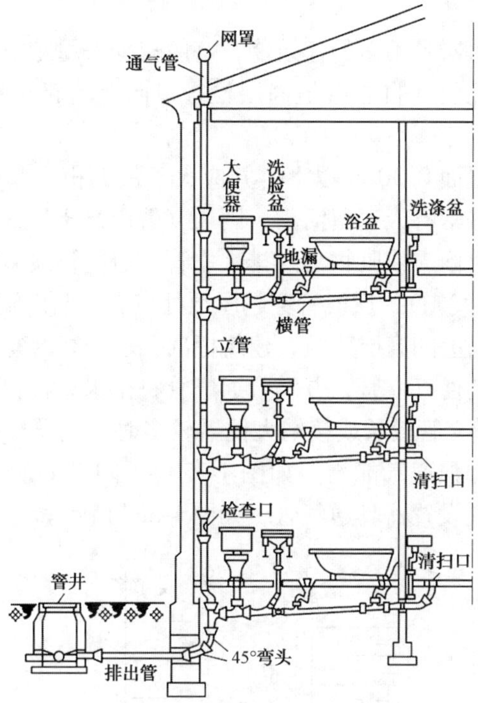

图 1-33　建筑排水系统

1. 卫生器具

它是建筑排水系统的起点，污废水从器具排水栓经器具内的水封装置或器具排水管连接的存水弯排入排水管道。

2. 排水管道

排水管道由器具排水管（连接卫生器具和横支管之间的一段短管）、有一定坡度的横支管、立管、横干管和排出管等组成。

卫生器具与生活排水管道或其他可能产生有害气体的排水管道连接时，为防止有害气体侵入室内，应在排水口以下设存水弯，且存水弯水封深度不得小于 50 mm。存水弯常见的形式有 P 形、S 形，如图 1-34 所示。卫生器具如坐便器、内置水封的挂式小便器、地漏等已有存水弯，不应再设。

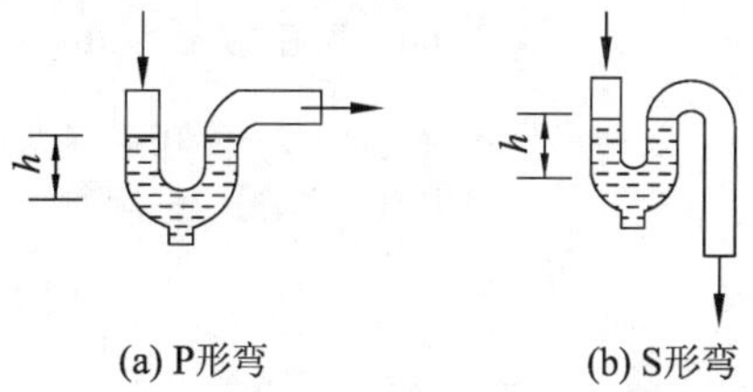

图 1-34　存水弯

3. 通气管

建筑排水系统属于重力非满流，即管道系统中的污废水是依靠重力的作用排出室外的。因此排水管道系统必须和大气相通，从而保证管道系统内气压恒定，维持重力流状态。

通气管有三个作用：① 向排水管道补给空气，使水流畅通，更重要的是减小排水管道内的气压变化幅度，防止卫生器具水封破坏；② 使室内外排水管道中散发的臭气和有害气体能排到大气中去；③ 管道内经常有新鲜空气流通，可减轻管道内废气对管道的锈蚀。

对于层数不高、卫生器具不多的建筑物，一般较少采用专用通气管，仅将排水立管上端延伸出屋面即可，此段（自立管最高层检查口向上算起）称为伸顶通气管（或透气管）。

伸顶通气管应高出屋面 0. 30 m 以上，并应大于最大积雪厚度，以防止积雪盖住通气口。对于平屋顶，若经常有人逗留活动，则通气管应高出屋面 2 m，并应根据防雷要求设置防雷设备。为防止雨雪或脏物落入排水立管，通气管顶端应装网形或伞形通气帽（寒冷地区应采用伞形通气帽），通气管穿越屋顶处应有防漏措施。

对于 10 层及 10 层以上的高层建筑、建筑标准要求较高的建筑及卫生器具设置较多的建筑，必须设置专用的通气立管，并结合通气管将排水立管和专用通气立管相连，如图 1-35a 所示。当一根横支管较长或接纳大便器较多时，应设环行通气管，与主通气立管和副通气立管相连，加强通气能力，如图 1-35b、图 1-35c 所示。对卫生标准和控制噪声要求较高的排水系统设置器具通气管，如图 1-35d 所示。

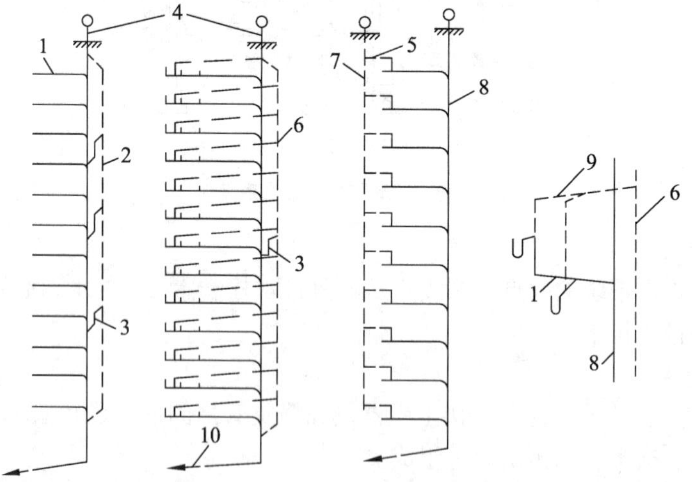

(a) 专用通气系统　(b) 主通气系统　(c) 副通气系统　(d) 器具通气管

1—排水横支管；2—专用通气立管；3—结合通气管；4—伸顶通气管；5—环形通气管；6—主通气立管；7—副通气立管；8—排水立管；9—器具通气管；10—排出管

图 1-35　排水管道的通气系统

4. 清通设备

清通设备是指检查口、清扫口、检查井以及带有清通盖板的 90°弯头或三通等设备，作为疏通排水管道之用。

5. 抽升设备

民用建筑中的地下室、人防建筑物、高层建筑的地下技术层、某些工业企业车间地下或半地下室、地下铁道等地下建筑物内的污水、废水不能自流排至室外时，必须设置污水抽升设备。

（三）屋面雨雪水系统

屋面雨雪水系统的任务是汇集和排除降落在建筑物屋面上的雨雪水。其排除方式有以下几种：

1. 檐沟外排水系统

一般性的居住建筑、屋面面积较小的公共建筑和单跨工业建筑，雨水常采用屋面檐沟汇集，然后流入隔一定间距沿外墙设置的水落管排泄至地下管沟或地面，如图 1-36 所示。室外一般不设置雨水管渠。

在民用建筑物中，檐沟多用白铁皮或混凝土制作，水落管由铸铁、白铁皮、玻璃钢或 PVC-U 材料制作，管径多见 75~100 mm。

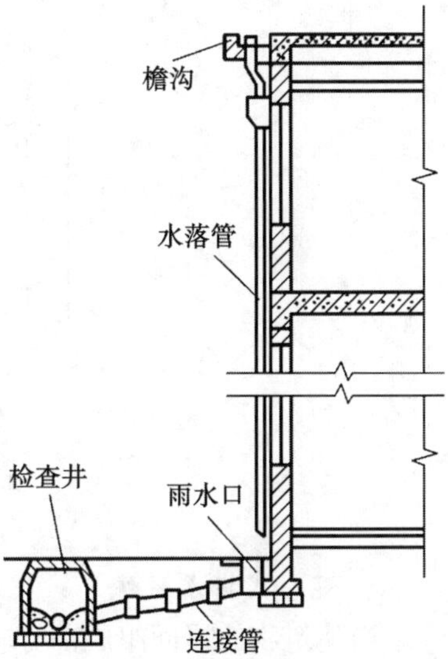

图 1-36 檐沟外排水系统

2. 天沟外排水系统

大型屋面雨雪水的排除，单纯采用檐沟外排水的方式有时会很不实际，工程实践中常采用天沟外排水的排除方式，如图 1-37 所示。

所谓天沟外排水，即利用屋面构造上所形成的天沟本身的容量和坡度，使雨雪水向建筑两端（山墙、女儿墙方向）泄放，并经墙外雨水斗收集，经立管排至地面或雨水道，如图 1-38 所示。

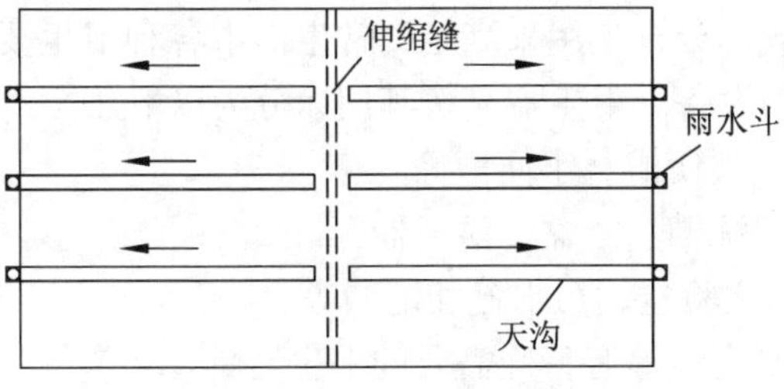

图 1-37 天沟外排水系统

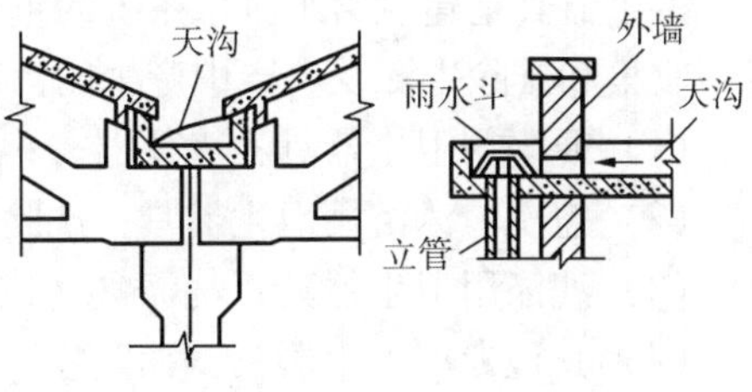

图 1-38 天沟与雨水管（雨水斗+立管）连接

3. 建筑内排水系统

大屋面面积（跨度甚大）的工业厂房，尤其是屋面有天窗，多跨度、锯齿形屋面或壳形屋面等工业厂房，其屋面面积较大或曲折甚多，采用檐沟外排水或天沟外排水的方式排除屋面雨雪水不能满足要求时，必须在建筑物内部设置雨水管系统；对于建筑外立面处理要求较高的建筑，也应采用内排水系统；高层大面积平屋面民用建筑，特别是处于寒冷地区的建筑物，均应采用建筑内排水系统。

如图 1-39 所示，建筑内排水系统由雨水斗、连接管、悬吊管、排出管、埋地管和检查井等部分组成。

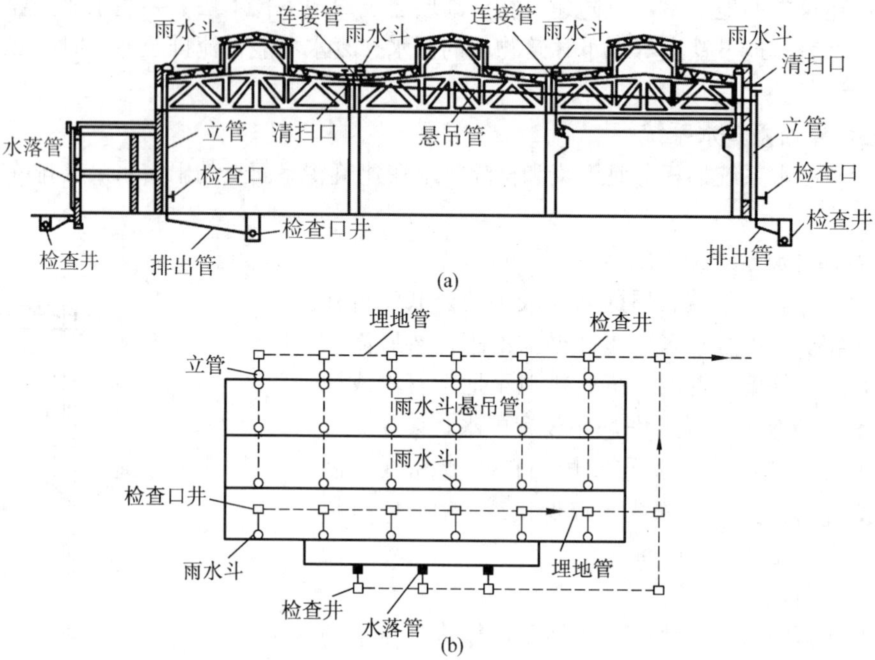

图 1-39　建筑内排水系统

4. 混合式排水系统

当建筑物的屋面组成部分较多、形式较为复杂时，或对于工业厂房各个组成部分屋面工艺要求不同时，屋面的雨雪水若只采用一种方式排除不能满足要求，可以将几种不同的方式组合起来排除屋面雨雪水。这种形式称为混合式排水系统。

（四）卫生器具及附件

卫生器具是建筑给水排水系统的重要组成部分，是用来满足日常生活中各种卫生要求、收集和排除生活及生产中产生的污废水的设备。卫生器具按其用途分为以下几类：

（1）便溺用卫生器具：大便器、小便器、大便槽、小便槽等。

（2）盥洗、沐浴用卫生器具：洗脸盆、盥洗槽、浴盆、淋浴器等。

（3）洗涤用卫生器具：洗涤盆（或池）、化验盆、污水盆和地漏等。

（4）其他专用卫生器具：如医疗、科学研究室等有特殊需要的卫生器具。

卫生器具必须坚固耐用、不透水、耐腐蚀、耐冷热，表面光滑，便于清洗。目前制造卫生器具的常用材料有陶瓷、铸铁搪瓷、不锈钢、塑料和水磨石等。

为防止较大杂物进入排水管道造成堵塞，除大便器以外的器具排水出口均需设排水栓。为防止排水管道内的异味窜入室内，同时又不影响排水，卫生器具排水均应考虑设水封。除坐便器、地漏等部分器具自身构造带水封外，其余器具均应在器具排水管上设存水弯以形成水封。

1. 便溺用卫生器具

厕所或卫生间中的便溺用卫生器具，主要作用是收集排除粪便污水。

（1）大便器

我国常用的大便器有坐式大便器和蹲式大便器两种类型。

① 坐式大便器：本身带有存水弯。其冲洗设备一般为低水箱或延时自闭冲洗阀。坐式大便器多装设在住宅、宾馆或其他高级建筑内，如图 1-40 所示。

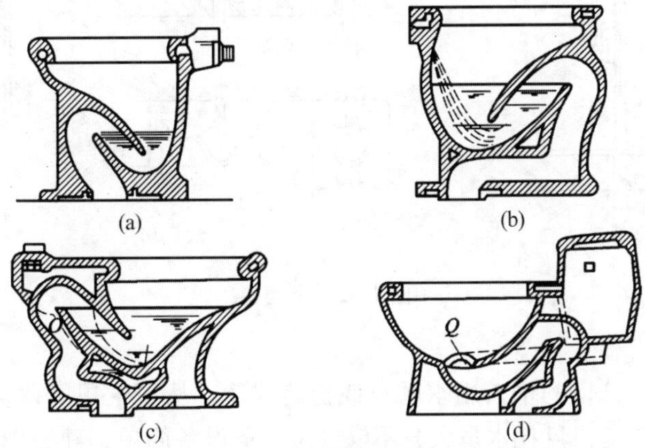

图 1-40　坐式大便器

② 蹲式大便器：如图 1-41 所示，本身不包括存水弯，故需另外装设。底层一般采用 S 形存水弯，楼层采用 P 形存水弯。为了装设蹲坑和存水弯，大便器一般都安装在地面以上的平台中。其冲洗设备可采用延时自闭冲洗阀、高水箱，也可采用低水箱。蹲式大便器广泛使用在集体宿舍、公共建筑卫生间、公共厕所内。

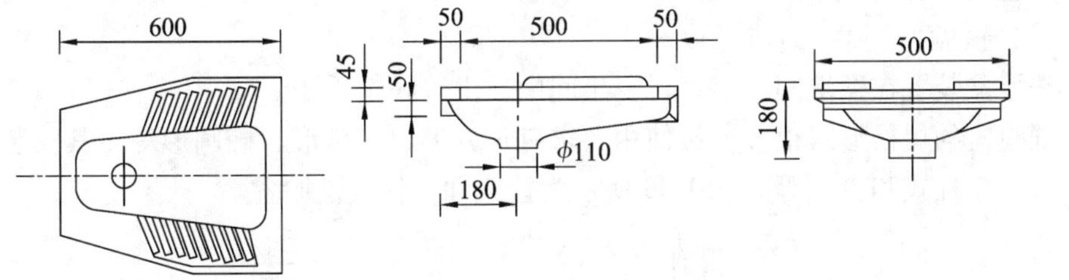

图 1-41　蹲式大便器

（2）小便器

小便器设于公共建筑的男厕所内，有挂式和立式两种，如图 1-42 所示。挂式小便器悬挂在墙上，其冲洗设备可采用延时自闭冲洗阀或自动冲洗水箱，小便斗应装设存水弯。挂式小便器多设于住宅建筑中；立式小便器一般装置在对卫生设备要求较高的公共建筑内，如展览馆、写字楼、宾馆等的男厕所中，多为成组装置。

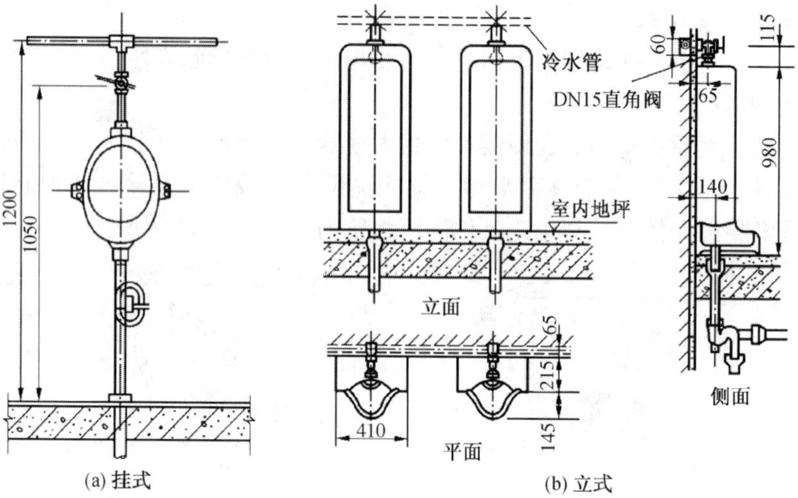

图 1-42　小便器

（3）大便槽

大便槽是个狭长开口的槽，用水磨石或瓷砖建造。从卫生角度评价，大便槽并不好，其受污面积大，有恶臭，且耗水量大，不够经济。但设备简单，建造费用低，因此可在建筑标准不高的公共建筑或公共厕所内采用。大便槽宜采用自动冲洗水箱进行定时冲洗。

（4）小便槽

小便槽系用瓷砖沿墙砌筑的浅槽，因具有建造简单、经济、占地面积小、可同时供多人使用等优点，故被广泛装置在卫生标准不高的工业企业、公共建筑、集体宿舍的男厕所中。

2. 盥洗、沐浴用卫生器具

（1）洗脸盆

洗脸盆装置在盥洗间、浴室、卫生间中，供洗脸洗手用。

洗脸盆的规格形式很多，按使用要求有长方形、三角形、椭圆形等。其安装方式有墙架式、立柱式和台式等。图 1-43 所示为挂式和立柱式洗脸盆。

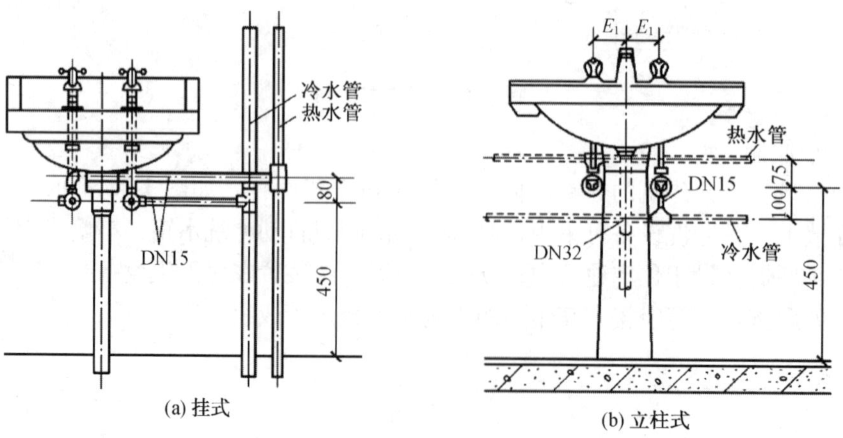

图 1-43　洗脸盆

（2）盥洗槽

盥洗槽亦为瓷砖、水磨石类现场建造的卫生设备（见图 1-44），装置在同时有多人需要盥洗的地方，如学校的集体宿舍、工厂的生活间等。它比洗脸盆的造价低，使用灵活。盥洗槽有长条形和圆形两种形式，槽宽一般为 500~600 mm，槽长 4.2 m 以内可采用一个排水栓，超过 4.2 m 设置两个排水栓。槽下用砖垛支撑。

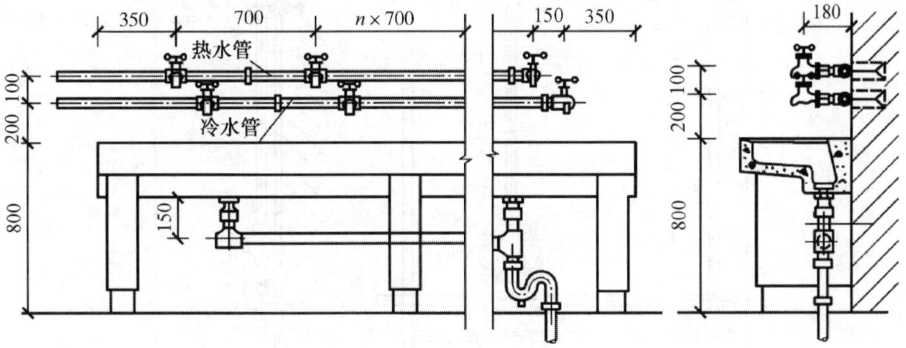

图 1-44 盥洗槽安装

（3）浴盆

浴盆装设在住宅、宾馆、医院等的卫生间及公共浴室内，有长方形和方形两种，浴盆颜色需与浴间其他用具色调协调。

浴盆配有冷热水管或混合龙头，混合水经混合开关后流入浴盆，管径为 20 mm。所有浴盆的排水口、溢水口均设在装置龙头一端。浴盆底有 0.02 的坡度，坡向排水口。有的浴盆还配置有固定或软管活动式淋浴莲蓬头。浴盆一般用陶瓷、铸铁搪瓷制成。浴盆安装如图 1-45 所示。

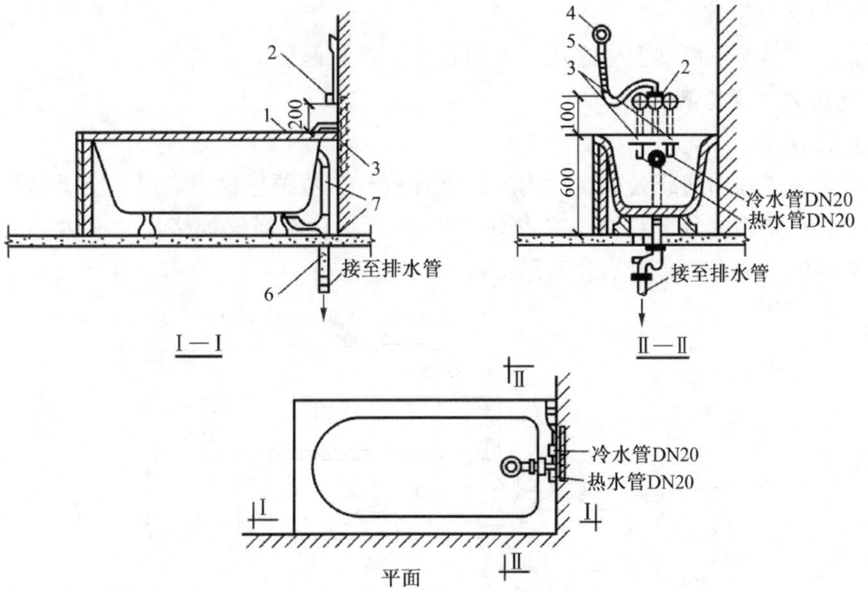

1—浴盆；2—混合阀门；3—给水管；4—莲蓬头；5—蛇皮管；6—存水弯；7—溢水管

图 1-45 浴盆安装

（4）淋浴器

淋浴器与浴盆相比，具有占地面积小、造价低、耗水量较小、清洁卫生等优点，故广泛使用在集体宿舍、体育馆、机关、学校的浴室和公共浴室中。淋浴器有成品的，也有用管件现场组装的，如图 1-46 所示。

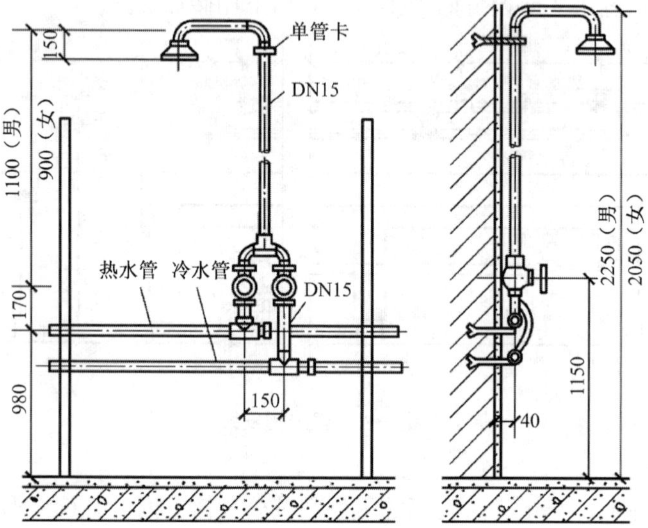

图 1-46　淋浴器安装

一般淋浴器的莲蓬头下缘安装在距地面 2. 0~2. 2 m 的高度，给水管径为 15 mm，其冷热水截止阀离地面 1. 15 m，两淋浴头间距 900~1000 mm。地面有 0. 005~0. 010 的坡度坡向排水口或排水明沟。

（5）妇女卫生盆

妇女卫生盆专供妇女卫生之用，一般设于妇产科医院。

3. 洗涤用卫生器具

（1）洗涤盆

洗涤盆装置在厨房或公共食堂内，供洗涤碗碟、蔬菜等食物之用。洗涤盆按用途有家用和公共食堂用之分。双格洗涤盆如图 1-47 所示。洗涤盆规格尺寸有大小之分，材质多为不锈钢、陶瓷和砖砌后瓷砖贴面等。

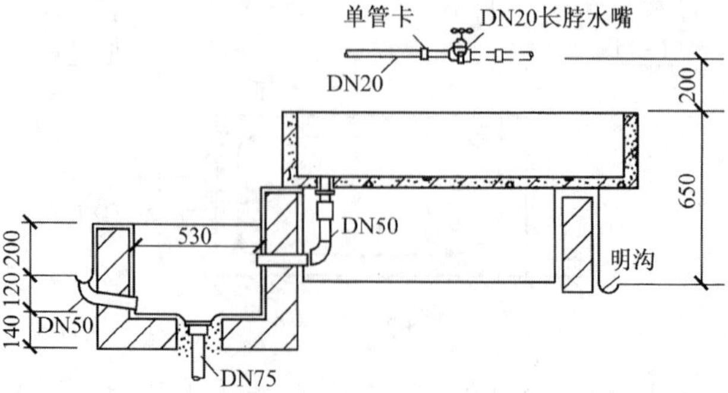

图 1-47　双格洗涤盆

（2）污水盆

污水盆装置在公共建筑的厕所、盥洗室内，供打扫厕所、洗涤拖布或倾倒污水之用，如图1-48所示。污水盆深度一般为400~500 mm，多为水磨石或水泥砂浆抹面的钢筋混凝土制品。

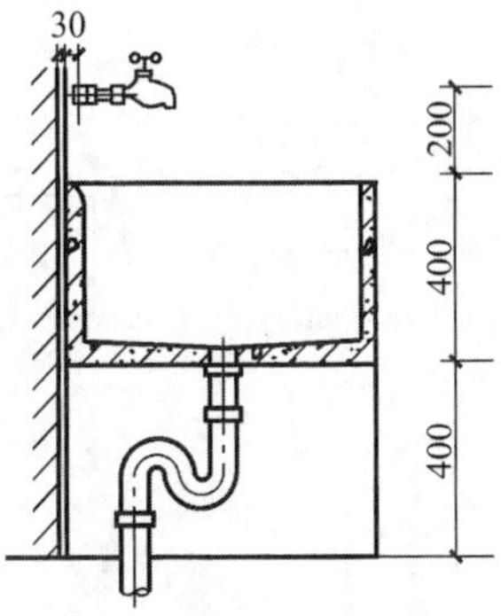

图1-48 污水盆

4. 专用卫生器具——地漏

地漏设在厕所、盥洗室、浴室及其他需要排除污水的房间内，如图1-49所示。地漏一般用生铁、塑料和不锈钢等制成，在排水口处盖有箅子，用以阻止较大杂物落入地漏。地漏装在地面最低处，地面应有不小于0.01的坡度坡向地漏，箅子顶面应比地面低5~10 mm。

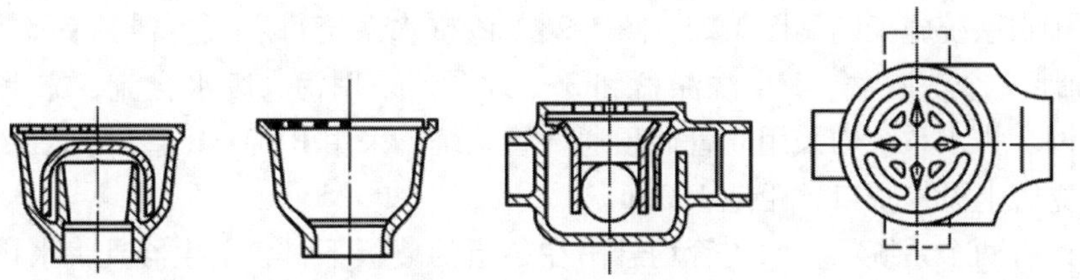

(a) 无水封地漏　(b) 圆形水封地漏　(c) 通道地漏　(d) 三通道地漏

图1-49 多用地漏

（五）建筑中水系统

由于我国水资源严重短缺，为节约用水，建筑中水系统已被我国越来越多的地区采用，并取得了明显的社会效益和经济效益。

1. 建筑中水的概念

建筑中水包括建筑物内部中水和建筑小区中水。建筑中水系统是将建筑或建筑小区内使用后的生活污废水经适当处理后，达到规定的使用标准，再供给建筑或建筑小区作为杂用水（非饮用水）重复使用的给水系统，其水质介于生活饮用水和污水之间。

2. 建筑中水的用途

建筑中水主要是城市污水再生利用分类中的城市杂用水类，城市杂用水包括绿化用水、冲厕用水、街道清扫用水、车辆冲洗用水及水景工程用水等。污水再生利用按用途的不同可分为农林牧渔业用水、城市杂用水、工业用水和景观环境用水等。

建筑中水系统是指以建筑的淋浴排水、盥洗排水、洗衣排水、屋面雨水及冷却水等为原水，经过一定的物理、化学方法的工艺处理，回用于冲洗厕所、绿化、浇洒道路及水景等的给水系统。

3. 建筑中水系统的概念

建筑中水系统指单幢建筑的中水系统，原水取自建筑物内的排水，经处理达到中水水质标准后回用，可利用生活给水补充中水水量，如图1-50所示。建筑中水系统具有投资少、见效快的特点，是目前使用最多的中水系统。

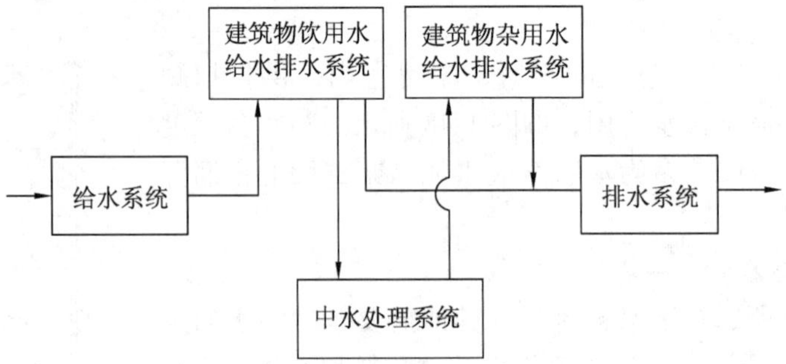

图 1-50　建筑中水系统框图

二　建筑排水系统施工图识读

建筑排水系统施工图见图 1-23～图 1-26。该排水系统每层卫生器具有 5 个蹲便器、2 个小便器、2 个洗脸盆、1 个洗涤盆和 3 个地漏，采用污、废水合流，靠重力排至室外污水管网。排水系统均采用立管伸顶通气管系统。采用 PVC－U 管材，粘接连接。一层、三层立管上设检查口，距地 1.0 m。

排水设有两个系统，排水支管均悬吊在各层的楼板下，各卫生器具将水排入其下部的排水支管。二层、三层女卫生间地漏处的排水与 5 个蹲便器的排水汇合后排入 PL－1，立管下至室内地坪面以下 1.3 m 处穿越 C 轴线墙排出，此为排水 1 系统。二层、三层 2 个洗脸盆的排水与 2 个地漏、1 个洗涤盆、2 个小便器的排水汇合后排入 PL－2，立管下至室内地坪面以下 1.3 m 处穿越 C 轴线墙排出，此为排水 2 系统。一层排水系统单独设置排出。

三　建筑排水系统安装

（一）排水管道的布置与敷设

1. 管道布置

管道布置有以下四点要求：满足最佳排水水力条件；满足美观要求及便于维护管理；保证生产和使用安全；保护管道不易受到损坏。

（1）室内排水管道布置应符合下列规定：

① 自卫生器具排至室外检查井的距离应最短，管道转弯应最少；

② 排水立管宜靠近排水量最大或水质最差的排水点；

③ 排水管道不得敷设在食品和贵重商品仓库、通风小室、电气机房和电梯机房内；

④ 排水管道不得穿过变形缝、烟道和风道；当排水管道必须穿过变形缝时，应采取相应技术措施；

⑤ 排水埋地管道不得布置在可能受重物压力处或穿越生产设备基础；

⑥ 排水管、通气管不得穿越住户客厅、餐厅，排水立管不宜靠近与卧室相邻的内墙；

⑦ 排水管道不宜穿越橱窗、壁柜，不得穿越贮藏室；

⑧ 排水管道不应布置在易受机械撞击处；当不能避免时，应采取保护措施；

⑨ 塑料排水管不应布置在热源附近；当不能避免，并且管道表面受热温度高于60 ℃时，应采取隔热措施；塑料排水立管与家用灶具边净距不得小于0.4 m；

⑩ 当排水管道外表面可能结露时，应根据建筑物性质和使用要求，采取防结露措施。

（2）排水管道不得穿越下列场所：

① 卧室、客房、病房和宿舍等人员居住的房间；

② 生活饮用水池（箱）上方；

③ 遇水会引起燃烧、爆炸的原料、产品和设备的上方；

④ 食堂厨房和饮食业厨房的主副食操作、烹调和备餐的上方。

（3）住宅厨房间的废水不得与卫生间的污水合用一根立管。

2. 管道敷设

排水管的管径相对于给水管管径较大，又常需要清通疏理，所以排水管道应以明装为主。在工业车间内部，甚至采用排水明沟排水（所排污水、废水不应散发有害气体或大量蒸汽）。明装方式的优点是造价低，缺点是不美观、积灰结露不卫生。

对建筑物室内美观程度要求较高或管道种类较多时，排水管道应采用暗装方式。立管可设置在管道井内，或用装饰材料镶包掩盖；横支管可镶嵌在管槽中，或利用平吊顶装修空间隐蔽处理。大型建筑物的排水管道应尽量利用公共管沟或管廊敷设，但应留有检修位置。建筑生活排水管道敷设应符合下列规定：

（1）管道宜在地下或楼板填层中埋设，或在地面上、楼板下明设；当建筑有要求时，可在管槽、管道井、管窿、管沟或吊顶、架空层内暗设，但应便于安装和检修；在气温较高、全年不结冻的地区，管道可沿建筑物外墙敷设；管道不应敷设在楼层结构层或结构柱内。

（2）当卫生间的排水支管要求不穿越楼板进入下层用户时，应设置成同层排水。

同层排水是指建筑排水系统中，器具排水管和排水横支管不穿越本层结构楼板到下层空间，且与卫生器具同层敷设并接入排水立管的排水方式。这种排水方式，如发生需要清理疏通的情况，在本层内即能解决问题。

同层排水通常有降板、墙排和垫层式三种方式。降板是指采用卫生间楼板（或局部楼板）下沉的方式（见图1-51）；墙排是指以管道隐蔽安装系统为主要特征的方式；垫层式是指垫高卫生间地面的垫层法，这种方式采用得不多。

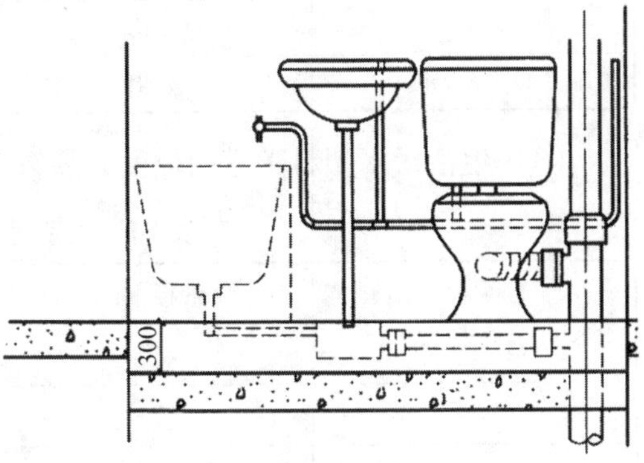

图1-51 降板法同层排水

同层排水形式应根据卫生间空间、卫生器具布置、室外环境气温等因素，经技术经济比较确定。一般宜采用沿墙敷设或地面敷设，也可根据排水立管的位置和卫生器具的布置，将沿墙敷设和地面敷设结合使用。

（3）室内排水管道的连接应符合下列规定：

① 卫生器具排水管与排水横支管垂直连接，宜采用90°斜三通；

② 横支管与立管连接，宜采用顺水三通或顺水四通和45°斜三通或45°斜四通；在特殊单立管系统中，横支管与立管连接可采用特殊配件；

③ 排水立管与排出管端部的连接，宜采用两个45°弯头、弯曲半径不小于4倍管径的90°弯头或90°变径弯头；

④ 排水立管应避免在轴线偏置；当受条件限制时，宜用乙字管或两个45°弯头连接；

⑤ 当排水支管、排水立管接入横干管时，应在横干管管顶或其两侧45°范围内采用45°斜三通接入；

⑥ 横支管、横干管的管道变径处应管顶平接。

（二）建筑排水系统的安装

1. 施工工艺流程

一般情况下，排水管道安装遵循以下流程：安装准备→预制加工→排出管→立管→通气管→横支管→灌水试验→封堵洞口→通水试验。

2. 系统安装技术要求

（1）隐蔽或埋地的排水管道在隐蔽前必须做灌水试验，其灌水高度应不低于底层卫生器具的上边缘或底层地面高度。满水15 min水面下降后，再灌满观察5 min，液面不降，管道及接口无渗漏为合格。

（2）生活污水铸铁管道的坡度必须符合设计或表1-4的规定。

表1-4 生活污水铸铁管道的坡度

项次	管径/mm	标准坡度/‰	最小坡度/‰
1	50	35	25
2	75	25	15
3	100	20	12
4	125	15	10
5	150	10	7
6	200	8	5

（3）生活污水塑料管道的坡度必须符合设计或表1-5的规定。

表1-5 生活污水塑料管道的坡度

项次	管径/mm	标准坡度/‰	最小坡度/‰
1	50	25	12
2	75	15	8
3	100	12	6
4	125	10	5
5	160	7	4

（4）排水塑料管必须按设计要求及位置装设伸缩节，且间距不得大于 4 m。伸缩节是用来补偿吸收管道轴向、横向、角向受热引起的伸缩变形的，其构造如图 1-52 所示。伸缩节在立管上和水平管上的位置布置如图 1-53 所示。

（5）高层建筑中管径大于等于 110 mm 的明设排水塑料立管以及穿越墙体处的横管应按设计要求设置阻火圈或防火套管，以防止发生火灾时塑料管被烧坏后火势穿过楼板使火灾蔓延到其他层。

图 1-52　伸缩节

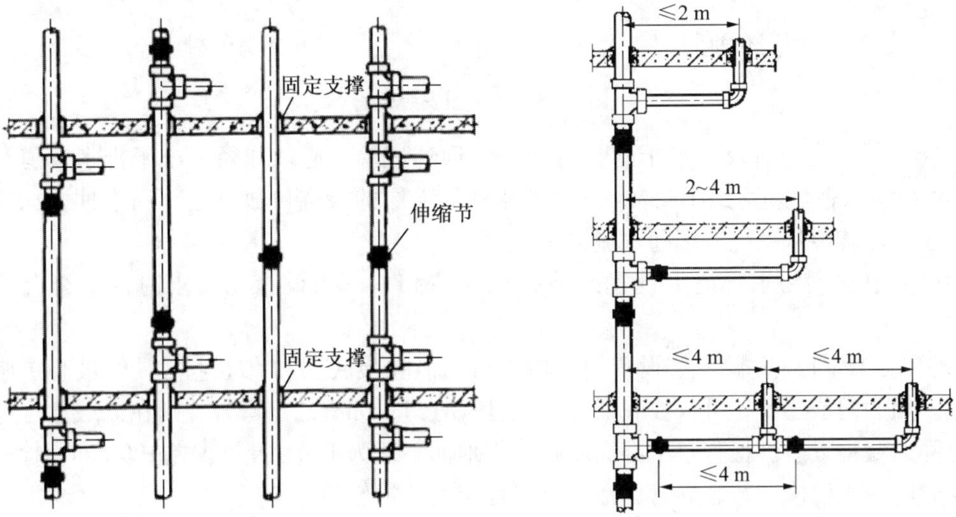

(a) 在立管上的位置

(b) 在水平管上的位置

图 1-53　伸缩节在管路上的位置

阻火圈（见图 1-54）能够阻止塑料管道火势蔓延，发生火灾时阻火圈受火焰和高温作用，其芯材受热发生化学作用，膨胀成致密的炭化物，将管道因受热软化或被烧毁而形成的孔洞封堵起来，防止由孔洞传播火灾的可能性。阻火圈一般固定在楼板或墙体部位，其在楼板的安装位置如图 1-55 所示。

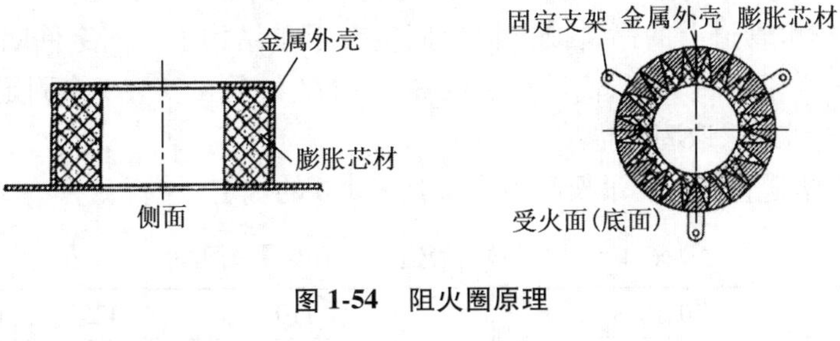

图 1-54　阻火圈原理

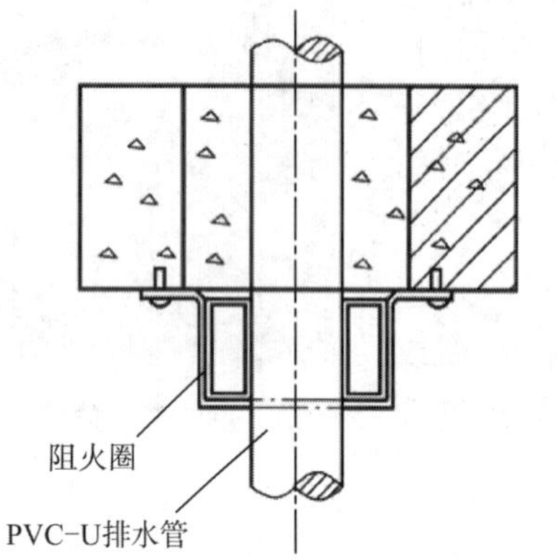

(a) 安装在楼板下方

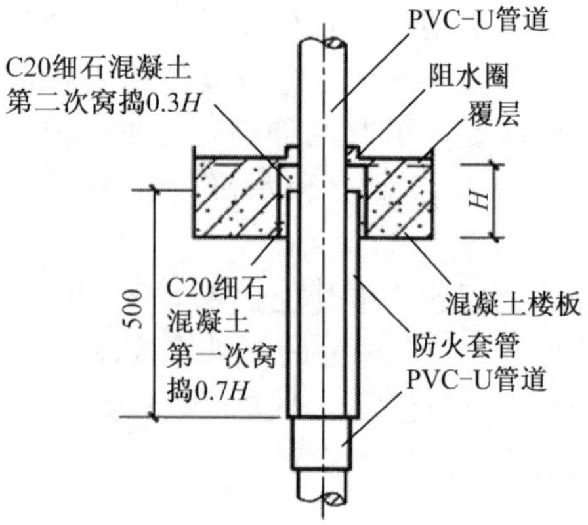

(b) 安装在楼板上方

图 1-55　阻火圈安装位置

（6）排水主立管及水平干管管道均应做通球试验，通球球径不小于排水管道管径的 2/3，通球率必须达到 100%。一般将球从最上层的检查口放进去，用水冲，如果管道畅通，球就会从系统末端随水流出来。

（7）在生活污水管道上设置的检查口或清扫口，当设计无要求时，应符合下列规定：

① 在立管上应每隔一层设置一个检查口，但在最底层和有卫生器具的最高层必须设置。如为两层建筑，可仅在底层设置立管检查口；如有乙字弯管，则在该层乙字弯管的上部设置检查口。检查口中心高度距操作地面一般为 1 m，允许偏差±20 mm；检查口的朝向应便于检修。暗装立管，在检查口处应安装检修门。

② 在连接 2 个及 2 个以上大便器或 3 个及 3 个以上卫生器具的污水横管上应设置清扫口。当污水管在楼板下悬吊敷设时，可将清扫口设在上一层楼地面上，污水管起点的清扫口与管道相垂直的墙面距离不得小于 200 mm；若污水管起点设置堵头代替清扫口，则与墙面距离不得小于 400 mm。

③ 在转角小于 135°的污水横管上，应设置检查口或清扫口。

④ 污水横管的直线管段，应按设计要求的距离设置检查口或清扫口。

（8）埋在地下或地板下的排水管道的检查口，应设在检查井内。井底表面标高与检查口的法兰相平，井底表面应有 0. 05 的坡度，坡向检查口。

（9）金属排水管道上的吊钩或卡箍应固定在承重结构上。固定件间距：横管不大于 2 m；立管不大于 3 m。楼层高度小于或等于 4 m，立管可安装 1 个固定件。立管底部的弯管处应设支墩或采取固定措施。

（10）排水塑料管道支、吊架间距应符合表 1-6 的规定。

表 1-6　排水塑料管道支、吊架最大间距

管径/mm	50	75	110	125	160
立管/m	1. 2	1. 5	2. 0	2. 0	2. 0
横管/m	0. 5	0. 75	1. 1	1. 3	1. 6

（11）排水通气管不得与风道或烟道连接，且应符合下列规定：

① 通气管应高出屋面 300 mm，且必须大于最大积雪厚度。

② 在通气管出口 4 m 以内有门、窗时，通气管应高出门、窗顶 600 mm 或引向无门、窗一侧。

③ 在经常有人停留的平屋顶上，通气管应高出屋面 2 m，并应根据防雷要求设置防雷装置。

④ 屋顶有隔热层应从隔热层板面算起。

（12）用于室内排水的水平管道与水平管道、水平管道与立管的连接，应采用 45°三通或 45°四通和 90°斜三通或 90°斜四通。立管与排出管端部的连接，应采用两个 45°弯头或曲率半径不小于 4 倍管径的 90°弯头。

（13）高层建筑物排水立管应有消能装置，立管简易消能装置如图 1-56 所示。

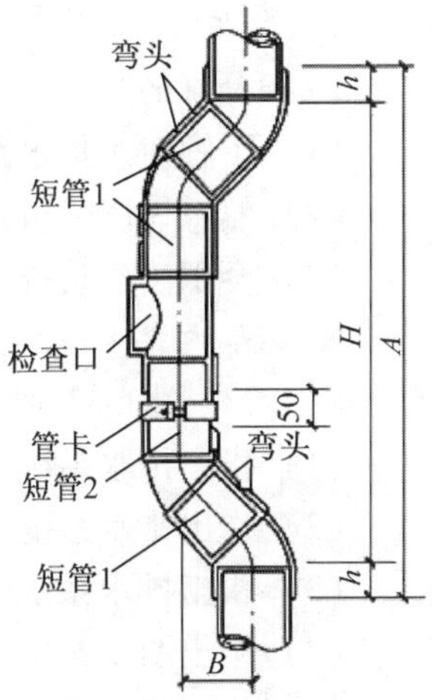

图 1-56　立管消能装置

（三）排水系统安装与土建配合

排水管道的安装与土建各工种的配合，主要包括建筑主体施工过程中的配合与安装过程的配合。

1. 主体施工过程中的配合

排水管道安装时需要穿越建筑承重墙、基础、地下室、楼面或屋面，为防止穿越处对建筑结构的破坏，一般需要在主体施工过程中配合混凝土浇筑施工做好安装工程所需的预留、预埋工作。

2. 安装过程的配合

排水管道的安装一般是在土建工程主体完工、中间验收结束，管道穿越结构部位的预留、预埋完毕以及土建各层标高线弹出后进行。

在管道安装过程中，在土建工程进入墙体砌筑、抹灰，以及墙面、楼面铺贴装饰面等阶段，应综合考虑排水管道的施工对上述工作的影响。

（1）明装排水管道的安装一般在墙面装饰工程完成后进行，土建施工管理人员应认真审核排水管道施工图，合理安排自身的施工进度，注意管道安装对装饰面质量的影响。当受施工工期紧的影响，管道安装和墙面装饰工程同步进行时，应合理协调装饰工程和管道安装工程进度，避免因管道安装影响土建墙体装饰施工进度。

（2）暗装排水管道一般应注意沟槽尺寸、吊顶空间及管道维修、检查预留口部位对土建的配合要求。注意管道安装工序与土建的前后关系，如暗装管道的安装一般在地沟盖未盖、吊顶未封闭前，管槽开挖后进行。管道安装后必须满足灌水和通水试验要求，办好隐蔽工程验收手续后，方可按照土建工程要求完成地沟加盖、沟槽回填、吊顶安装和墙槽装饰等土建施工。

四 技能点训练

1. 训练目的

（1）了解建筑排水系统的组成。

（2）熟悉识读建筑排水系统施工图的方法。

（3）会识读建筑排水系统施工图。

2. 训练内容

图 1-28~图 1-32 为某建筑给排水系统施工图。根据施工图，进行训练：

（1）指出排水系统 1 和 2 连接的卫生器具及器具排水管的管径。

（2）指出排水系统 1 和 2 伸顶通气管的作用、管径及伸出屋面的高度。

（3）指出排水系统 1 和 2 检查口设置的位置及作用。

（4）指出图中排出管的管径、标高及位置。

（5）绘制该施工图中给水、排水系统图。

任务四 建筑消防系统安装

一 知识点学习

我国消防工作贯彻“预防为主、防消结合”的方针，积极预防建筑火灾和减少建筑火灾危害、保护人身和财产安全，防患于未然。

室内消防系统根据使用的灭火剂种类和灭火方式可分为室内消火栓系统、自动喷水灭火系统和其他使用非水灭火剂的固定灭火系统。

（一）室内消火栓系统

室内消火栓系统在建筑物内使用广泛，用于扑救初期火灾。在建筑高度超过消防车供水能力时，室内消火栓系统除扑救初期火灾外，还要扑救较大火灾。

室内消火栓系统

1. 室内消火栓系统的组成

如图 1-57 所示，室内消火栓系统由消防水源、引入管、干管、立管、室内消火栓和消火栓箱等组成，必要时还需设置消防水泵、水箱和水泵接合器等。其给水方式同样有直接给水方式，设水泵、水箱给水方式，设水池、水泵、水箱给水方式等几种形式。

（1）消火栓箱

室内消火栓箱主要放置水枪、水龙带、消火栓及其接口、挂架、消防按钮和消防卷盘等，如图 1-58 和图 1-59 所示。

水枪是灭火的主要工具，用铜、铝合金或塑料制成，其作用是收缩水流，增加流速，产生能扑灭火焰的充实水柱。室内一般采用自流式水枪，常用的喷嘴口径有

13 mm，16 mm，19 mm 三种规格。

水龙带是用帆布、麻布或橡胶制成的输水软管，其作用是连接消火栓和水枪，常用的直径有 50 mm，65 mm 两种，常用的长度为 20 m，25 m 两种。

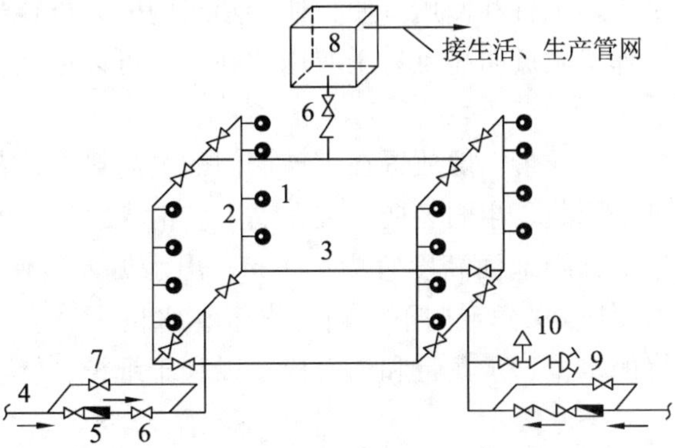

1—室内消火栓；2—消防立管；3—干管；4—进户管；5—水表；6—阀门；
7—旁通管及阀门；8—消防水箱；9—水泵接合器；10—安全阀

图 1-57　设有消防水箱的消火栓给水方式

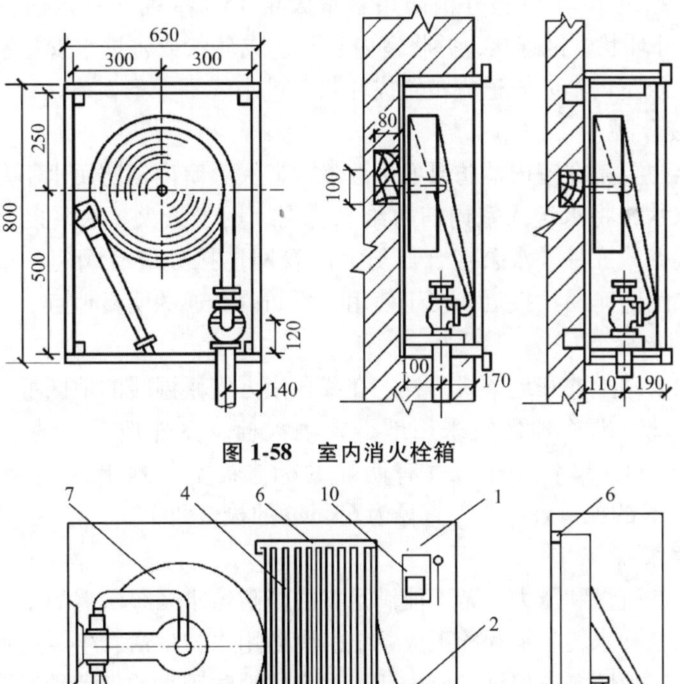

图 1-58　室内消火栓箱

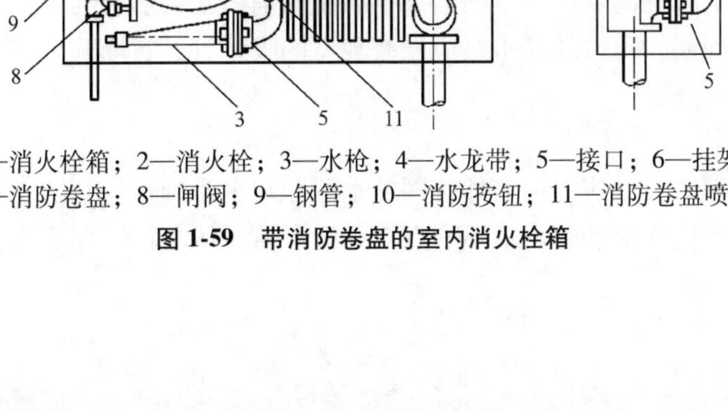

1—消火栓箱；2—消火栓；3—水枪；4—水龙带；5—接口；6—挂架；
7—消防卷盘；8—闸阀；9—钢管；10—消防按钮；11—消防卷盘喷嘴

图 1-59　带消防卷盘的室内消火栓箱

消火栓是具有内扣式接头的角形截止阀，其作用是控制水流。消火栓分单出口及双出口两种。常用的消火栓直径有 50 mm，65 mm 两种。

消防卷盘是由阀门、软管、卷盘、喷枪等组成，能够在展开卷盘的过程中喷水灭火的灭火设备，其用水量小、配备和使用方便，便于建筑内的人员扑救初期火灾。消防卷盘一般设置在走道、楼梯口附近明显且易于取用的地点，可以单独设置，也可以与消火栓设置在一起。

室内消火栓、水枪、水龙带一般放置在带玻璃门的消防箱内，各部分之间的连接采用内扣式快速接头，可以明装、半明装或暗装在墙上。消火栓栓口的安装高度应便于消防水龙带的连接和使用，其距地面高度宜为 1.1 m，出水方向应便于消防水带的敷设，并宜与设置消火栓的墙面成 90°角或向下；箱内水带和水枪平时应安放整齐。在同一建筑物内应采用同一规格的水枪、水龙带和消火栓，以利于维护、管理和使用。

（2）消防管道

消防管道包括消防干管、消防立管和消防短支管。消火栓给水系统的管材，单独设置时一般采用非镀锌钢管或铸铁管，消防系统与生活、生产给水系统合用时采用镀锌钢管或铸铁管。

室内消火栓超过 10 个且室外消防用水量大于 15 L/s 时，室内消防管道至少应有 2 条进水管与室外环状管网连接，并将室内管网连成环状或将进水管与室外管网连成环状。高层民用建筑室内消防管道应布置成环状，进水管不少于 2 条。

（3）水泵接合器

水泵接合器主要是在室内消防泵发生故障或遇大火室内消防用水不足时，供消防车从室外消火栓取水，将水送入室内消防给水管网，用于灭火。水泵接合器主要有地下式、地上式和墙壁式三种。水泵接合器与室内管网连接处应有阀门、止回阀、安全阀等，一般设置在消防车易于接近、便于使用、不妨碍交通的明显地点。

（4）室外消火栓

室外消火栓有地上式和地下式两种。在我国南方气候温暖的地区可采用地上式或地下式消火栓，在北方寒冷地区宜采用地下式消火栓。室外地下式消火栓应有直径为 100 mm 和 65 mm 的栓口各一个，并有明显的标志；室外地上式消火栓应有直径为 150 mm 和 100 mm 的栓口各一个，直径为 65 mm 的栓口两个。

（5）消防水泵

当室外管网的流量和压力经常不能满足室内消防给水系统所需的水量和水压时，宜采用设有加压水泵和水箱的消火栓灭火系统。消防用水与生活、生产用水合并的室内消火栓给水系统，其消防泵应保证供应生活、生产、消防用水的最大秒流量，并应满足室内管网最不利点消火栓的水压。室内消火栓系统的消防水泵房宜与其他水泵房合建，并宜设在建筑物的底层，每台消防水泵应设有独立的吸水管，自灌式工作，保证在火警后 5 min 内开始工作。

（6）消防水箱

室内消防水箱的设置应根据室外管网的水压和水量来确定。消防水箱设在建筑物的最高部位，其高度应能保证室内最不利点消火栓所需水压。消防用水与其他用水合并的水箱，应有保证消防用水不被他用的技术措施。消防水箱应贮存 10 min 的室内消防用水量。

（7）消防水池

当生活、生产用水量达到最大时，市政给水管道、进水管或天然水源不能满足室内外消防用水量；市政给水管网为枝状或只有一条进水管，且室内外消防用水量之和大于 25 L/s 时，应设消防水池。消防水池的容量应满足在火灾延续时间内室内外消防用水总量的要求。火灾后消防水池的补水时间不得超过 48 h。供消防车取水的消防水池应设取水口，取水口与保护建筑物的距离不宜小于 15 m，消防水池的保护半径不宜大于 150 m。

2. 室内消火栓系统的布置

（1）室内消火栓的布置

室内消火栓应布置在建筑物内各层明显、易于取用和经常有人出入的地方，如走廊、楼梯间、大厅及消防电梯旁等处。设有室内消火栓的建筑物为平屋顶时，在平屋顶上需设试验检查用的消火栓。有可能结冻的地区，屋顶消火栓应设于水箱间或有防冻技术措施。室内消火栓的布置，应保证有两支水枪的充实水柱同时到达室内任何部位，在任何情况下均可使用室内消火栓进行灭火。

（2）消火栓系统管道的布置

低层建筑，除有特殊要求设置独立消防管网外，一般都与生活、生产给水管网结合设置；高层建筑，室内消防给水管网应与生活、生产给水系统分开独立设置。

① 引入管。室内消防给水管网的引入管一般不少于两条，当一条引入管发生故障时，其余引入管应仍能保证消防用水量和水压。

② 管网布置。为保证供水安全，一般采用环状式管网供水，以保证供水干管和每条消防立管都能做到双向供水。

③ 消防竖管布置。布置消防竖管时应保证同层相邻两个消火栓的水枪充实水柱能同时到达被保护范围内的任何部位。每根消防竖管的直径不小于 100 mm，消防竖管不应通过危险区域，应设置在可以防止机械破坏和火灾破坏的地方。

（二）自动喷水灭火系统

自动喷水灭火系统是一种在发生火灾时能自动打开喷头喷水灭火并同时发出火警信号的消防灭火设施。自动喷水灭火系统应在人员密集、不易疏散、外部增援灭火与救生较困难、性质重要或火灾危险性较大的场所中设置。

1. 自动喷水灭火系统的分类

自动喷水灭火系统的类型较多，从广义上分，可分为闭式系统和开式系统；从使用功能上分，又可分为湿式系统、干式系统、预作用系统、雨淋系统和水幕系统等。

（1）湿式自动喷水灭火系统

湿式自动喷水灭火系统是给水管路和喷头内始终充满有压水的自动喷水灭火系统。该系统主要由闭式喷头、湿式报警阀组、水流报警装置、管道系统和供水设施等组成，如图 1-60 所示。湿式系统应用广泛，在已安装的自动喷水灭火系统中，70%以上为湿式系统。

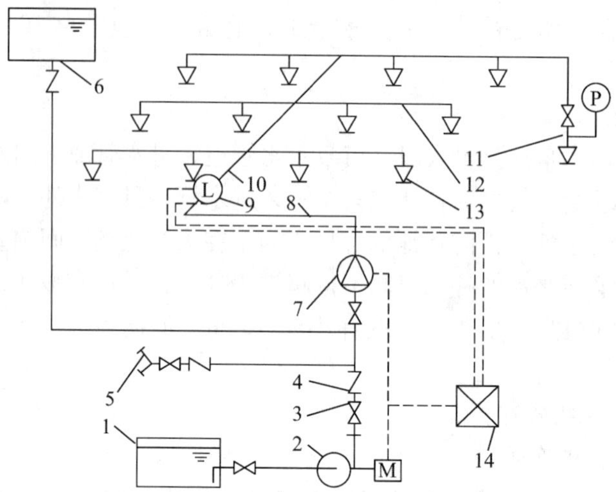

1—水池；2—水泵；3—闸阀；4—止回阀；5—水泵接合器；6—消防水箱；7—湿式报警阀组；
8—配水干管；9—水流指示器；10—配水管；11—末端试水装置；12—配水支管；
13—闭式洒水喷头；14—报警控制器；L—水流指示器；M—驱动电机；P—压力表

图 1-60　湿式自动喷水灭火系统示意图

平时湿式自动喷水灭火系统管网充满了水，发生火灾时，建筑物内温度升高，达到闭式喷头动作温度时，自动打开喷水灭火。同时，与喷头相连的管网内的水压力降低，报警阀在阀前后管网内压差作用下自动打开送水灭火，并通过水力警铃和水流指示器发出报警信号，压力开关启动相应给水管路上的阀门和消防水泵组。

湿式自动喷水灭火系统平时处于警戒状态，具有结构简单、启动时间短等优点，适合常年温度在 4~70 ℃的环境。

（2）干式自动喷水灭火系统

如图 1-61 所示，干式自动喷水灭火系统与湿式系统相比，采用了干式报警阀组，报警阀组上部管道内充压缩空气等有压气体（为保持气压，需要配套设置补气设施），下部充满水。该系统由闭式喷头、干式报警阀组、报警装置、充气设备、管道系统和给水设施等组成。这种系统不受温度的限制，可用于不供暖的房间，但因系统增加了充气设备，结构更复杂，增加了维护管理的难度，且在灭火时应先放气再喷水，灭火速度慢、效率低，适用于环境温度低于 4 ℃或高于 70 ℃的场所。

（3）预作用自动喷水灭火系统

如图 1-62 所示，该系统采用预作用阀代替报警阀，管网内平时不充水，发生火灾时由火灾自动报警系统、充气管道上的压力开关连锁控制预作用装置和启动消防水泵，向配水管道供水。预作用系统通常安装在环境温度低于 4 ℃或高于 70 ℃、不允许有水渍损失的建筑物内，如图书馆、档案馆及计算机房等。

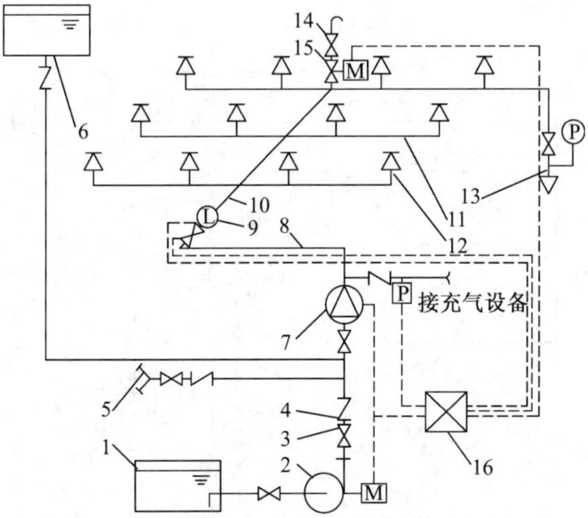

1—水池；2—水泵；3—闸阀；4—止回阀；5—水泵接合器；6—消防水箱；7—干式报警阀组；8—配水干管；9—水流指示器；10—配水管；11—配水支管；12—闭式喷头；13—末端试水装置；14—快速排气阀；15—电动阀；16—报警控制器；L—水流指示器；M—驱动电机；P—压力表

图 1-61 干式自动喷水灭火系统示意图

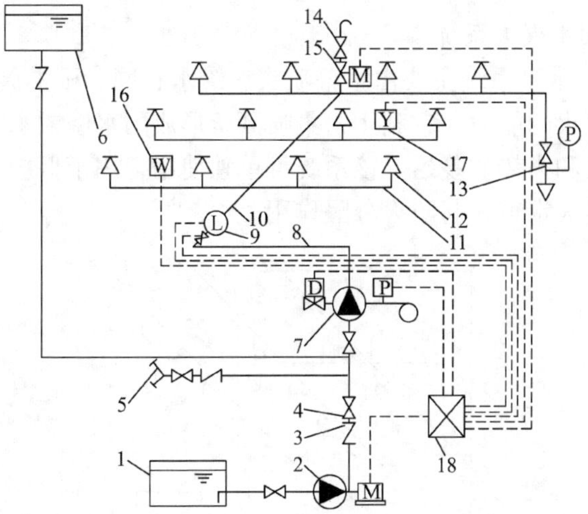

1—水池；2—水泵；3—闸阀；4—止回阀；5—水泵接合器；6—消防水箱；7—预作用报警阀组；8—配水干管；9—水流指示器；10—配水管；11—配水支管；12—闭式洒水喷头；13—末端试水装置；14—快速排气阀；15—电动阀；16—感烟探测器；17—感温探测器；18—报警控制器

图 1-62 预作用自动喷水灭火系统示意图

（4）雨淋自动喷水灭火系统

当建筑物发生火灾时，感温（或感光、感烟）等火灾探测器接到火灾信号后，通过自动控制雨淋阀门，使开式喷头一起自动喷水灭火，如图 1-63 所示。该系统不仅可以扑灭着火处的火源，而且可以同时自动向整个被保护的面积上喷水，从而防止火灾蔓延和扩大。它具有出水量大、灭火及时等优点，适用于火灾蔓延快、危险性大的建筑或部位的灭火。

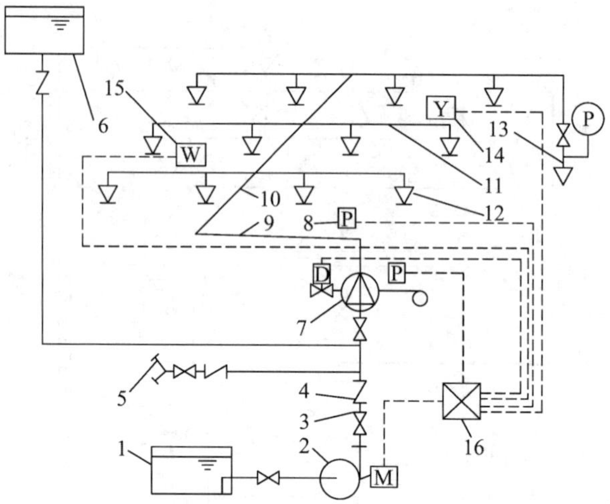

1—水池；2—水泵；3—闸阀；4—止回阀；5—水泵接合器；6—消防水箱；7—雨淋报警阀组；8—压力开关；9—配水干管；10—配水管；11—配水支管；12—开式洒水喷头；13—末端试水装置；14—感烟探测器；15—感温探测器；16—报警控制器

图 1-63　雨淋自动喷水灭火系统示意图

（5）水幕自动喷水灭火系统

如图 1-64 所示，水幕系统主要由水幕喷头、给水管网、雨淋阀及其控制设备组成。该系统不具备直接灭火的能力，它利用密集喷洒所形成的水墙或水帘，或配合防火卷帘等分隔物，阻断烟气和火势的蔓延。该系统可单独使用，用于保护建筑物的门、窗、洞口或在大空间形成防火水帘，起防火分隔作用。

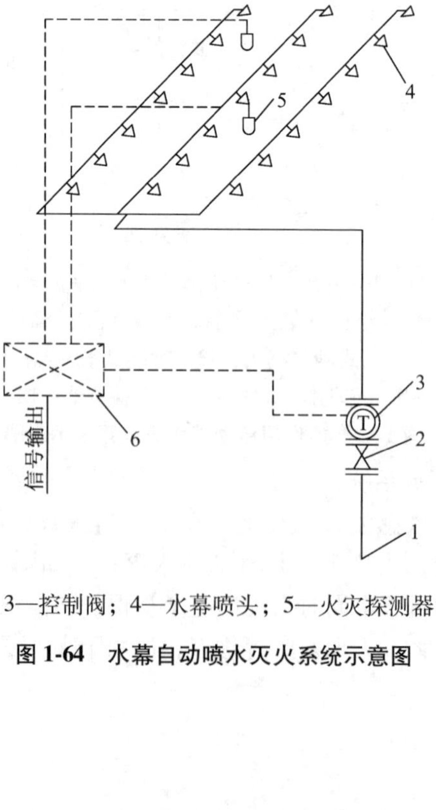

1—供水管；2—闸阀；3—控制阀；4—水幕喷头；5—火灾探测器；6—火灾报警控制箱

图 1-64　水幕自动喷水灭火系统示意图

2. 自动喷水灭火系统的主要组件

(1) 喷头

喷头的种类很多，一般按喷头是否有堵水支撑分类：喷水口有堵水支撑的称为闭式喷头；喷水口无堵水支撑的称为开式喷头。

闭式喷头用耐腐蚀的铜制材料制造，喷水口平时被控制器所封闭。闭式喷头是带热敏感元件和自动密封组件的自动喷头，在系统中担负着探测火灾、启动系统和喷水灭火的任务，是系统中的关键组件。其一般分为易熔合金洒水喷头和玻璃球洒水喷头两种。闭式喷头的喷水口由感温元件组成的释放机构封闭，当温度达到喷水的公称动作温度范围时，感温元件动作，释放机构脱落，喷头开启。常用闭式喷头的构造如图 1-65 所示。

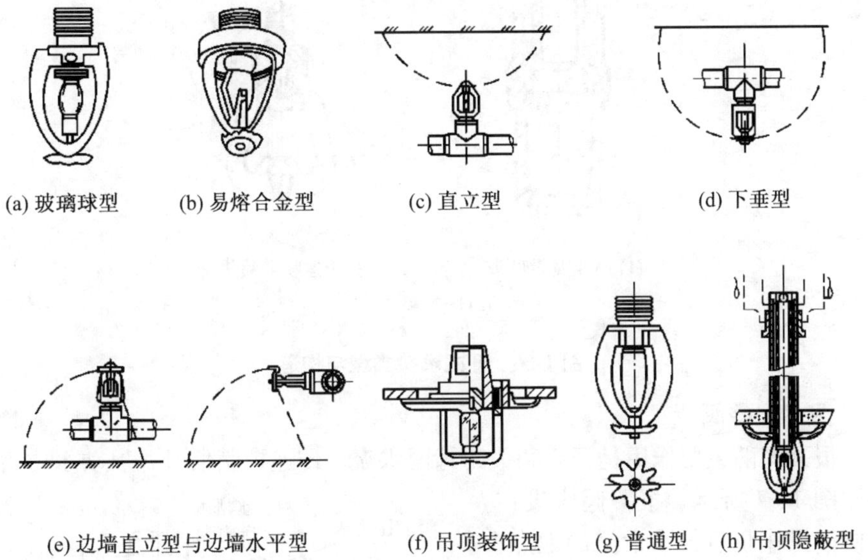

图 1-65 闭式喷头构造示意图

开式喷头是不带热敏感元件的喷头。开式喷头的喷水口是无释放机构的洒水喷头，其喷水口是敞开的，有开启式洒水喷头、水幕喷头、喷雾喷头三种类型。各种开式喷头，按照安装形式可分为直立式和下垂式，按照结构可分为单臂式和双臂式，如图 1-66 所示。

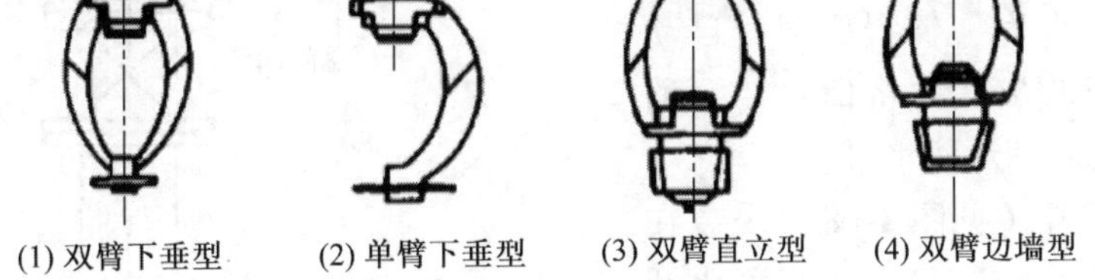

(a) 开启式洒水喷头

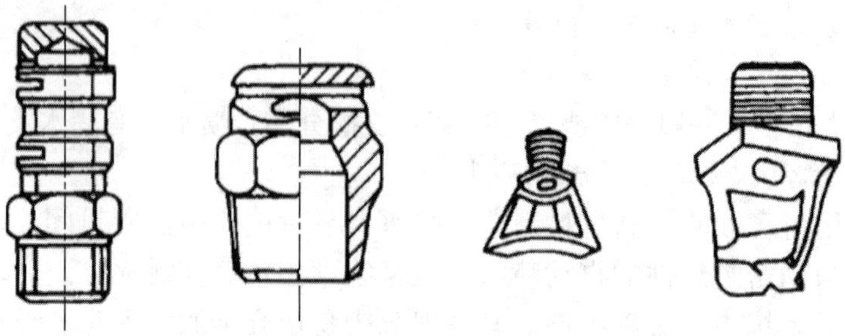

(1) 双隙式　(2) 单隙式　(3) 窗口式　(4) 檐口式

(b) 水幕喷头

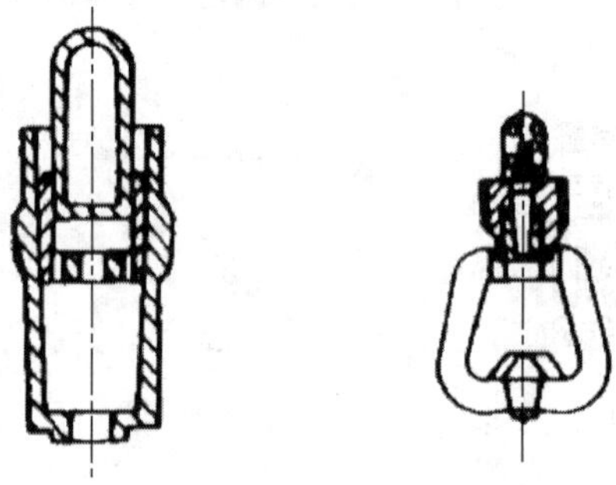

(1) 高速喷雾喷头　(2) 中速喷雾喷头

(c) 喷雾喷头

图 1-66　开式喷头类型与构造

（2）湿式报警阀

湿式报警阀的主要作用是开启和关闭管网水流、传递控制信号并启动水力警铃直接报警，如图 1-67 所示。报警阀应设在明显、便于操作且有排水设施的地点，距地面高度宜为 1. 2 m。

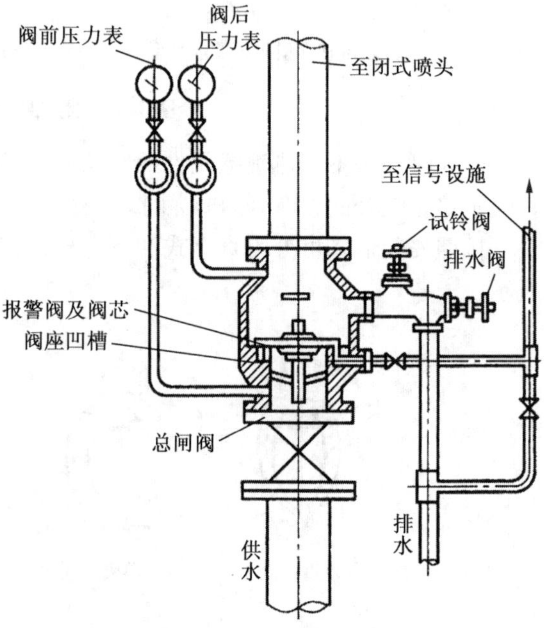

图 1-67　湿式报警阀

（3）水流报警装置

水流报警装置由水力警铃、压力开关和水流指示器构成。

水力警铃安装在湿式系统的报警阀附近，当有水流通过时，水流冲动叶轮打铃报警。

压力开关安装于延迟器和报警阀的管道上，当水力警铃报警时，自动接通电动警铃报警，并将信号传至消防控制中心或启动消防水泵。

水流指示器（见图 1-68）安装在系统各楼层干管或支管上，当喷头开始喷水时，水流指示器会将火灾发生的位置准确地传到消防控制中心，以便于组织人员扑救。

（4）末端试水装置

末端试水装置是安装在系统管网的末端或者分区管网的末端，检验系统启动、报警及联动等功能的装置，由压力表、阀门和试水接头等组成，如图 1-69 所示。

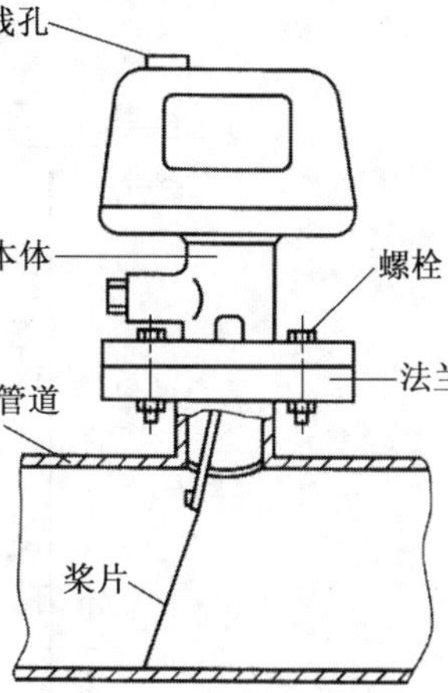

图 1-68　水流指示器

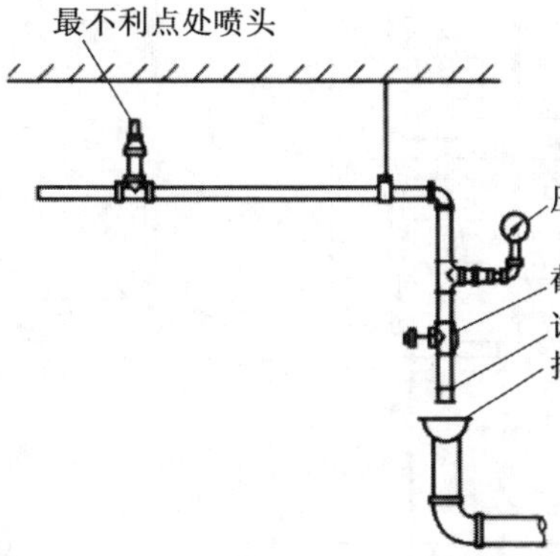

图 1-69　末端试水装置

（三）其他灭火系统

因各类建筑物与构筑物的功能不同，其中存贮的可燃物质和设备可燃性各异，仅使用水作为灭火剂可能达不到扑救目的，或者用水扑救会造成很大的水害损失，此时应根据各种可燃物质的物理、化学性质，分别采用不同的方法和手段。

以干粉作为灭火剂的灭火系统称为干粉灭火系统。干粉灭火剂是一种干燥的、易于流动的细微粉末。当干粉灭火剂用于扑救燃烧物时，可形成粉雾扑灭燃烧物料表面火灾。干粉又有普通型干粉、多用途干粉和金属专用干粉之分。

泡沫灭火系统应用泡沫灭火剂，使其与水混溶后产生一种可漂浮且黏附在可燃、易燃液体或固体表面，或者充满某一着火空间的泡沫，从而隔绝、冷却燃烧物质，起到灭火作用。泡沫灭火剂有化学泡沫灭火剂、蛋白质泡沫灭火剂、合成型泡沫灭火剂等。泡沫灭火系统广泛应用于油田、炼油厂、油库、发电厂等。

卤代烷灭火系统是把具有灭火功能的卤代烷碳氢化合物作为灭火剂的消防系统。其适用于不能用水灭火的场合，如计算机房、图书档案室、文物资料库等建筑物。

除上述外，还有二氧化碳灭火系统、蒸汽灭火系统、烟雾灭火系统等。

二　室内消火栓系统施工图识读

识读消防施工图时，先看设计说明，了解工程的基本情况，然后将平面图和系统图对照起来看。识读时，应沿着水流方向，从消防泵出水管（或消防引入管）、水泵接合器到消防立管及各消火栓，从消防水箱的消防出水管到消防立管及消火栓。

图 1-70~图 1-72 为某商场消防系统平面图和系统图（部分）。该建筑为 6 层，层高 23 m。消防管道采用镀锌钢管，螺纹连接。消防给水系统从商场南部地下 1 m 处引入，

管径为DN100。穿过基础后，向上至3.8 m，向北通过楼梯间墙后向下、向上分别向一层、二至六层及屋顶消火栓供水。消火栓箱暗装在墙内。屋顶消火栓用于试验，用来检查消防水泵运转情况及消防供水设施的性能。

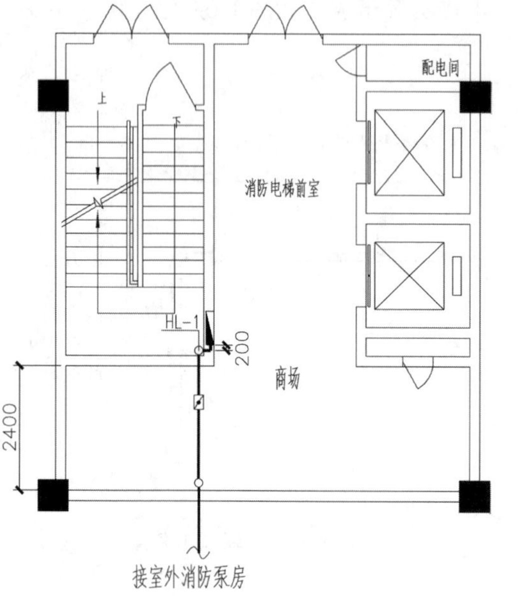

图1-70　一层消火栓平面图

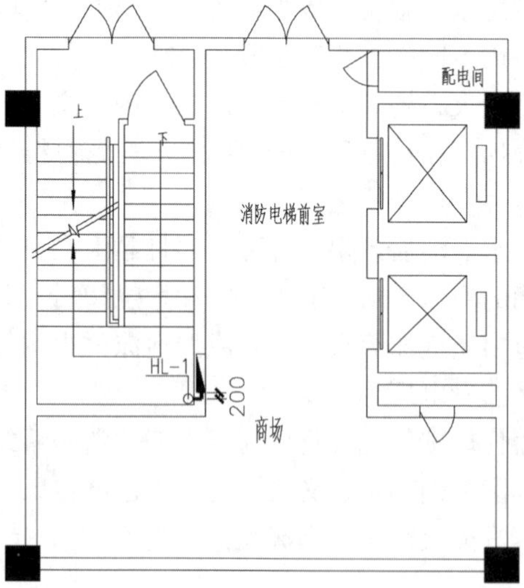

图1-71　二至六层消火栓平面图

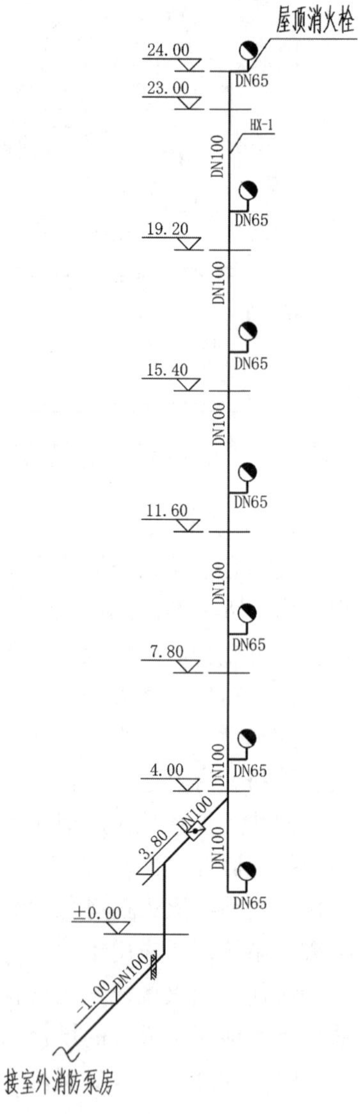

图1-72　消火栓系统图

三　室内消火栓系统安装的技术要求

消防给水及消火栓系统的施工必须由具有相应等级资质的施工队伍承担，以确保工程施工质量。

1. 系统管道安装技术要求

（1）系统管材应采用镀锌钢管，DN≤100 mm 时用螺纹连接，当管子与设备、法兰阀门连接时应采用法兰连接；DN>100 mm 时采用法兰连接或沟槽式连接（卡套式），管子与法兰的焊接处应进行防腐处理。

（2）管道的安装要求横平竖直，支架间距的安装要求同室内给水管道。

（3）当管道穿越楼板或墙体时，应设套管。穿墙套管长度不得小于墙体厚度，穿楼板套管应高出楼板面 50 mm，套管与穿管之间的间隙应用阻燃材料（可用麻丝）填塞。

（4）埋地敷设的金属管道应做防腐处理（一般的做法是刷沥青漆和包玻璃布）。

2. 室内消火栓及消防软管卷盘或轻便水龙的安装要求

（1）室内消火栓及消防软管卷盘和轻便水龙的选型、规格应符合设计要求。

（2）同一建筑物内设置的消火栓、消防软管卷盘和轻便水龙应采用统一规格的栓口、消防水枪和水带及配件。

（3）试验用消火栓栓口处应设置压力表。

（4）当消火栓设置减压装置时，应检查减压装置是否符合设计要求，且安装时应有防止砂石等杂物进入栓口的措施。

（5）室内消火栓及消防软管卷盘和轻便水龙应设置明显的永久性固定标志，当室内消火栓因美观要求需要隐蔽安装时，应有明显的标志，并应便于开启使用。

（6）消火栓栓口出水方向宜向下或与设置消火栓的墙面成 90°角，栓口不应安装在门轴侧。

（7）消火栓栓口中心距地面应为 1.1 m，特殊地点的高度可特殊对待，允许偏差 ±20 mm。

3. 消火栓箱的安装要求

（1）消火栓的启闭阀门设置位置应便于操作使用，阀门的中心距箱侧面应为 140 mm，距箱后内表面应为 100 mm，允许偏差±5 mm。

（2）室内消火栓箱的安装应平正、牢固，暗装的消火栓箱不应破坏隔墙的耐火性能。

（3）箱体安装的垂直度允许偏差为±3 mm。

（4）消火栓箱门的开启角度不应小于 120°。

（5）安装消火栓水龙带，将水龙带与消防水枪和快速接头绑扎好后，应根据箱内构造放置水龙带。

（6）双向开门消火栓箱耐火等级应符合设计要求，当设计没有要求时，应至少满足 1 h 耐火极限的要求。

（7）消火栓箱门上应用红色字体注明“消火栓”字样。

4. 系统试验

室内消火栓系统安装完成后应取屋顶层（或水箱间内）试验消火栓和首层二处消火栓做试射试验，达到设计要求为合格。

项目二

室内供暖系统安装

项目描述

在冬季，室外空气温度低于室内空气温度时，为保持一定的室内温度，必须向室内供给所需的热量，以满足人们生活和生产的需求。选择并布置合理的供暖系统是发挥建筑物的使用功能，保证生活品质的必要条件。随着新技术的发展、新工艺和新材料的涌现，供暖系统逐步向节能、环保、优质、高效发展。下面一起来了解不同的供暖系统。

知识目标

1. 了解常用的散热设备及附件。
2. 熟悉散热器供暖系统、分户计量供暖系统和地面辐射供暖系统的基本知识。
3. 了解供暖系统施工图的基本组成及识读施工图的方法。
4. 熟悉供暖系统施工安装工艺流程。

技能目标

1. 能正确识读供暖系统施工图。
2. 能组织、协调供暖系统与建筑结构、装饰施工安装的配合。

素质目标

1. 了解古人供暖方式，提升文化自信。

2. 具有专业意识和社会责任感，适应人们对供暖系统不同的需求，满足人民日益增长的美好生活需要。

任务一 散热器供暖系统安装

一 知识点学习

（一）供暖系统的组成及分类

在冬季，由于室外气温远远低于人体舒适需求的温度，室内热量通过各种途径和方式传至室外。为了保持室内生活或工作所需温度，利用人工方法通过消耗一定能源向室内供给热量的技术、装备、服务的总称，称为供暖。

1. 供暖系统的组成

供暖系统由热源、供热管道及散热设备三部分组成。在供暖系统中循环流动，不断进行热能的制备、输送和利用的媒介物，如热水、蒸汽、热空气，称作热媒。热媒从热源获得热量，供热管道将热媒输配到各个用户或散热设备，散热设备则把热量散发到室内，维持室内所需的温度。

2. 供暖系统的分类

（1）供暖系统按照供暖范围不同，可分为分散供暖系统和集中供暖系统。

分散供暖系统是指热源和散热设备集中设置，由热源向个别用户或房间供给热量的供暖系统。比如火炉、火墙、火炕、电热供暖、户式燃气壁挂炉供暖、户式空气源热泵供暖等就属于分散供暖。图 2-1 为燃气壁挂炉供暖示意图。

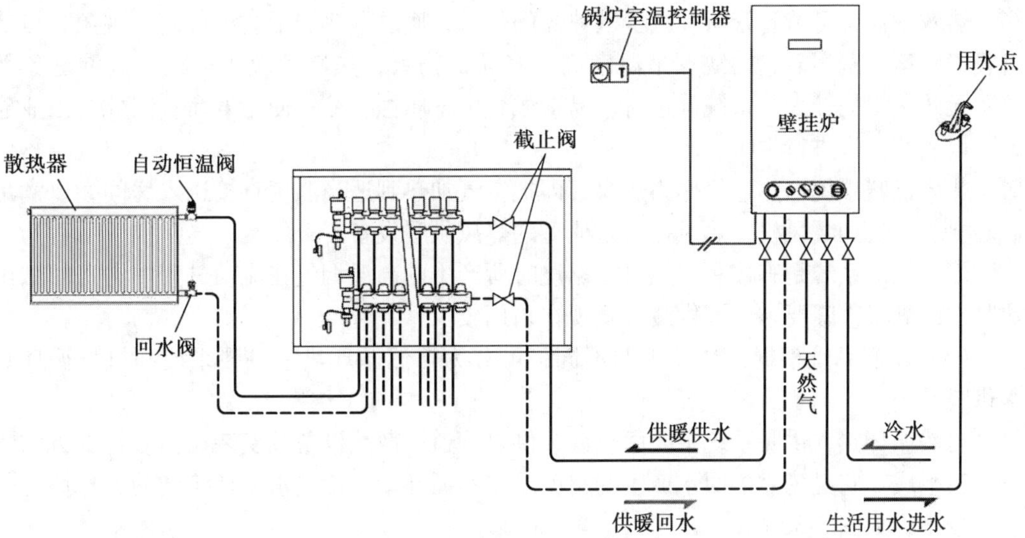

图 2-1 燃气壁挂炉供暖示意图

集中供暖系统是指热源和散热设备分别设置，用热媒管道相连接，由热源向多个热用户供给热量的供暖系统，如图 2-2 所示。

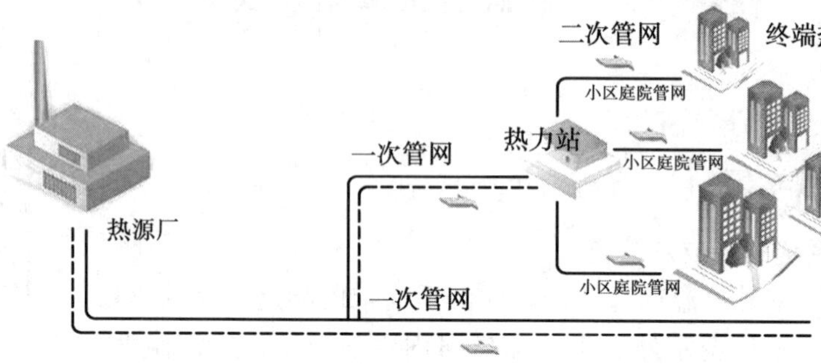

图 2-2　集中供暖示意图

（2）供暖系统按照热媒种类不同，可分为热水供暖系统、蒸汽供暖系统、热风供暖系统和烟气供暖系统。

热水供暖系统是以热水作为热媒，向房间进行供暖的系统。热水供暖系统具有热能利用率较高，输送时无效损失较小；散热设备不易腐蚀，使用周期长；散热设备表面温度低，符合卫生要求；系统操作方便，运行安全，散热均衡，适于远距离输送等优点。在我国，规范规定民用建筑应采用热水作为热媒。热水供暖按照热媒温度不同，可以分为高温水供暖和低温水供暖。利用热媒温度≥100 ℃的热水进行供暖的，称为高温水供暖；利用热媒温度<100 ℃的热水进行供暖的，称为低温水供暖。散热器集中供暖系统宜采用 75/50 ℃的热水，热水地面辐射供暖系统供水温度宜采用 35～45 ℃，不应大于 60 ℃。

蒸汽供暖系统是以蒸汽作为热媒，向房间进行供暖的系统。它的优点是热媒温度高、热效率高，可节省管材和减少散热器的数量；底层散热器不会出现超压现象；可节省投资和运行费用。它的缺点是温度高，容易烫伤人；热惰性较小；跑冒滴漏现象严重，无效热损失较大；系统停运时，易造成管内壁腐蚀，缩短使用寿命。因此，工业建筑可以利用蒸汽进行供暖。

热风供暖系统以热空气作为热媒，即把空气加热到适当温度直接送入房间，以满足供暖要求。比如暖风机、热风幕就是典型的热风供暖设备。

烟气供暖系统是直接利用燃料在燃烧时所产生的高温烟气在流动过程中向房间散出热量，以满足供暖要求。该供暖方式现在采用较少。

（3）供暖系统根据循环动力的不同，可分为自然循环热水供暖系统和机械循环热水供暖系统。

自然循环热水供暖系统主要由热源、供热管道、散热设备及安装在主立管上方的膨胀水箱组成。它是依靠供回水产生的密度差作为循环动力使热水循环流动的，作用力一般比较小，如图 2-3 所示。

因此，该系统适用于作用半径不大的建筑物，系统相对比较简单，不消耗电能，水的流速小，无噪声，运行和维护管理方便。

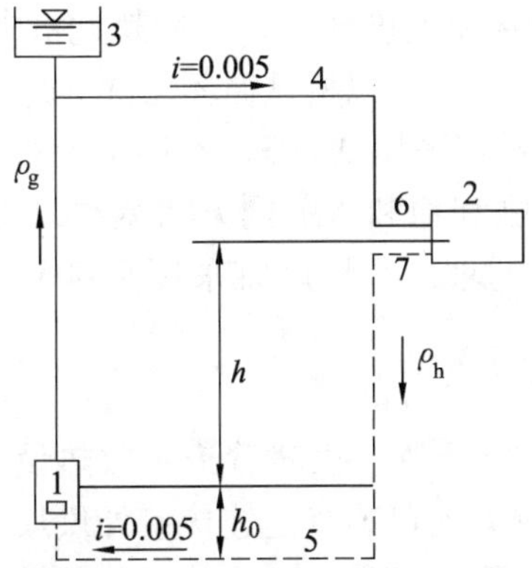

自然循环热水供暖系统

1—锅炉；2—散热器；3—膨胀水箱；4—供水干管；
5—回水干管；6—供水支管；7—回水支管

图 2-3　自然循环热水供暖系统示意图

机械循环热水供暖系统主要由热源、供热管道、散热设备、循环水泵、膨胀水箱及集气罐等组成。它依靠循环水泵提供的动力使热水在系统中强制循环流动，如图 2-4 所示。

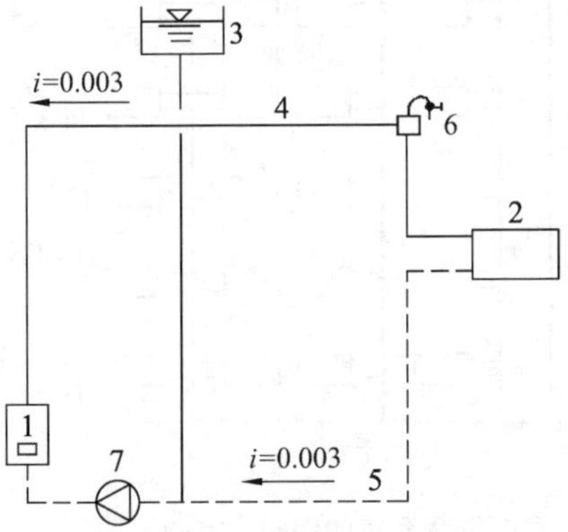

机械循环热水供暖系统

1—锅炉；2—散热器；3—膨胀水箱；4—供水干管；
5—回水干管；6—集气罐；7—循环水泵

图 2-4　机械循环热水供暖系统示意图

该系统增加了运行管理费用和电耗，但系统循环作用压力大，管径较小，供热范围较大。后面主要以机械循环室内热水供暖系统为例介绍相关知识。

机械循环热水供暖系统与自然循环热水供暖系统的主要区别如下：

① 循环动力不同。机械循环系统靠水泵提供动力，强制水在系统中循环流动。循环水泵一般设在锅炉入口前的回水干管上，该处水温最低，可避免水泵出现气蚀现象。

② 膨胀水箱的连接点和作用不同。机械循环系统膨胀水箱设置在系统的最高处，水箱下部接出的膨胀管连接在循环水泵入口前的回水干管上。其作用除了容纳水因受热膨胀而增加的体积外，还能恒定水泵入口压力，保证供暖系统压力稳定。

③ 排气方式不同。机械循环系统中水流速度较大，一般超过水中分离出的空气泡的浮升速度，易将空气泡带入立管引起气塞。所以机械循环上供下回式系统水平敷设的供水干管应沿水流方向设上升坡度，坡度宜采用 0.003，不得小于 0.002。在供水干管末端最高点处设置集气罐，以便空气能顺利地和水流同方向流动，集中到集气罐处排除。回水干管也应采用沿水流方向下降的坡度，坡度宜采用 0.003，不得小于 0.002，以便于泄水。

（二）散热器供暖系统制式

散热器供暖系统

建筑物室内供暖系统主要由热力入口装置、供暖管道、散热设备、排气装置等组成，如图 2-5 所示。热力入口装置是连接室外供热管网和室内供暖系统，调节、转换、计量和检测进入室内热媒的种类和参数的装置。供暖管道包括供水主立管，供水干、立、支管，回水干、立、支管。散热设备是将热量散发给供暖房间的设备，包括散热器、地面辐射加热管等。排气装置主要排除系统内的空气，常见的有集气罐和自动排气阀两种形式。

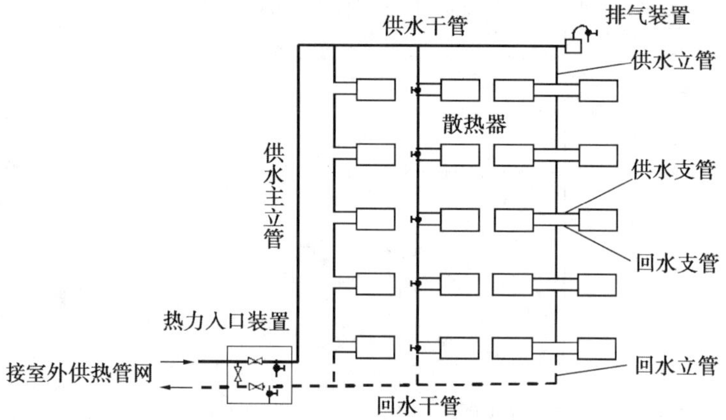

图 2-5　室内供暖系统的组成

散热器供暖系统是指以散热器为散热设备的室内供暖系统。散热器供暖系统有不同的分类方式，将各种分类组合在一起，就会形成不同的供暖系统制式。

（1）按照散热器的连接方式分类，可分为垂直式和水平式系统。

垂直式系统是指不同楼层的各散热器用垂直立管连接的系统。如图 2-6 所示，将上下各层对应房间的散热器用立管连接，形成了垂直式供暖系统。

水平式系统是指同一楼层的散热器用水平管线连接的系统。如图 2-7 所示，将同一层的散热器用水平管道连接，形成了水平式供暖系统。

这两种系统在供暖系统中得到了广泛的应用。

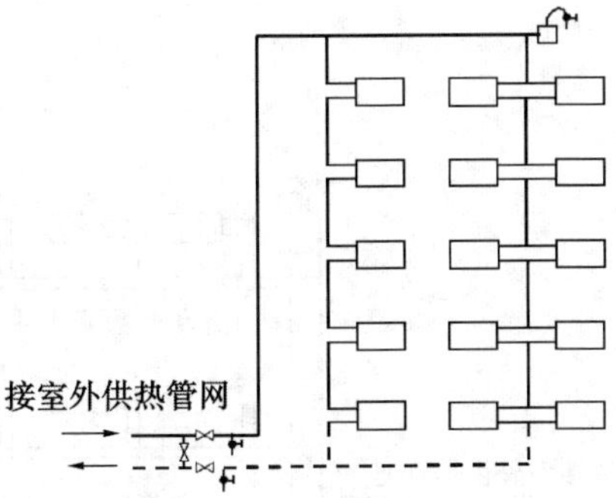

图 2-6 垂直式供暖系统

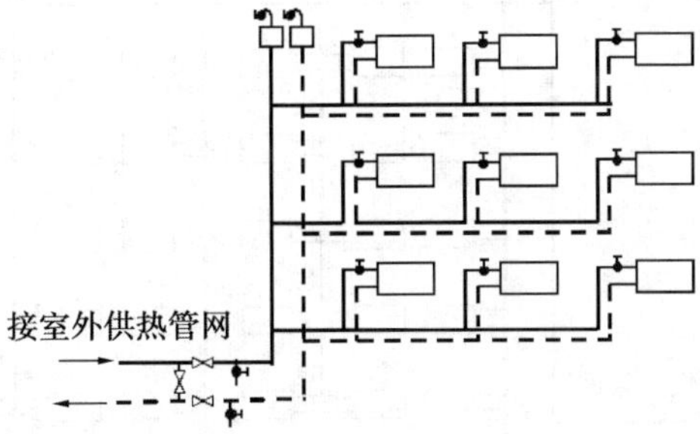

图 2-7 水平式供暖系统

（2）按照供水干管布置位置可分为上供、中供和下供，按照回水干管布置位置可分为上回、中回和下回。

如图 2-8 所示，供水干管在系统所有散热器的上方，回水干管在系统所有散热器的下方，称为上供下回式供暖系统。如图 2-9 所示，供水干管在下方，回水干管在上方，称为下供上回式供暖系统。

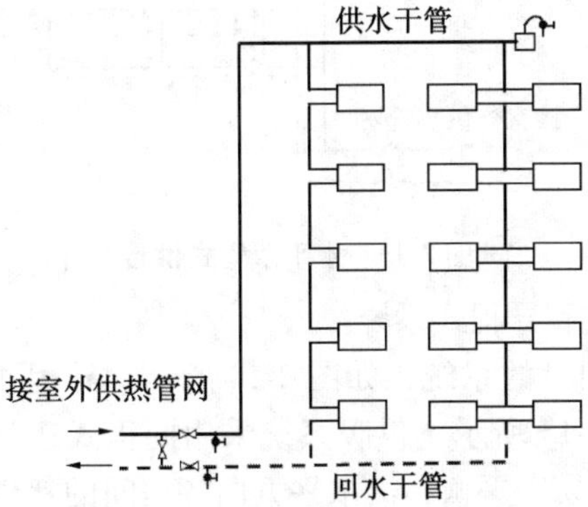

图 2-8 上供下回式供暖系统

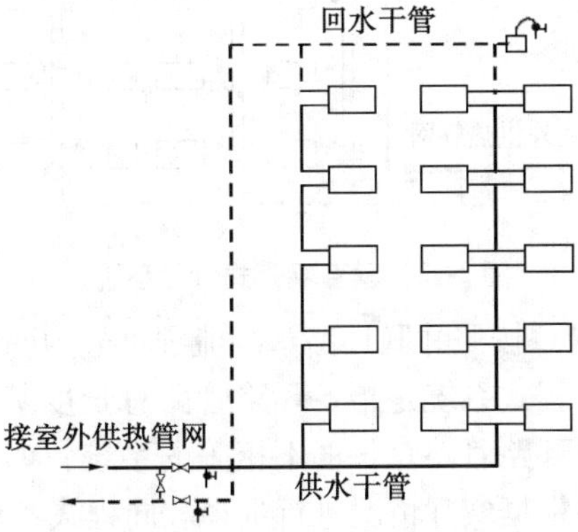

图 2-9 下供上回式供暖系统

（3）按照连接散热器的管道数量可分为单管和双管系统。

单管系统又有单管顺流式和单管跨越式两种。图 2-10 中所示立管 1 和立管 2 为单管顺流式，热水顺序流入各组散热器，不能单独对每组散热器进行调节；立管 3 和立管 4 为单管跨越式，在供水支管和回水支管间设置了一段跨越管，部分水流未经过散热器直接进入回水支管，可通过阀门调节流量大小。

单管系统还可以根据实际情况设置成水平单管顺流式和水平单管跨越式两种形式，如图 2-11 所示。

双管系统各组散热器并联连接，每组散热器可单独进行调节。双管系统有垂直双管式和水平双管式，如图 2-12、图 2-13 所示。

单管系统节省管材，造价低，施工进度快，其水力稳定性比双管系统好。双管系统可单个调节散热器的散热量，但管材耗量大、施工麻烦、造价高，易产生立管上层的散热器流量大、下层的散热器流量小的垂直水力失调现象。

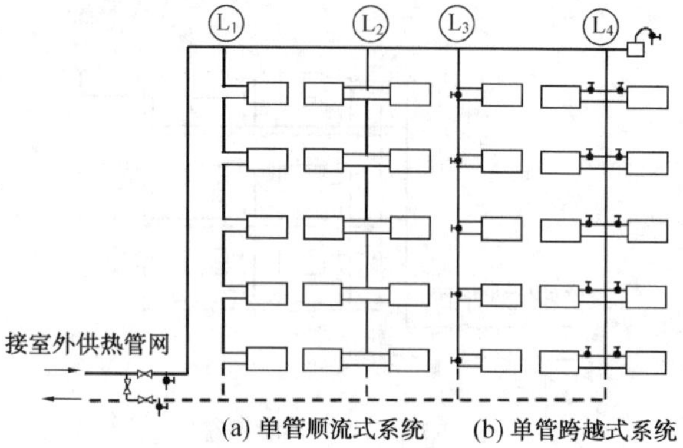

图 2-10　垂直单管式供暖系统

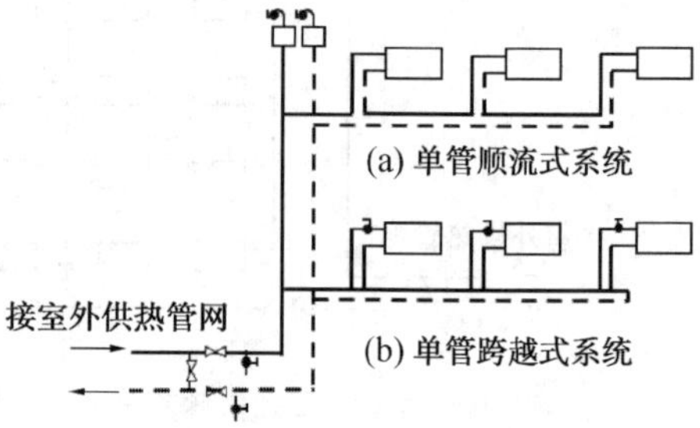

图 2-11　水平单管式供暖系统

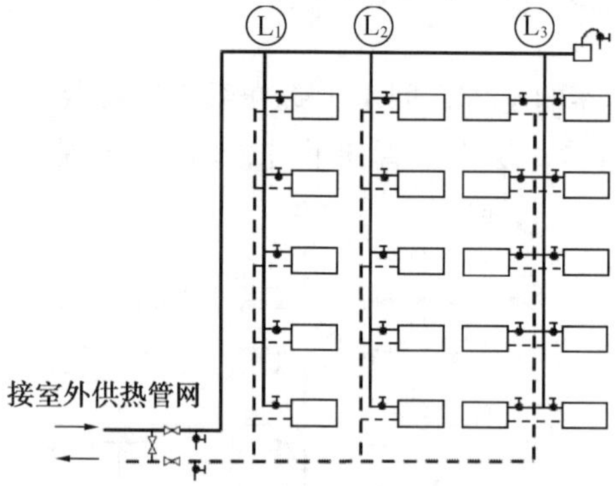

图 2-12　垂直双管式供暖系统

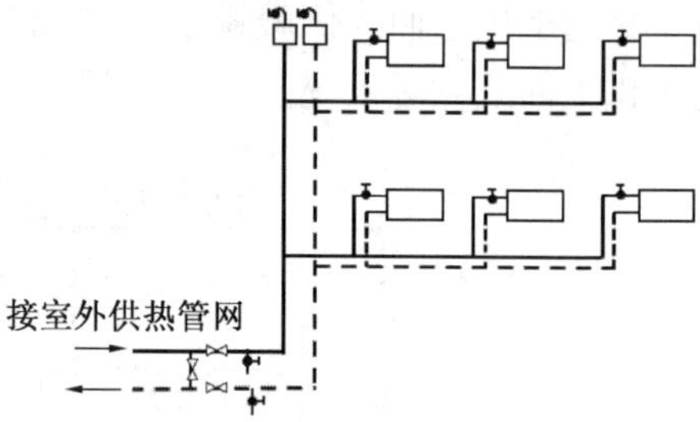

图 2-13　水平双管式供暖系统

（4）按照并联环路水的流程可分为同程式和异程式系统。

同程式系统是指各环路管路总长度基本相等的系统，如图 2-14 所示。异程式系统是指各环路管路总长度不相等的系统，如图 2-15 所示。供暖系统采用同程式还是异程式，要根据实际情况进行选择。同程式各环路易于平衡，沿水平方向各房间的室内温度偏离设计值（也叫作热力失调）程度较轻，布置管道合理时耗费管材也不会太多。异程式可节省管材，降低投资，但由于流动阻力不易平衡，常导致离热力入口近处立管的流量大于设计值、远处立管的流量小于设计值的现象，温度也会出现明显偏差，也就是水力失调导致热力失调的发生。

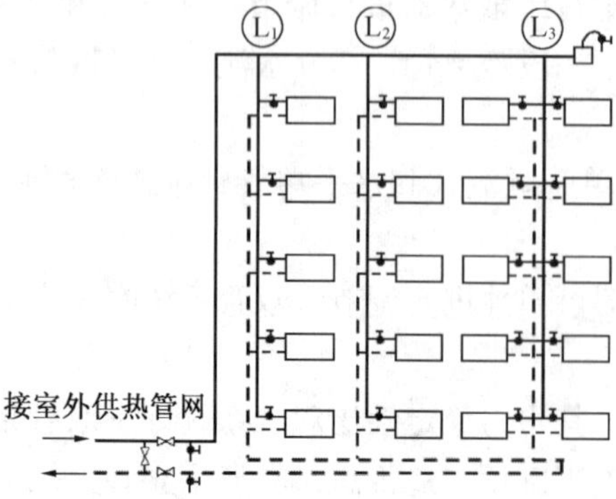

图 2-14　同程式供暖系统

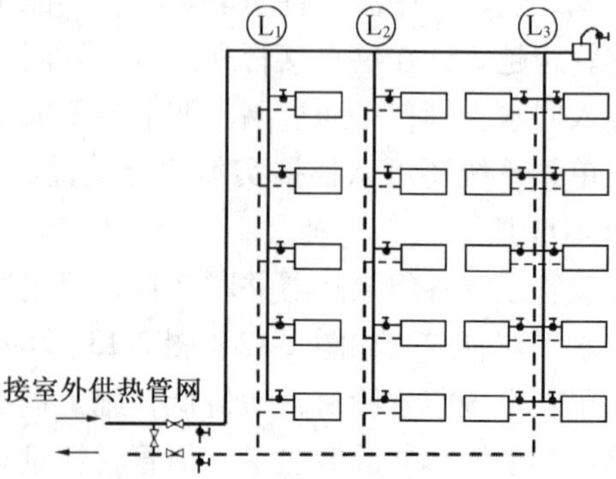

图 2-15　异程式供暖系统

（三）常见的散热器供暖系统

由于双管系统可实现变流量调节，有利于节能，因此室内供暖系统推荐采用双管系统。采用单管系统时，应在每组散热器的进、出水支管之间设置跨越管，实现室温调节功能。因此，对于散热器供暖系统制式，一般居住建筑宜采用垂直双管系统，也可采用垂直单管跨越式系统或共用立管的分户独立循环双管系统。共用立管的分户独立循环双管系统在后面住宅分户计量供暖系统中详细介绍。

公共建筑选择供暖系统制式的原则，是在保持散热器有较高散热效率的前提下，保证系统中除楼梯间以外的各个房间（供暖区）能独立进行温度调节。因此，公共建筑供暖系统可采用上/下分式垂直双管、下分式水平双管、上分式带跨越管的垂直单管、下分式带跨越管的水平单管制式。

（四）散热器

1. 对散热器的要求

散热设备

散热器是供暖系统重要的、基本的组成部件。热媒通过散热器向室内供热达到供暖的目的。散热器的正确选用涉及系统的经济指标和运行效果。对散热器的基本要求，主要有以下几点：

（1）热工性能方面的要求

散热器的传热系数 K 值越高，散热性能越好。提高散热器的散热量，增大散热器传热系数的方法，有增大外壁散热面积（在外壁上加肋片）、提高散热器周围空气流动速度和增加散热器向外辐射强度等。

（2）经济方面的要求

散热器供给房间的单位热量所需金属耗量越少，成本越低，其经济性越好。

（3）安装使用和工艺方面的要求

散热器应具有一定机械强度和承压能力；散热器的结构形式应便于组合成所需要的散热面积，结构尺寸要小，少占房间面积和空间；散热器的生产工艺应满足批量生产的要求。

（4）卫生和美观方面的要求

散热器应外表光滑，不易积灰，易于清扫，外形美观，易与室内装饰相协调。

（5）使用寿命的要求

散热器应不易腐蚀、不易破损，使用年限长。

2. 常见的散热器类型

目前，国内生产的散热器种类繁多，按其使用材质不同，主要有铸铁、钢制、铝制、铜铝复合散热器四大类；按其构造不同，主要分为柱型、翼型、管型、平板型等。

（1）铸铁散热器

铸铁散热器的优点是结构简单、耐腐蚀、使用寿命长、水容量大。但它的金属耗量大、笨重、金属热强度比钢制散热器低。目前国内应用较多的铸铁散热器有柱型和翼型两大类。

铸铁柱型散热器是呈柱状的单片散热器，用对丝将单片组对成所需散热面积。常用的铸铁柱型散热器有四柱和二柱等，如图 2-16a 和图 2-16b 所示。四柱散热器有带足片与不带足片两种片形，分别用于落地和挂墙安装。柱型散热器外形美观，传热系数较大，单片散热量小，容易组对成所需散热面积，积灰较易清除。

翼型散热器分为长翼型和圆翼型，如图 2-16c 和图 2-16d 所示。翼型散热器铸造工艺简单，价格较低，但易积灰，单片散热面积较大，不易组对成所需散热面积，承压能力低。圆翼型多用于不产尘车间，有时也用在要求散热器高度低的地方。

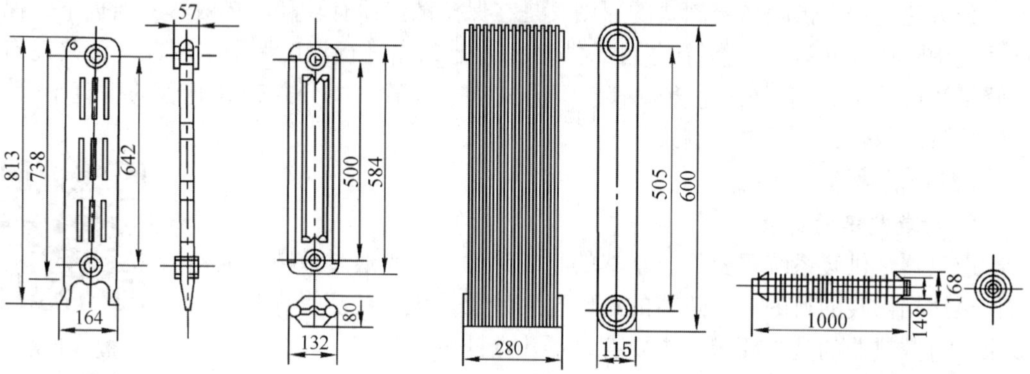

(a) 四柱散热器　(b) 二柱散热器（M132型）　(c) 长翼型散热器　(d) 圆翼型散热器

图 2-16　常用铸铁散热器

（2）钢制散热器

① 闭式钢串片式散热器

它由钢管、钢片、联箱及管接头组成，如图 2-17 所示。钢管上的串片采用薄钢片，串片两端折边 90°形成封闭形。形成许多封闭垂直空气通道，增加了对流放热量，同时也使串片不易损坏。闭式钢串片式散热器规格以“高×宽”表示，其长度可按设计要求制作。

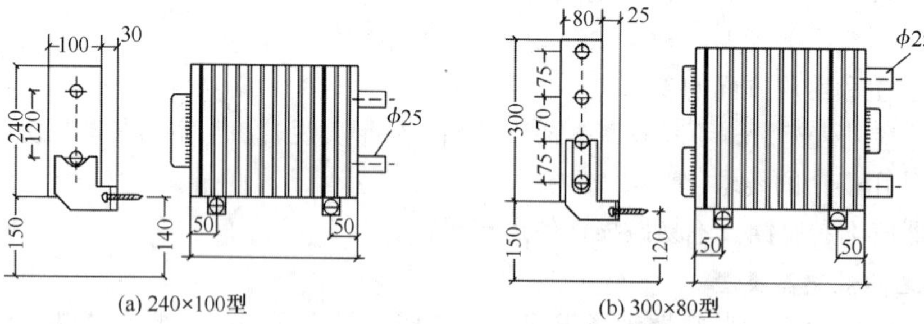

(a) 240×100型　(b) 300×80型

图 2-17　闭式钢串片对流散热器

② 钢制板型散热器

它由面板、背板、进出水口接头、放气阀、固定套及上下支架组成，如图 2-18 所示。面板、背板多用 1. 2~1. 5 mm 厚的冷轧钢板冲压成型，在面板上直接压出呈圆弧形或梯形的散热器水道。水平联箱压制在背板上，经复合滚焊形成整体。为增大散热面积，背板后可焊上 0. 5 mm 厚的冷轧钢板对流片。

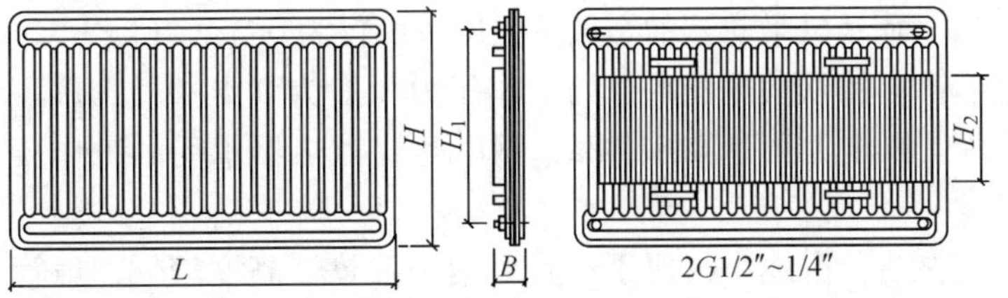

图 2-18 钢制板型散热器

③ 钢制柱型散热器

如图 2-19 所示，它的结构形式与铸铁柱型散热器相似。这种散热器采用 1.25~1.50 mm 厚的冷轧钢板冲压延伸形成片状半柱型，将两片片状半柱型经压力滚焊复合成单片，单片之间经焊接连接成散热器。

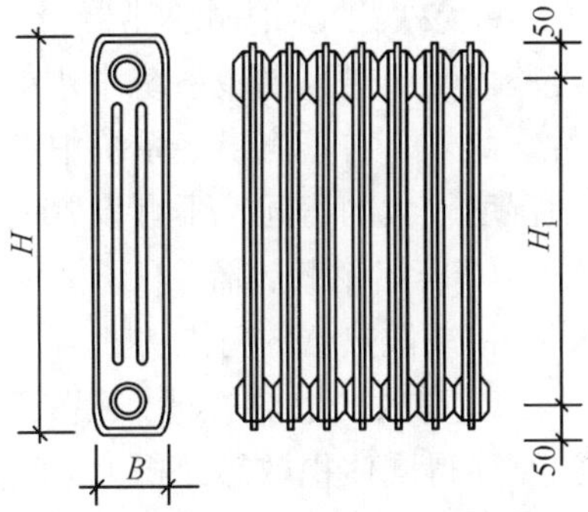

图 2-19 钢制柱型散热器

④ 钢制扁管型散热器

这种散热器由数根 52 mm×11 mm×1.5 mm（宽×高×厚）的水通路扁管叠加焊接在一起，两端加上断面 35 mm×40 mm 的联箱制成，如图 2-20 所示。扁管散热器有单板、双板、单板带对流片和双板带对流片四种结构形式。单、双板扁管散热器两面均为光板，板面温度较高，有较多的辐射热。带对流片的单、双板扁管散热器，每片散热量比同规格的不带对流片的大，热量主要以对流方式传递。扁管散热器高度有 416 mm（8 根）、520 mm（10 根）和 624 mm（12 根）等规格，长度有 600~2000 mm 以 200 mm 进位的八种规格。

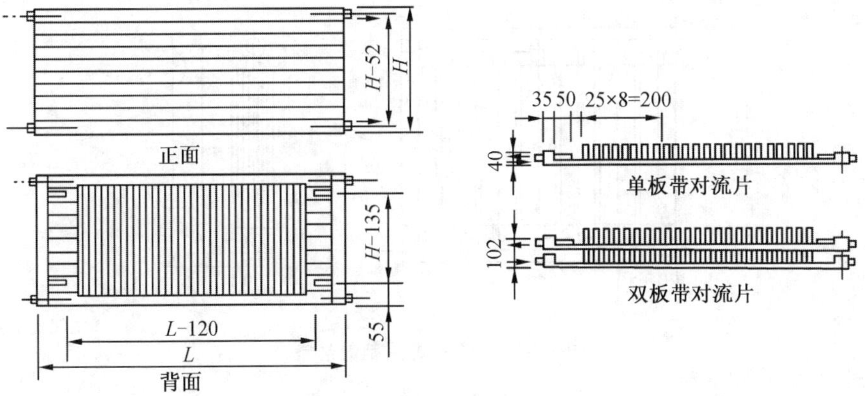

图 2-20 钢制扁管型散热器

⑤ 钢制光面管（排管）散热器

这种散热器是在现场或工厂焊接制成的。它的主要缺点是耗钢量大、占地面积大、造价高，也不美观，一般只用于工业厂房。

钢制散热器与铸铁散热器相比，具有如下一些特点：

a. 金属耗量少。钢制散热器大多由薄钢板压制焊接而成，金属热强度可达 0.8~

1.0 W/(kg·℃)，而铸铁散热器的金属热强度一般仅为 0.3 W/(kg·℃) 左右。

b. 耐压强度高。铸铁散热器承受的工作压力一般为 0.4~0.5 MPa。钢制板型及柱型散热器的最高工作压力可达 0.8 MPa；钢串片式散热器承受的工作压力更高，可达 1.0 MPa。

c. 外形美观整洁，占地小，便于布置。钢制散热器高度较低，扁管和板型散热器厚度薄，占地小，便于布置。

d. 热稳定性差。除钢制柱型散热器外，钢制散热器的水容量较小，热稳定性较差。

e. 易腐蚀。钢制散热器最主要的缺点是易腐蚀，使用寿命比铸铁散热器短。实践经验表明：热水供暖系统中水的含氧量和氯根含量高时，钢制散热器极易产生内部腐蚀。此外，在蒸汽供暖系统中不应采用钢制散热器。在具有腐蚀性气体的生产厂房或相对湿度较大的房间，不宜设置钢制散热器。

(3) 铝制散热器

铝制散热器的特点：

a. 高效的散热性能。铝具有优良的热传导性能，挤压成型的柱翼式（见图2-21）造型使得同体积散热面积大大增加，散热量大大提高，因此铝制散热器在满足同等散热量的情况下体积比传统散热器要小得多。

b. 重量轻。由于铝制散热器散热效率高，比重仅为钢的 1/3，所以在同等散热量的情况下，铝制散热器的重量比钢制散热器轻很多。

c. 价格偏高。铝是价格较高的有色金属，远远高于钢、铁等黑色金属。

d. 不宜在强碱条件下长期使用。铝是两性金属，对酸、碱都很活跃。在强碱条件下防腐涂料会加速老化，一旦涂层被破坏，铝会很快被腐蚀，造成穿孔，因此铝制散热器对供暖系统用水要求较高。

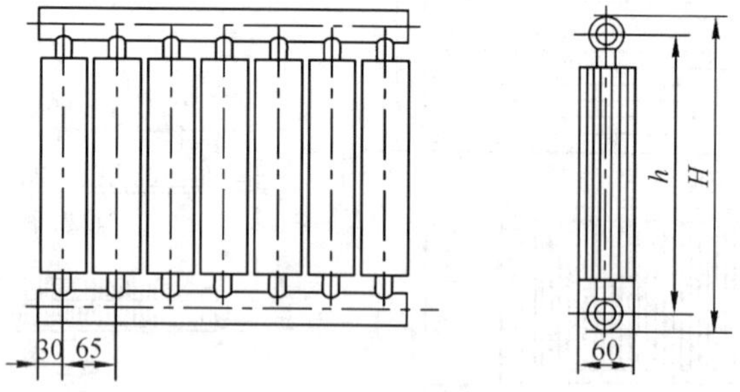

图 2-21　柱翼式铝制散热器

(4) 铜铝复合散热器

铜铝复合散热器采用最新的液压胀管技术将里面的铜管与外部的铝合金紧密连接起来，从而将铜的防腐性能和铝的高效传热性能结合起来（见图 2-22）。这种散热器同时具有铜管高承压、耐腐蚀和铝合金外表美观、散热效果好的优点。

此外，还有用塑料等制造的散热器。塑料散热器可节省金属，耐腐蚀，但不能承受太高的温度和压力。

各种散热器的热工性能及几何尺寸可查厂家样本或设计手册。

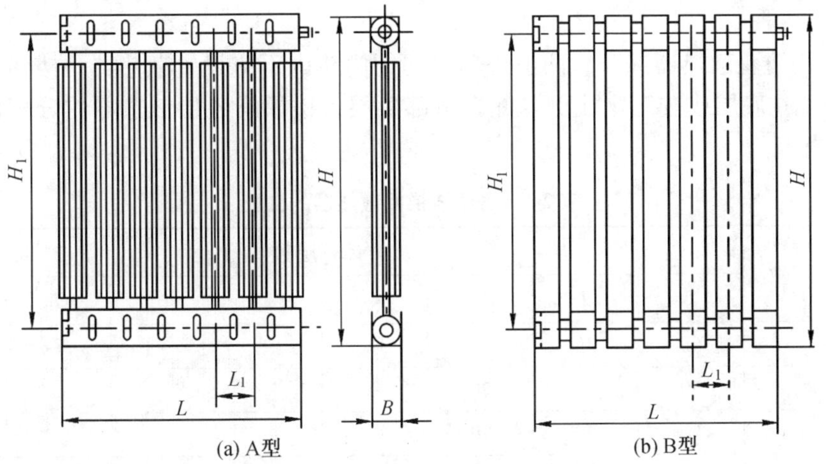

图 2-22 铜铝复合散热器

3. 散热器的选用

选用散热器时，应考虑其在热工、经济、卫生、工艺和美观等方面的基本要求，并符合下列原则性的规定：

(1) 散热器应满足供暖系统工作压力要求，且应符合现行国家行业标准。

(2) 所选散热器的传热系数应较大，其热工性能应满足供暖系统的要求。供暖系统下部各层散热器承受压力较大，所选散热器能承受的最大工作压力应大于供暖系统底层散热器的实际最大工作压力。

(3) 散热器的外形尺寸应适应建筑尺寸和环境要求，易于清扫。民用建筑宜采用外形美观、易于清扫的散热器，并考虑与室内装修相协调。

(4) 具有腐蚀性气体的工业建筑或相对湿度较大的房间应采用耐腐蚀的散热器。

(5) 铝制散热器内表面应进行防腐处理，且供暖水的 pH 值不应大于 10。水质较硬地区不宜使用铝制散热器。采用铝制散热器、铜铝复合散热器时，应采取措施防止散热器接口电化学腐蚀。

(6) 安装热量表和恒温阀的热水供暖系统不宜采用水流通道内含有粘砂的铸铁散热器。

(7) 在环境湿度高的房间（如浴室、游泳馆）和开式供暖系统中不应选用钢制散热器（包括钢制柱式、板式、扁管式散热器）。

4. 散热器的布置

散热器的布置原则是使渗入室内的冷空气迅速被加热，人们停留的区域暖和舒适，少占房间有效的使用面积和空间。布置散热器时，应符合下列规定：

(1) 散热器宜安装在外墙的窗台下，这样，沿散热器上升的对流热气流能阻止和改善从玻璃窗下降的冷气流和玻璃冷辐射的影响，有利人体舒适；当安装或布置管道有困难时，也可靠内墙安装，如图 2-23

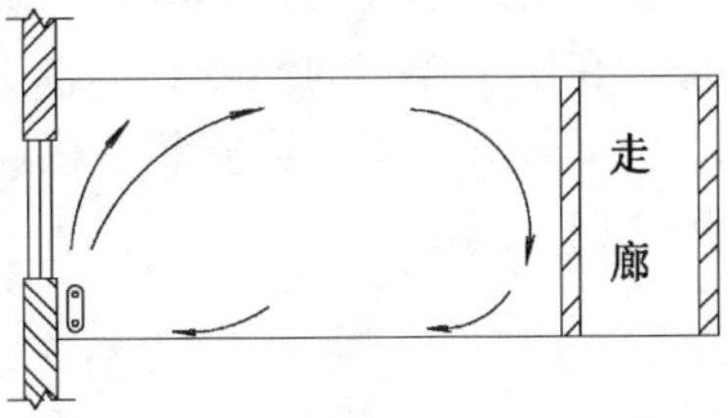

图 2-23 散热器布置

所示。

（2）为防止散热器冻裂，两道外门之间的门斗内不应设置散热器。楼梯间的散热器，宜分配在底层或按一定比例分配在下部各层。楼梯间各层散热器的分配比例可按表 2-1 设置。

表 2-1　各层楼梯间散热器的分配　　%

建筑物总层数	计算层数							
	1	2	3	4	5	6	7	8
2	65	35	—	—	—	—	—	—
3	50	30	20	—	—	—	—	—
4	50	30	20	—	—	—	—	—
5	50	25	15	10	—	—	—	—
6	50	20	15	15	—	—	—	—
7	45	20	15	10	10	—	—	—
8	40	20	15	10	10	5	—	—

（3）散热器宜明装。内部装修要求较高的民用建筑可采用暗装，暗装时装饰罩应有合理的气流通道，足够的通道面积，且方便维修。幼儿园、老年公寓和有特殊功能要求的建筑内的散热器必须暗装或加防护罩。

（4）在垂直单管和双管热水供暖系统中，同一房间的两组散热器可采用异侧连接的水平单管串联的连接方式，也可采用上下接口同侧连接方式。当采用上下接口同侧连接方式时，散热器之间的上下连接管应与散热器接口同径。

（5）铸铁散热器的组装片数不宜超过下列数值：粗柱型（包括柱翼型）不宜超过 20 片；细柱型不宜超过 25 片。

（五）附属设备

1. 排气装置

供暖系统要正常运行，必须及时迅速地排除系统内的空气，以避免产生气阻，影响水流的循环和散热。室内供暖系统一般在供暖总立管的顶部或供暖干管末端的最高点处设置集气罐或自动、手动排气阀等排气装置排除空气。

（1）集气罐

集气罐一般采用无缝钢管焊制而成，或采用钢板卷制焊接而成，分为立式和卧式两种，如图 2-24 所示。为了增大罐的贮气量，其进、出水管宜靠近罐底，在罐的顶部设 DN15 的排气管，排气管的末端应设排气阀。排气管应引至附近的排水设施处，排气阀应设在便于操作的地方。

一般立式集气罐安装于供暖总立管的顶部，卧式集气罐安装于供水干管的末端，如图 2-25 所示。

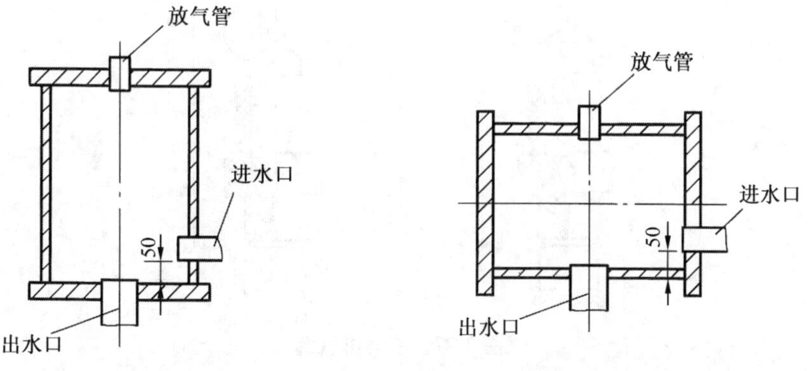

(a) 立式集气罐　　(b) 卧式集气罐

图 2-24　集气罐

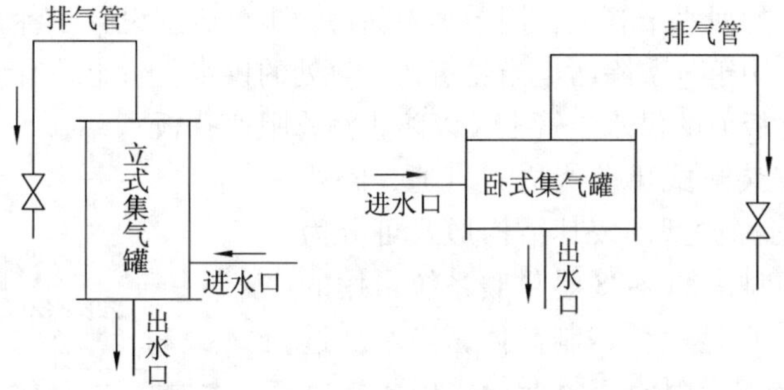

(a) 立式集气罐　　(b) 卧式集气罐

图 2-25　集气罐安装方式

（2）自动排气阀

自动排气阀大都是依靠水对浮体的浮力，通过自动阻气和排水机构，使排气孔自动打开或关闭，从而达到排气的目的。图 2-26 是一种立式自动排气阀。自动排气阀一般采用丝扣连接，应垂直安装在干管或主立管上。

（3）手动排气阀

手动排气阀安装在供暖系统的散热器上，如图 2-27 所示，它多用在水平式和下供下回式系统中，旋紧在散热器上部专设的丝孔上，以手动方式排除空气。

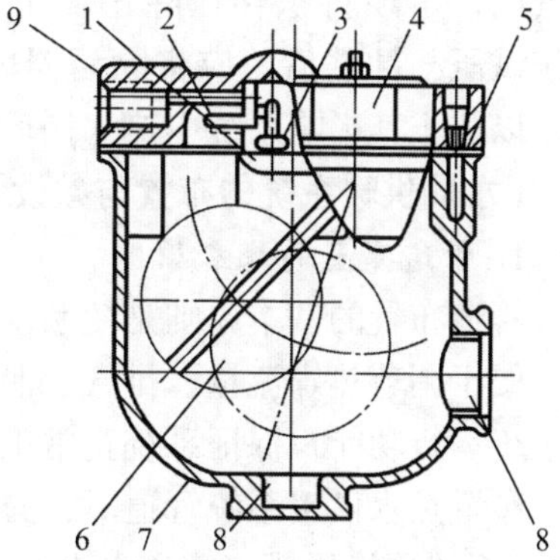

1—杠杆机构；2—垫片；3—阀堵；4—阀杆；5—垫片；6—浮子；7—阀体；8—接管；9—排气孔

图 2-26　立式自动排气阀

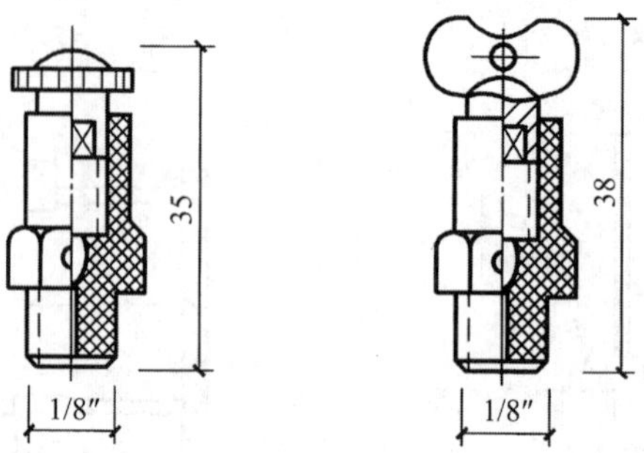

图 2-27　手动排气阀

2. 除污器

除污器是热水供暖系统中最为常用的附属设备之一，可用来截留、过滤管路中的杂质和污物，保证系统内水质洁净，减少阻力，防止堵塞调压板及管路。除污器一般安装在循环水泵吸入口的回水干管上，用于集中除污；也可分别设置于各个建筑物入口处的供、回水干管上，用于分散除污。当建筑物入口处的供水干管上装有节流孔板时，除污器应安装在节流孔板前的供水干管上，以防止污物阻塞孔板。

除污器按其安装形式可分为立式直通、卧式直通和卧式角通三种类型，按其结构形式可分为立式和卧式两种类型。图 2-28 是供暖系统常用的立式直通除污器。它是一种钢制筒体，当水从进水管 2 进入除污器内，因流速降低使水中污物沉淀到筒底，较洁净的水经带有大量过滤小孔的出水管 3 流出。被过滤网拦截下来的污物积存到筒底，定期从排污丝堵处排除。在法兰盖板上设有排气阀，定期将积存在除污器上部的气体排出。系统试压与冲洗后，应将除污器内沉积物及时清理，以防止其影响系统中热水循环。

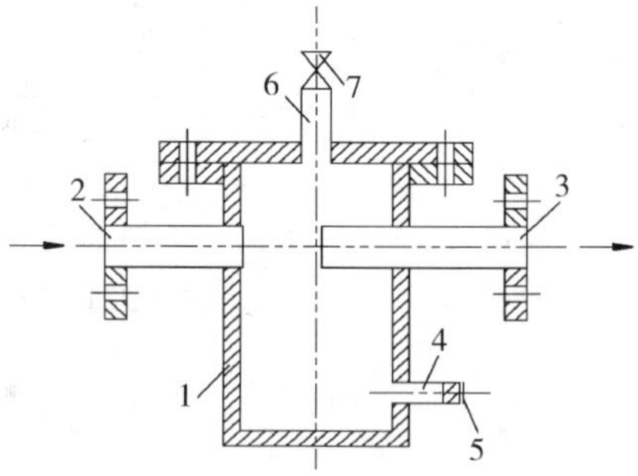

1—筒体；2—进水管；3—出水管；4—排污管；5—排污丝堵；6—放气管；7—截止阀

图 2-28　立式直通除污器

（六）供暖系统的布置与敷设

1. 管道布置的基本原则

管道布置的基本原则是使系统构造简单，节省管材，各个并联环路压力损失易于平衡，便于调节热媒流量、排气、泄水，便于系统安装和检修，以提高系统使用质量，改善系统运行功能，保证系统正常工作。

布置热水供暖系统管道时，必须要考虑建筑物的具体条件（如平面形状和构造尺寸等）、系统连接形式、管道水力计算方法、室外管道位置和运行等情况，恰当地确定散热设备的位置、管道的位置和走向、支架的布置、伸缩器和阀门的设置、排气和泄水措施等。

2. 环路划分

为了合理地分配热量，便于运行控制、调节和维修，应根据实际需要，把整个供暖系统划分为若干个分支环路，构成几个相对独立的小系统。划分时，尽量使热量分配均衡，各并联环路阻力易于平衡，便于控制和调节系统。条件许可时，建筑物供暖系统南北向房间宜分环设置。

3. 管路敷设要求

室内供暖管道有明装和暗装两种方式。一般民用建筑宜明装，对装饰要求较高的建筑宜暗装。敷设时应考虑：

（1）上供下回式系统的顶层梁下和窗顶之间的距离应满足供水干管的坡度和集气罐的设置要求，如图 2-29 所示。集气罐应尽量设在有排水设施的房间，以便于排气。

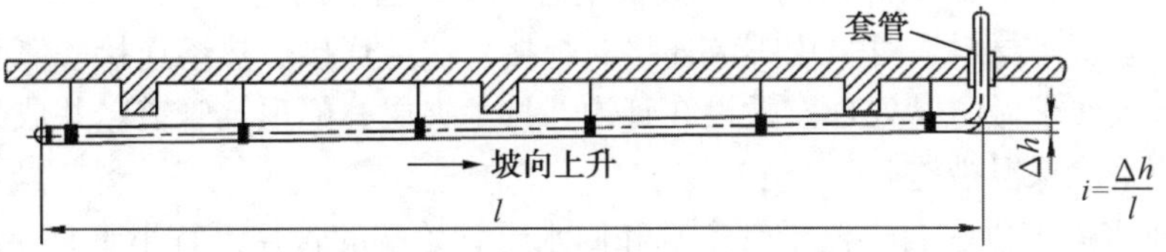

图 2-29　在楼板下方敷设的管道应保证一定的坡度

回水干管如果敷设在地面上，底层散热器下部和地面之间的距离也应满足回水干管敷设坡度的要求。如果地面上不允许敷设或净空高度不够，应设在半通行地沟或不通行地沟内。

供、回水干管的敷设坡度应满足民用建筑暖通规范的要求。

（2）管路敷设时应尽量避免出现局部向上凹凸现象，以免形成气塞。在局部高点处，应考虑设置排气装置。在局部最低点处，应考虑设置泄水阀。

（3）回水干管过门时，如果下部设过门地沟或上部设空气管，应设置泄水和排空装置。具体做法见图 2-30 和图 2-31。

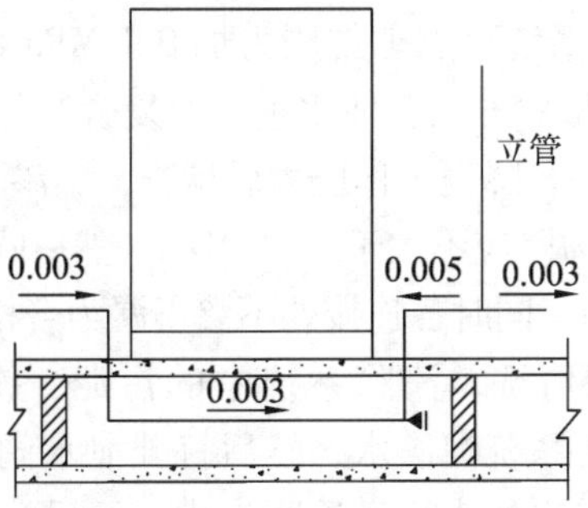

图 2-30　回水干管下部过门

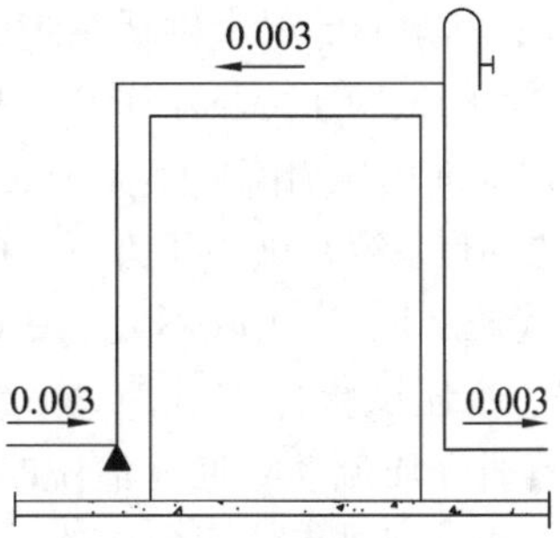

图 2-31　回水干管上部过门

上述两种做法均设置了一段反坡向的管道，目的是顺利排除系统中的空气。

（4）立管应尽量设置在外墙角处，以补偿该处过多的热损失，防止该处结露。楼梯间和其他有冻结危险的场所应单独设置立管，立管上各组散热器的支管均不得安装阀门。

（5）室内供暖系统的供水、回水管上应设阀门；划分环路后，各并联环路的始、末端应各设一个阀门，立管的上、下端应各设一个阀门，以便于检修、启闭。

（6）散热器的供、回水支管应考虑避免散热器上部积存空气或下部放水时放不净，应沿水流方向设下降的坡度，坡度不得小于 0.01，如图 2-32 所示。

(7) 供暖管道在管沟内或沿墙、柱、楼板敷设时，应根据设计、施工与验收规范的要求，每隔一定间距设置管卡或支、吊架。为了消除管道受热变形产生的热应力，应尽量利用管道上的自然转角进行热伸长补偿，管线很长时应设补偿器，在适当位置设固定支架。

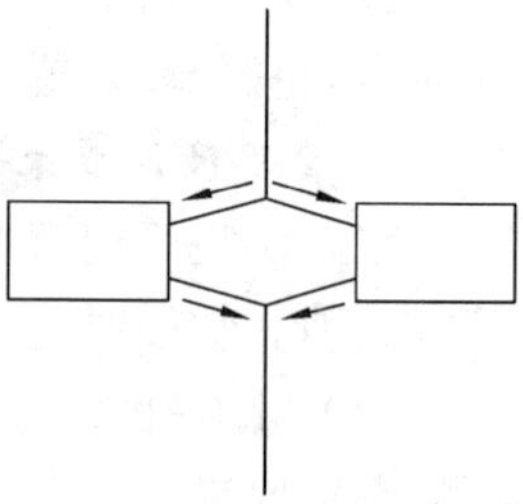

图 2-32　散热器支管的坡向

(8) 供暖管道多采用焊接钢管、镀锌钢管、塑料管、有色金属管和复合管等材料，可采用螺纹连接、焊接、法兰连接、热熔连接等。管道应按施工与验收规范要求做防腐处理。敷设在管沟、技术夹层、闷顶、管道竖井或易冻结地方的管道，应采取保温措施。

(9) 供暖系统供水、供汽干管末端和回水干管始端的管径不宜小于 20 mm，低压蒸汽的供汽干管管径可适当放大。

(10) 室内供暖管道与电气、燃气管道的间距应符合表 2-2 的规定。

表 2-2　室内供暖管道与电气、燃气管道的最小净距　mm

热水管	导线穿金属管在上	导线穿金属管在下	电缆在上	电缆在下	明敷绝缘导线在上	明敷绝缘导线在下	裸母线	吊车滑轮线	燃气管
平行	300	100	500	500	300	200	1000	1000	100
交叉	200	100	100	100	100	100	500	500	20

(11) 试压与冲洗是系统安装过程中不可缺少的环节。

① 试压。系统安装完毕，管道保温之前应做水压试验。使用塑料管及复合管的热水供暖系统，应以系统顶点工作压力加 0.2 MPa 做水压试验，同时在系统顶点的试验压力不小于 0.4 MPa；其余的低温水供暖系统，应以系统顶点工作压力加 0.1 MPa 做水压试验，同时在系统顶点的试验压力不小于 0.3 MPa。检验方法：使用钢管及复合管的供暖系统在试验压力下 10 min 内压力降应不大于 0.02 MPa，降至工作压力后检查，不渗不漏为合格；使用塑料管的供暖系统在试验压力下 1 h 内压力降应不大于 0.05 MPa，然后降至工作压力的 1.15 倍，稳压 2 h，压力降不大于 0.03 MPa，同时各连接处不渗不漏为合格。

② 冲洗。水压试验合格后，对系统进行清洗，清除系统中的污泥、铁锈等杂物，保证系统运行时介质流动畅通。清洗时，先将系统灌满水，然后打开泄水阀门，使系统中的水连同杂物一起排出，反复多次，直到排出的水清澈透明为止，而后清理过滤器及除污器。

二　散热器供暖系统施工图识读

室内供暖系统施工图的识读

供暖系统的施工图包括平面图、系统（轴测）图、详图、设计施工说明、目录、图例和设备、材料明细表等。

1. 平面图

平面图是利用正投影原理，采用水平全剖的方法，表示建筑物各层供暖管道与设备的平面布置图。其内容包括：

(1) 标准层平面图：应表明立管位置及立管编号，散热器的安装位置、类型、片数及安装方式。

(2) 顶层平面图：除了有与标准层平面图相同的内容外，还应表明总立管、水平干管的位置、走向，立管编号及干管上阀门、固定支架的安装位置及型号；膨胀水箱、集气罐等设备的安装位置、型号及其与管道的连接情况。

(3) 底层平面图：除了有与标准层平面图相同的内容外，还应表明引入口的位置，供、回管的走向、位置及采用的标准图号（或详图号），回水干管的位置，室内管沟（包括过门地沟）的位置及主要尺寸，活动盖板和管道支架的设置位置。

平面图常用的比例有 1∶50，1∶100，1∶200 等。

2. 系统（轴测）图

轴测图又称系统图，是表示供暖系统的空间布置情况、散热器与管道空间连接形式，设备、管道附件等空间关系的立体图。系统图标有立管编号、管道标高、各管段管径、水平干管的坡度、散热器的片数（长度）及集气罐、膨胀水箱、阀件的位置、型号规格等，可供了解供暖系统的全貌。其比例与平面图相同。

3. 详图

详图表示供暖系统节点与设备的详细构造及安装尺寸要求。平面图和系统图中表示不清，又无法用文字说明的地方，如引入口装置、膨胀水箱的构造、管沟断面、保温结构等可用详图表示。

如果选用的是国家标准图集，可给出标准图号，不出详图。

详图常用的比例是 1∶10，1∶50 等。

4. 设计、施工说明

设计、施工说明用于说明设计图纸无法表示的问题，如热源情况、供暖设计热负荷、设计意图及系统型式、进出口压力差，散热器的种类、型式及安装要求，管道的敷设方式、防腐保温措施、水压试验要求，施工中需要参照的有关专业施工图号或采用的标准图号等。

为更好地了解供暖施工图的组成及主要内容，掌握绘制施工图的方法与技巧，并读懂供暖施工图，现举例加以说明。

图 2-33~图 2-36 为某三层办公楼供暖施工图。该供暖施工图包括一层供暖平面图，二、三层供暖平面图和供暖系统图，比例均为 1∶100。该系统采用机械循环上供下回双管热水供暖系统，供/回水温度为 75/50 ℃。识图时，要将平面图与系统图对照起来看，从供水管入口开始，沿水流方向，按供水干管、立管、支管顺序到散热器，再由散热器开始，按回水支管、立管、干管顺序到出口。

供暖引入口设于该办公楼西侧管沟内，供水干管沿管沟进入西面外墙内侧（管沟尺寸为 1.0 m×1.2 m），向上升至 9.6 m 高度处，布置在顶层楼板下面，末端设一个集气罐。整个系统布置成同程式，热媒沿各立管通过散热器散热，流入位于管沟内的回水干管，最后汇集在一起，通过引出管流出。

系统每个立管上、下端各安装一个闸阀，每组散热器入口装一个截止阀。散热器采用 M132 型，片数已标注在各层平面图中，明装。

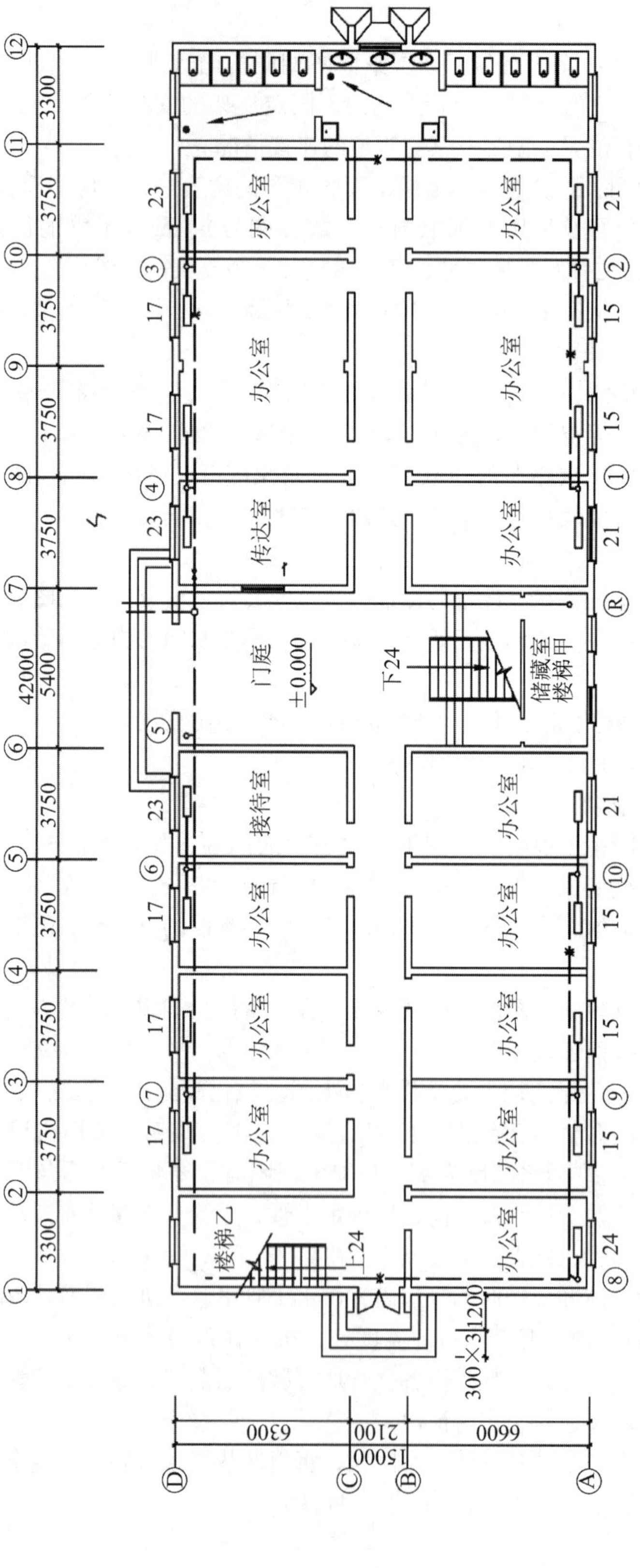

图 2-33　一层供暖平面图

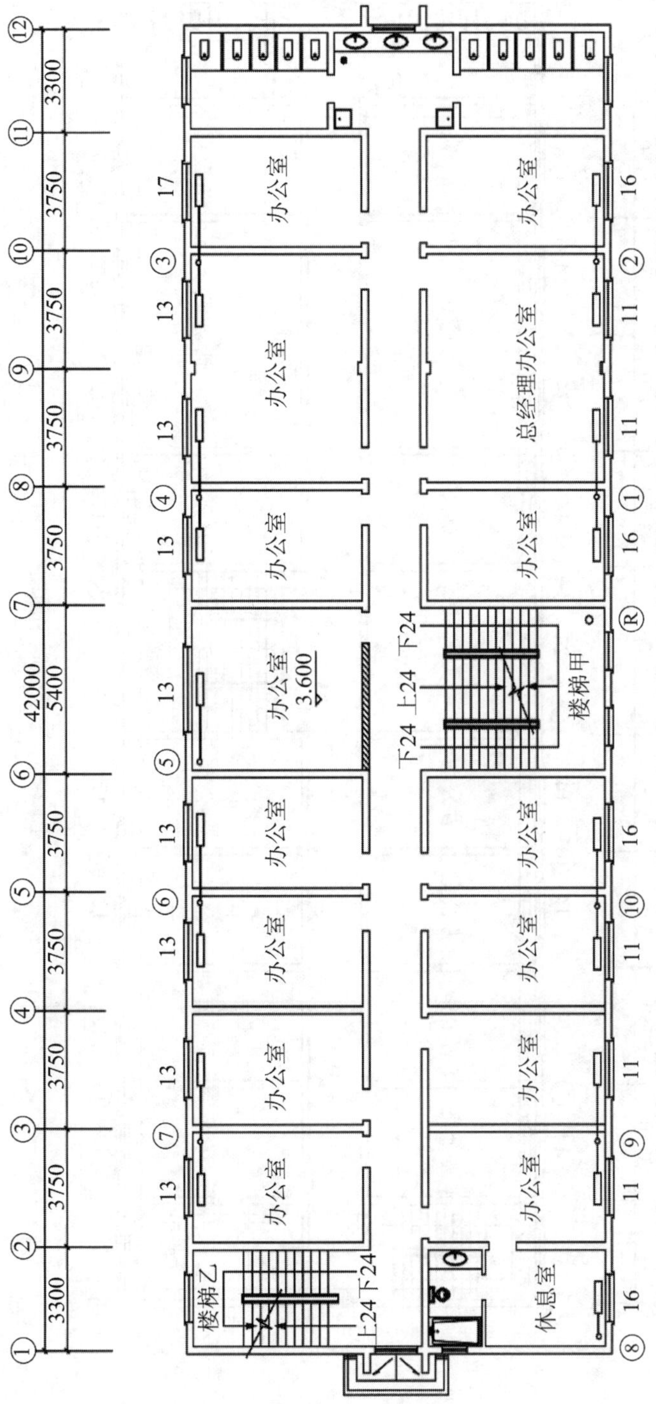

图 2-34 二层供暖平面图

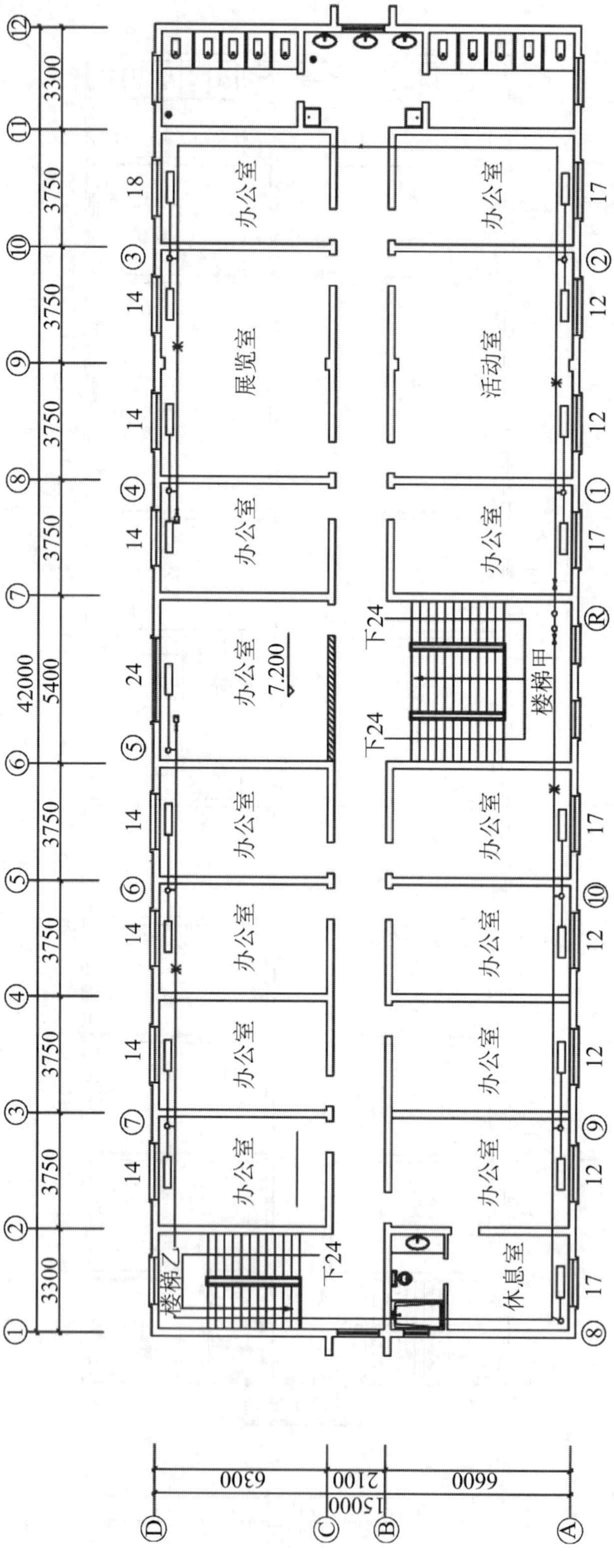

图 2-35　三层供暖平面图

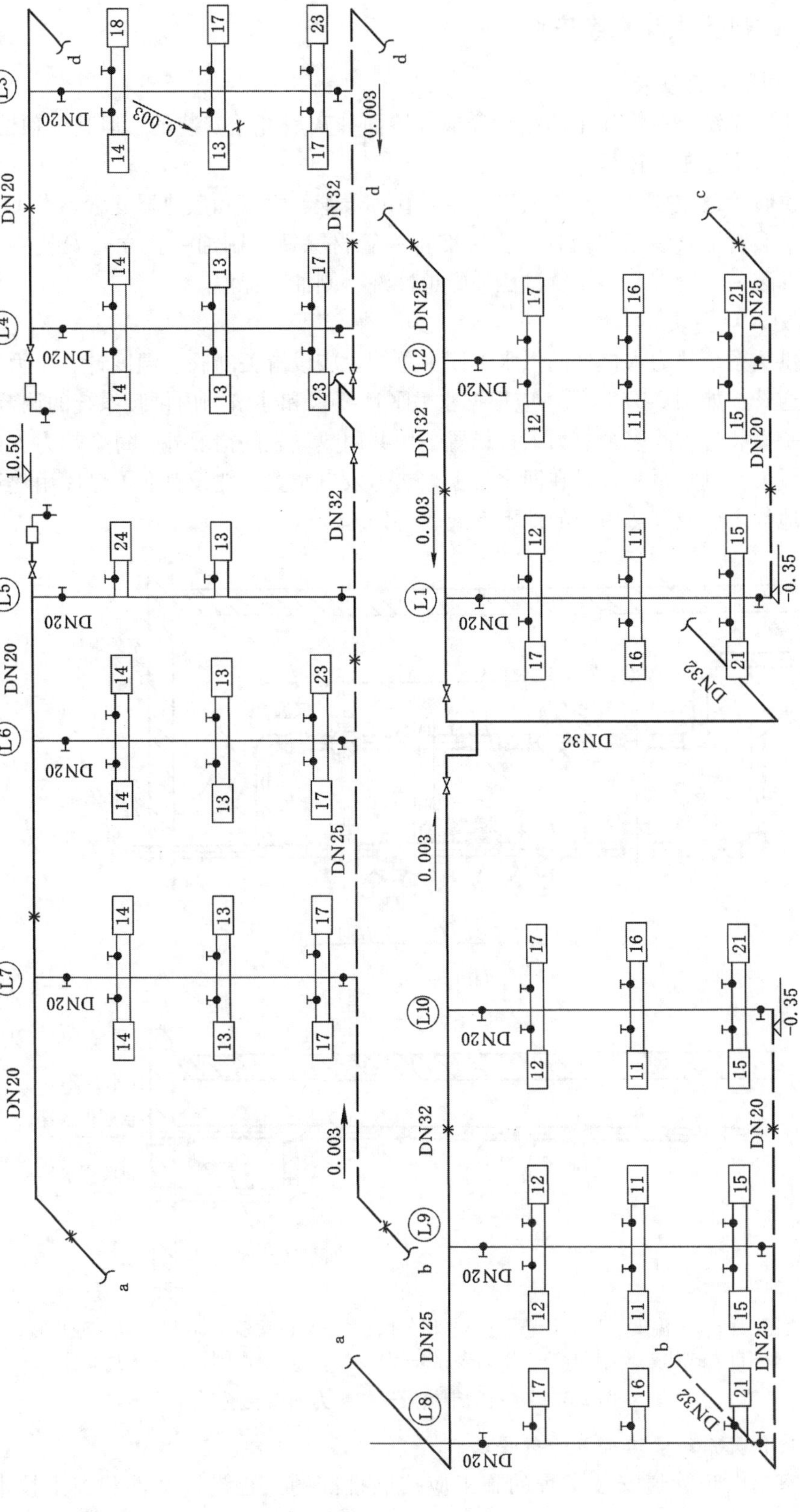

图 2-36 供暖系统图

三 散热器供暖系统安装

（一）供暖管道安装

室内供暖系统是在土建主体结构完成，墙面抹灰后开始安装的，但其中预留孔洞、预埋件可配合土建施工进行。

室内供暖管道主要是指热力入口、主立管、干管、立管和散热器支管。

室内供暖管道安装工艺流程：安装准备→管材除锈、刷油→主立管安装→干管安装→立管安装→支管安装→系统试压→管道冲洗→刷油、保温。

1. 热力入口安装

室内供暖系统热力入口处的供水、回水总管上应设置关断阀、温度计、压力表、过滤器及旁通管，如图 2-37 所示。应根据水力平衡要求和建筑物内供暖系统的调节方式，选择水力平衡装置；除多个热力入口设置一块共用热量表的情况外，每个热力入口处均应设置热量表，且热量表宜设在回水管上。热力入口装置一般设置在单幢民用建筑及公共建筑的地沟入口或该热用户的地下室或底层处。

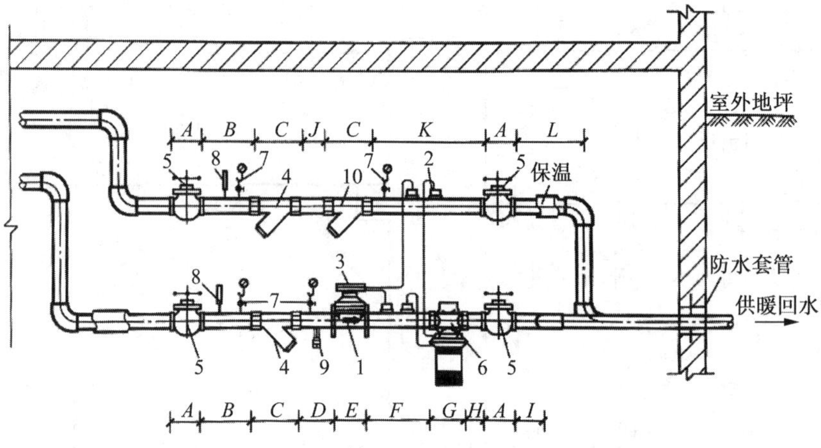

(a)

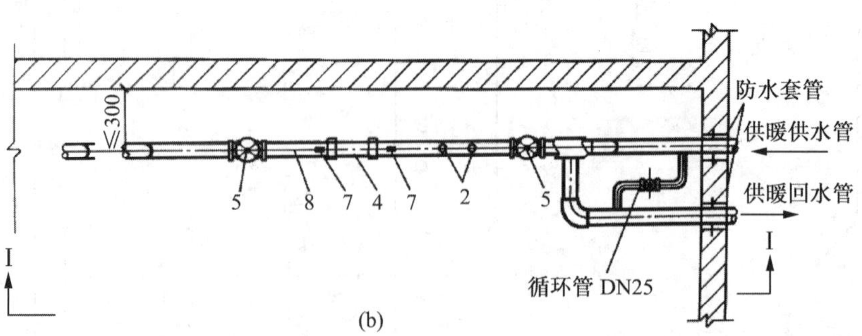

(b)

1—流量计；2—温度、压力传感器；3—积分仪；4—水过滤器（60 目）；5—截止阀；
6—自力式压差控制阀；7—压力表；8—温度计；9—泄水阀；10—水过滤器

图 2-37 建筑物带热量表的热力入口装置

2. 室内供暖系统管道安装一般要求

（1）室内供暖管道安装工程的施工应按照批准的工程设计文件和施工技术标准

(规范) 进行，并应有批准的施工组织设计或施工方案。

(2) 安装工程所使用的主要材料、成品、半成品、配件和设备必须具有中文质量合格证明文件，规格、型号及性能检验报告应符合国家技术标准或设计要求；进场时应做检查验收，并经监理工程师核查确认。

(3) 阀门安装前应做强度和严密性试验，即在同牌号、同型号、同规格数量中抽查 10%，且不少于 1 个（主干管上的闭路阀门应逐个试验)。强度试验压力为公称压力的 1.5 倍，严密性试验压力为公称压力的 1.1 倍。试验压力在持续时间内保持不变，且壳体填料及阀瓣密封面无渗漏为合格。

(4) 管道穿过基础、墙壁和楼板，应配合土建预留孔洞。其尺寸如果设计没有具体要求，按表 2-3 的规定执行。

表 2-3 预留孔洞尺寸表

mm×mm

管道名称		明管（长×宽）	暗管（长×宽）
供暖立管	D≤25	100×100	130×130
	D = 32 ~ 50	150×150	150×130
	D = 70 ~ 100	200×200	200×200
两根供暖立管	D≤25	150×100	200×130
散热器支管	D≤25	100×100	60×60
	D = 32 ~ 40	150×130	150×100
供暖主干管	D≤80	300×250	
	D = 100 ~ 125	350×350	

(5) 管道穿过地下室或地下构筑物外墙时，应采取防水措施。一般可采用刚性防水套管，如图 2-38 所示；对有振动或严格防水要求的建筑物，必须采用柔性防水套管，如图 2-39 所示。套管一次浇固墙内，套管内填料应紧密捣实；翼环及钢套管加工完成后外壁均刷一遍防锈底漆，外层防腐由设计决定。

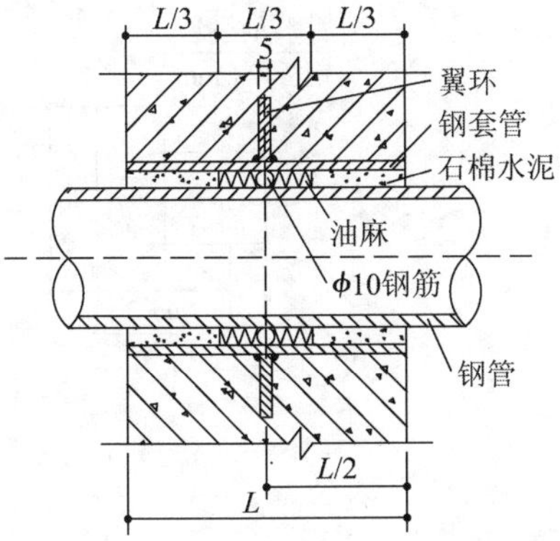

(a) 刚性防水套管

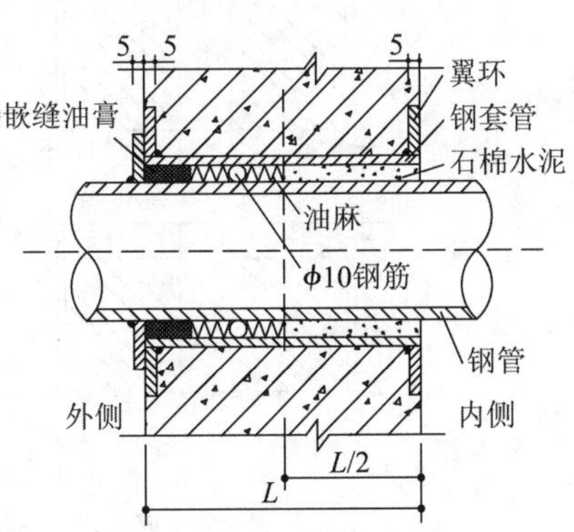

(b) 单侧加挡板的刚性防水套管

图 2-38 刚性防水套管安装图

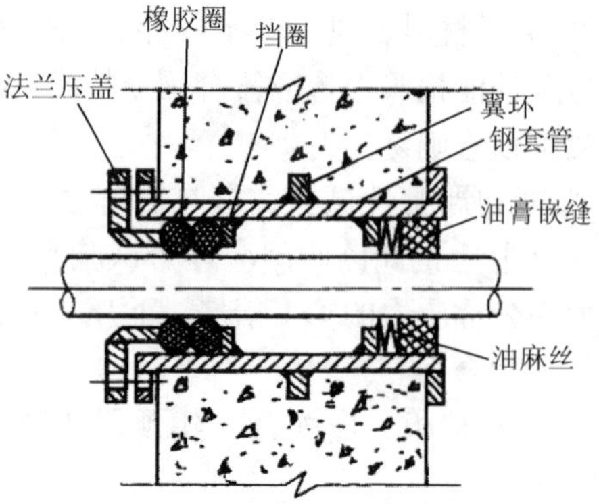

图 2-39　柔性穿墙防水套管安装图

（6）管道应尽量避免穿越结构伸缩缝、抗震缝及沉降缝，如确须穿越，可采用图 2-40 所示的做法，安装尺寸见表 2-4。图 2-40 中，压板用木螺丝固定在木板上，压住滑动挡板，但不可压紧，必须使挡板能随管道沉降自由上下滑动；木砖用一段杂木，大小与压板相同，70 mm 厚，上下嵌紧于预留洞内；所有金属件表面均需刷环氧富锌防锈底漆和调和漆两道；沉降缝处的管道需保温。

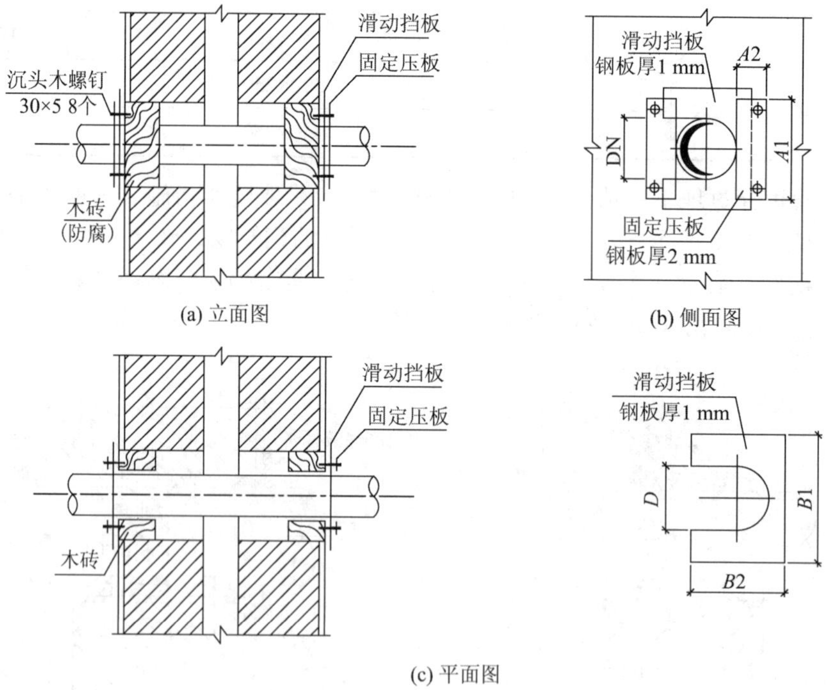

图 2-40　管道穿沉降缝安装图

表 2-4　管道穿沉降缝安装尺寸

管径 DN/mm	*D*/mm	*A*1/mm	*A*2/mm	*B*1/mm	*B*2/mm	预留洞尺寸/mm×mm
20	30	200	83	250	110	200×200
25	39	200	81	250	115	
32	48	200	77	250	120	
40	53	200	77	250	125	
50	65	300	115	350	175	300×300
65	81	300	109	350	185	
80	94	300	106	350	195	
100	119	300	86	350	200	
125	145	400	130	450	270	400×400
150	170	400	115	450	280	
175	195	400	95	450	290	
200	225	400	91	450	300	

（7）管道穿过墙壁和楼板，应设置铁皮套管或钢套管。钢套管穿墙、穿楼板采用图 2-41 所示的做法，套管尺寸见表 2-5。穿越楼板的套管底面与楼板面相平，顶面高出装饰地面 20 mm（不易积水房间）或 50 mm（积水房间）；穿过楼板的套管与管道之间的缝隙宜用难燃、不燃材料填实；管道的接口不得设在套管内。

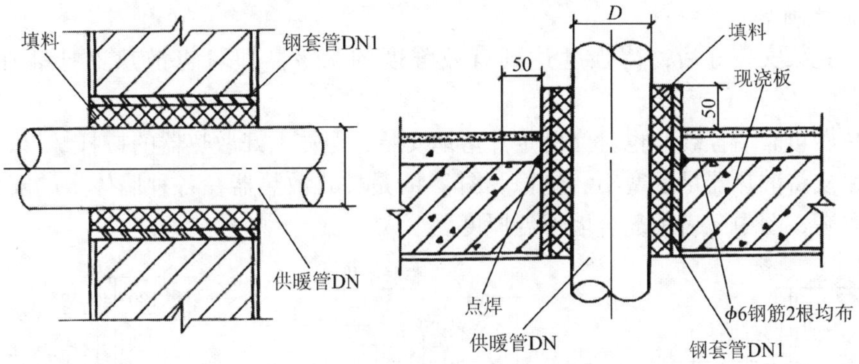

图 2-41　管道穿墙、穿楼板安装图

表 2-5　套管尺寸

mm

DN	15	20	25	32	40	50	65	80	100	125	150
管道外径 *D*	21	27	34	42	48	59	76	89	108	133	159
套管直径 DN1	32	40	50	50	65	80	100	100	125	150	200

（二）散热器安装

以钢制散热器安装为例，其安装程序为画线→打眼→栽托钩及卡件→挂散热器。

1. 画线

找出地面基准线和窗中心线，按设计或规范要求画出托架上水平线和托钩下水平线（见图 2-42），再根据应栽托钩数量，画出各托钩位置垂直线与上下水平线相交，交点即为支架或卡件位置。

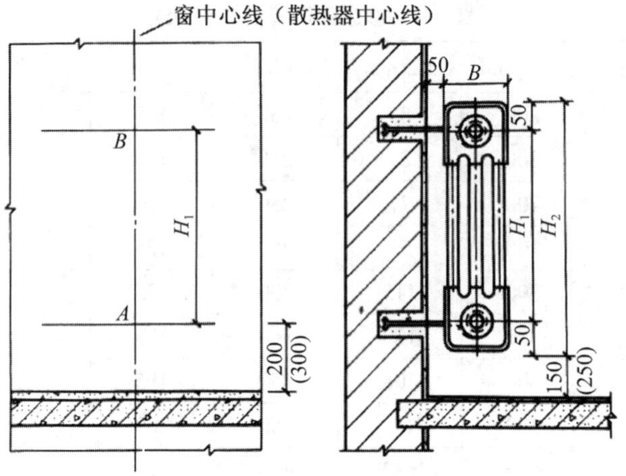

图 2-42 钢制散热器安装画线示意图

2. 打眼

用电钻对准墙上的托钩定位，钻孔打眼，孔洞深度不得小于 130 mm。钻孔时，应使孔洞里大外小。

3. 栽托钩及卡件

对于同一房间内多组散热器安装，为保证质量，必须拉线（上口中心平行线和下口中心平行线），还要用线坠检查上下两托钩是否在同一铅垂线上。

4. 挂散热器

支、托架安装好后，待强度达到有效强度的 75%，即可将散热器挂装在支、托架上。

散热器可靠墙挂装，也可借助足片落地安装，但需上好散热器的拉杆螺母，并用白铁皮或铅皮将散热器足下塞实、垫稳。图 2-43 是柱式散热器在各种墙体上的安装情况，供施工参考，图中 n 表示复合墙保温厚度。

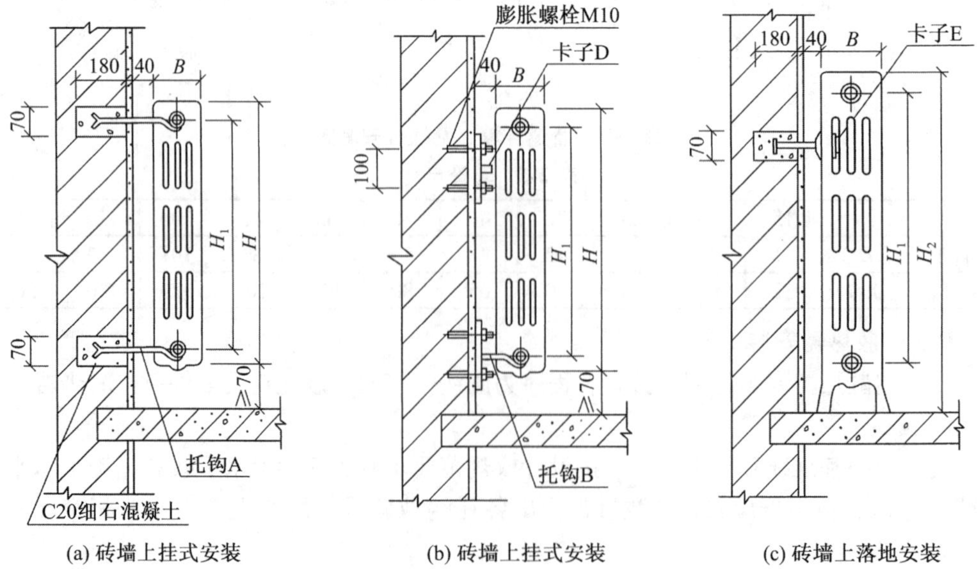

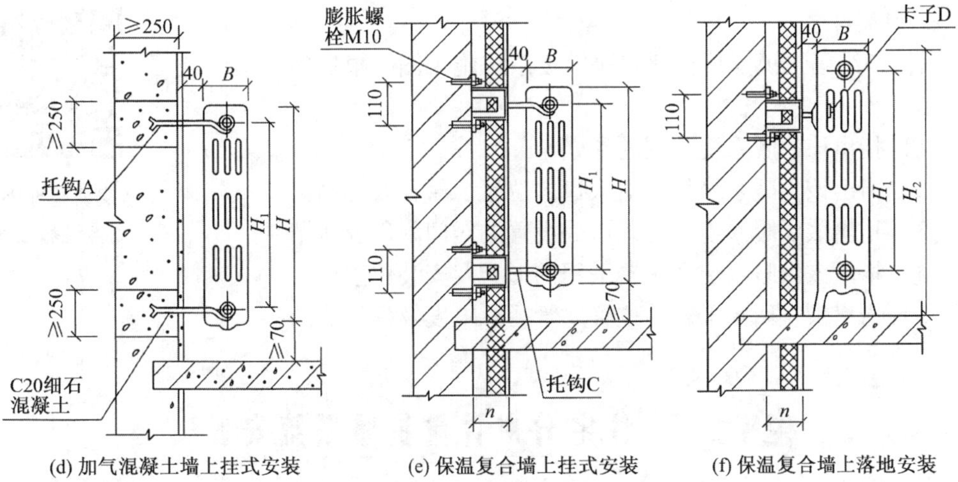

图 2-43　柱式散热器安装

散热器安装时应注意：

（1）安装好的散热器应平直、美观。靠窗口安装的散热器，其垂直中心线应与窗口垂直中心线重合。在同一房间内，同时有几组散热器时，几组散热器应安装在同一水平线上，高低一致。

（2）安装好的散热器背面与装饰后的墙内表面间的距离，应符合设计或产品说明书要求。如设计未注明，应为 30 mm。散热器安装允许偏差和检验方法见表 2-6。

表 2-6　散热器安装允许偏差和检验方法

项次	项目	允许偏差/mm	检验方法
1	散热器背面与墙内表面距离	3	尺量
2	与窗中心线或设计定位尺寸	20	
3	散热器垂直度	3	吊线和尺量

（三）供暖系统试压、冲洗

供暖系统安装完毕，管道保温之前应进行水压试验，试验压力应符合设计要求。

系统试压合格后，应对系统进行冲洗，直至排出水不含杂质，之后再清理过滤器及除污器。

（四）刷油、保温

为了延长供暖系统的使用寿命，防止供暖系统的管道、设备受到腐蚀，需要对其进行防腐处理。为了减少热力管道的能量损失，保证管道输送热媒的参数，设置在地沟、夹层、闷顶及管井内或易于冻结的地方的热力管道均应保温。

四　技能点训练

1. 训练目的

（1）了解供暖系统的组成。

（2）熟悉识读供暖系统施工图的方法。

（3）会识读供暖系统施工图。

2. 训练内容

扫描二维码，识读某实训基地供暖系统施工图。根据施工图，进行训练：

（1）指出该供暖系统采用的形式。

（2）指出该供暖系统热力引入口的位置、管径及标高。

（3）指出该供暖系统热力入口处设置的阀门附件及作用。

（4）指出该供暖系统散热器采用的形式及安装位置。

（5）指出供、回水干管的位置、管径、坡度及标高。

实训基地供暖系统施工图

任务二 住宅分户计量供暖系统安装

一 知识点学习

分户热计量供暖系统形式的选择

住宅分户热计量是指以住宅建筑的户（套）为单位，计量集中供暖热用户实际消耗热量的供暖方式。建筑物根据热计量方式的不同选择不同的供暖系统制式。

（一）分户热计量供暖系统制式

居住建筑室内供暖系统的制式宜采用垂直双管系统或共用立管的分户独立循环双管系统，也可采用垂直单管跨越式系统或共用立管的分户独立循环单管跨越式系统。前面已经介绍了垂直单管和垂直双管系统的布置，下面主要介绍住宅每一户单独布置成一个环路的共用立管的分户独立循环系统。

共用立管的分户独立循环系统制式：

1. 下分式双管系统（见图 2-44）

2. 下分式单管跨越式系统（见图 2-45）

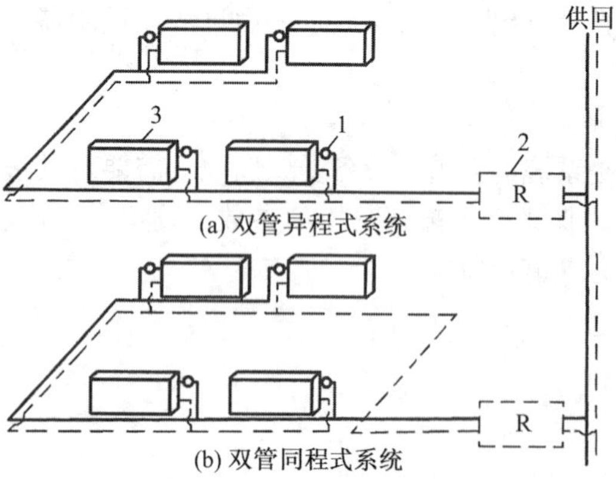

1—温控阀；2—入户装置；3—散热器

图 2-44 下分式双管系统示意图

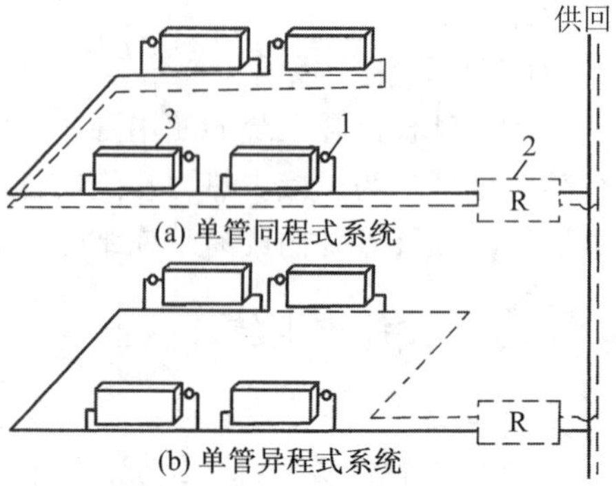

1—温控阀；2—入户装置；3—散热器

图 2-45 下分式单管跨越式系统示意图

上述两种下分式系统的供回水水平支管均位于本层散热器下，暗敷在本层地面下沟槽内或垫层内。

3．章鱼式双管异程式系统（见图 2-46）

4．地面辐射供暖系统（见图 2-47）

地面辐射供暖系统供回水方式采用双管系统，因此，只需在各户的分水器前安装热量表，即可实现按户计量。如在每个房间支环路上增设恒温阀，便可实现分室控温。

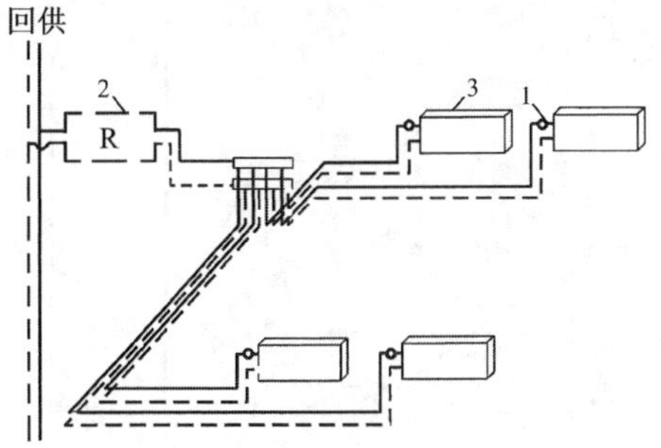

1—温控阀；2—入户装置；3—散热器

图 2-46　章鱼式双管异程式系统示意图

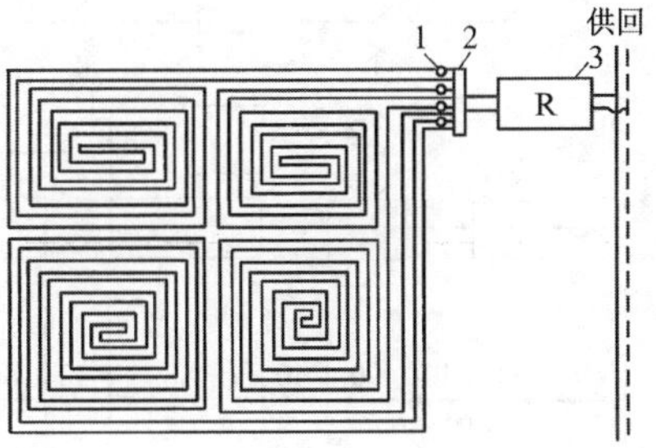

1—温控阀；2—集、分水器；3—入户装置

图 2-47　地面辐射供暖系统示意图

（二）共用立管和户内管道

1．共用立管

共用立管是指各户共用的供回水立管，一般布置成下供下回式，每组共用立管每层连接的户数不宜超过 3 户，应设在管道井内或户外的公共空间内，以便于户外检修，如图 2-48 所示。立管顶端应设自动排气阀进行排气。

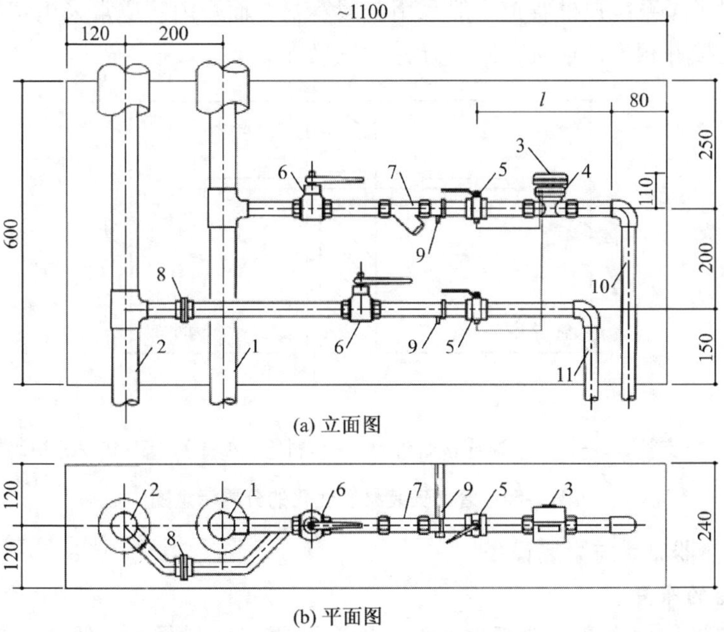

1—供暖供水立管；2—供暖回水立管；3—积分仪；4—热量表；5—带温度传感器铜球阀；6—锁闭调节阀；7—Y 型水过滤器；8—丝扣法兰；9—L40×4 托架；10—入户供水管；11—入户回水管

图 2-48　单元立管及入户装置

2. 入户装置

住宅分户计量入户装置宜设在住宅共用空间内，应设置户用热量表、过滤器、锁闭阀等分别对各户的用热量进行计量，保护热量表及散热器恒温阀不被堵塞，起便于管理和控制的作用，如图 2-49 所示。

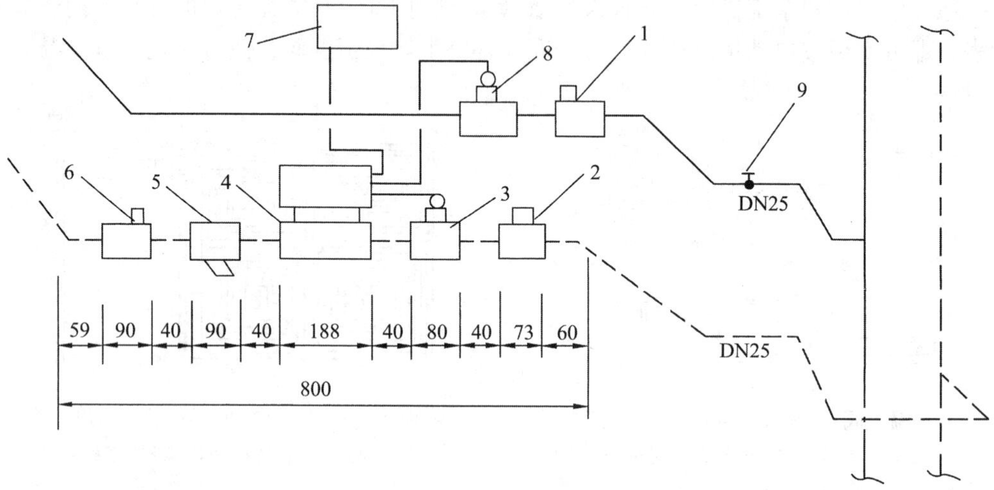

1—锁闭阀（左型）；2—直通球型锁闭阀；3—回水温度传感器；4—热量表；5—过滤器；6—锁闭阀（右型）；7—显示器；8—供水温度传感器；9—截止阀

图 2-49　入户装置示意图

3. 户内管道

分户计量供暖系统户外管道一般采用金属管材，而户内管道常采用塑料管材。两者通常用钢塑连接件相连，连接方式与分界设置见图 2-50。

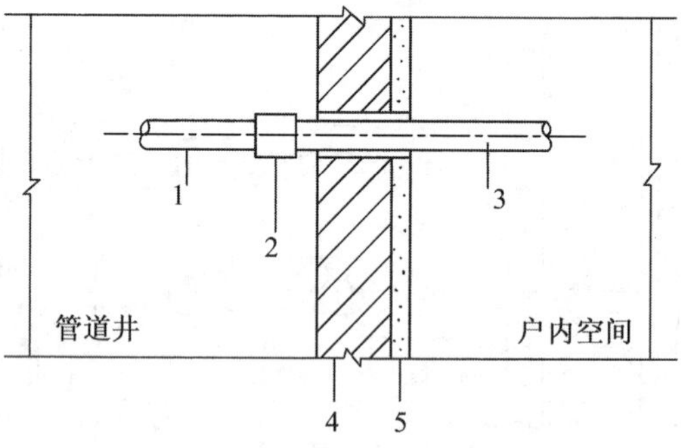

1—分户支管；2—钢塑直通连接管件；3—塑料管；4—分户墙；5—分户墙饰面

图 2-50　管道安装材质变化的分界示意图

（三）散热器布置与附属设备

1. 散热器的布置

（1）散热器选型应遵循热工性能好、安全可靠、美观紧凑、便于清扫及使用寿命不短于供暖系统所用钢管寿命的原则。

（2）宜选用铜铝复合或钢铝复合型、铝制或钢制内防腐型、钢管型等非铸铁散热器。必须采用铸铁散热器时，应选用内腔无粘砂型铸铁散热器。

（3）散热器的布置应确保室内温度分布均匀。通常散热器宜布置在外墙窗台下。当布置在内墙时，应与室内设施和家具的布置协调。

（4）散热器罩会影响散热器的散热量和恒温阀的工作，非特殊要求，散热器不应设暖气罩。

（5）散热器的布置应尽可能缩短户内的管道长度。每组散热器应设手动或自动排气阀。

2. 热量表

进行热量测量与计算，并作为计费结算依据的计量仪器称为热量表（也称热表）。热量表的外观如图 2-51 所示。根据热量计算方程，一套完整的热量表应由以下三部分组成：

（1）热水流量计，用以测量流经换热系统的热水流量。

（2）一对温度传感器，分别测量供水温度和回水温度，进而得出供回水温差。

（3）积算仪（也称积分仪），它可根据与其相连的流量计和温度传感器提供的流量及温度数据，通过热量计算方程计算出用户从热交换系统中获得的热量。

这种热量确定方法比较精确和全面，而且直观、可靠、读数方便、技术比较成熟，适合在新建建筑中采用。

3. 温控阀

散热器温控阀又称恒温阀、恒温器，如图 2-52 所示。它是利用感温元件控制阀门开度大小，调节进入散热器的流量，从而达到调节室温的目的。温控阀一般安装在供暖房间散热器的进水管上。

图 2-51　热量表外观图

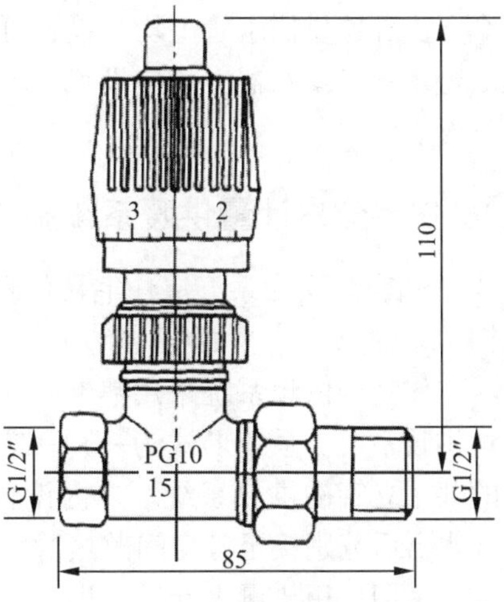

图 2-52　散热器温控阀

散热器温控阀按其安装形式可分为直通阀、角通阀和三通阀三种，如图 2-53 所示。选用三通阀又有左右方向之分。

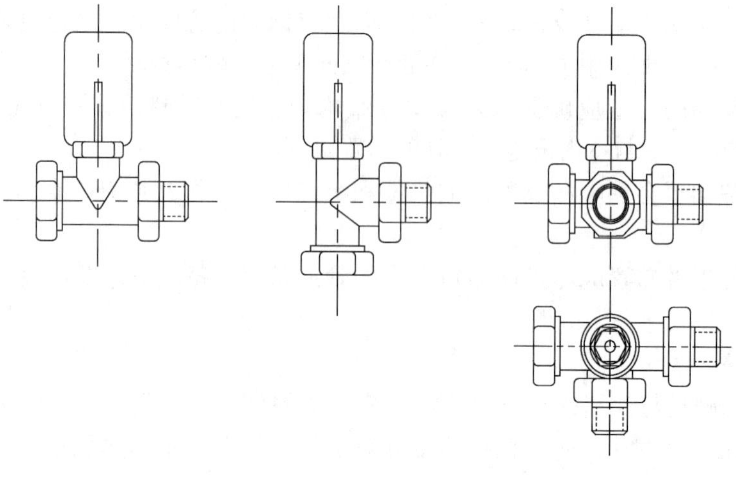

(a) 直通阀　　(b) 角通阀　　(c) 三通阀

图 2-53　散热器温控阀

4. 分水器、集水器

分水器、集水器（见图 2-54）主要担负着向户内供暖系统分配与汇集水量的任务，通过阀门可控制各环路的启闭并调节水量。

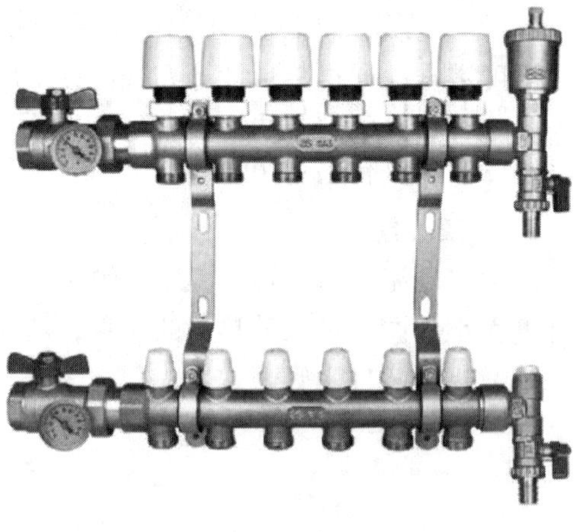

图 2-54　分水器、集水器

分水器、集水器总进、出水管内径一般不小于 25 mm。每个分水器、集水器分支环路不宜多于 8 路。分水器、集水器环路过多，将导致分水器、集水器处管道过于密集。每个分支环路供回水管上均应设置可关断阀门。分水器、集水器上均应设置手动或自动排气阀。

二　住宅分户计量供暖系统施工图识读

图 2-55~图 2-59 为某五层住宅楼供暖系统施工图（部分）。该住宅楼位于徐州，建筑面积 1466 m^2，共 5 层，高 15 m，地下 2 层。本住宅楼供暖系统采用热交换站提供的热水为热源的分户计量供暖系统。系统形式为一户一表的分户热计量及与此相对应的共用立管的供热系统。户内设置一套分、集水器，管道接至分水器后分别接至各房间散热器，热媒为 80/60 ℃热水。热计量方式采用户用热量表计量（即一户一表），在每个入户装置处设户用热量表，并在单元入口设总热量表。

住宅供暖系统施工图识读

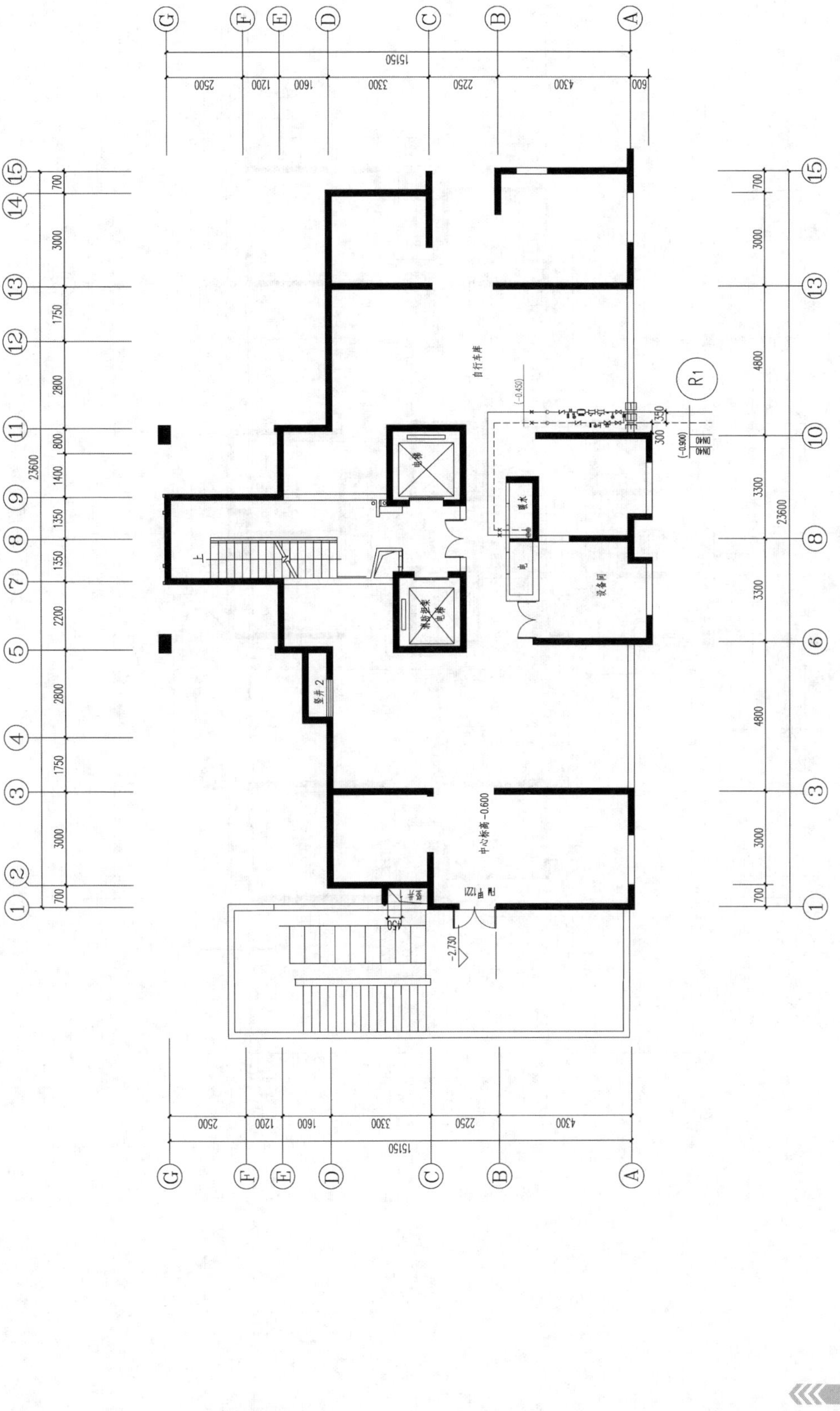

图 2-55 地下夹层供暖平面图

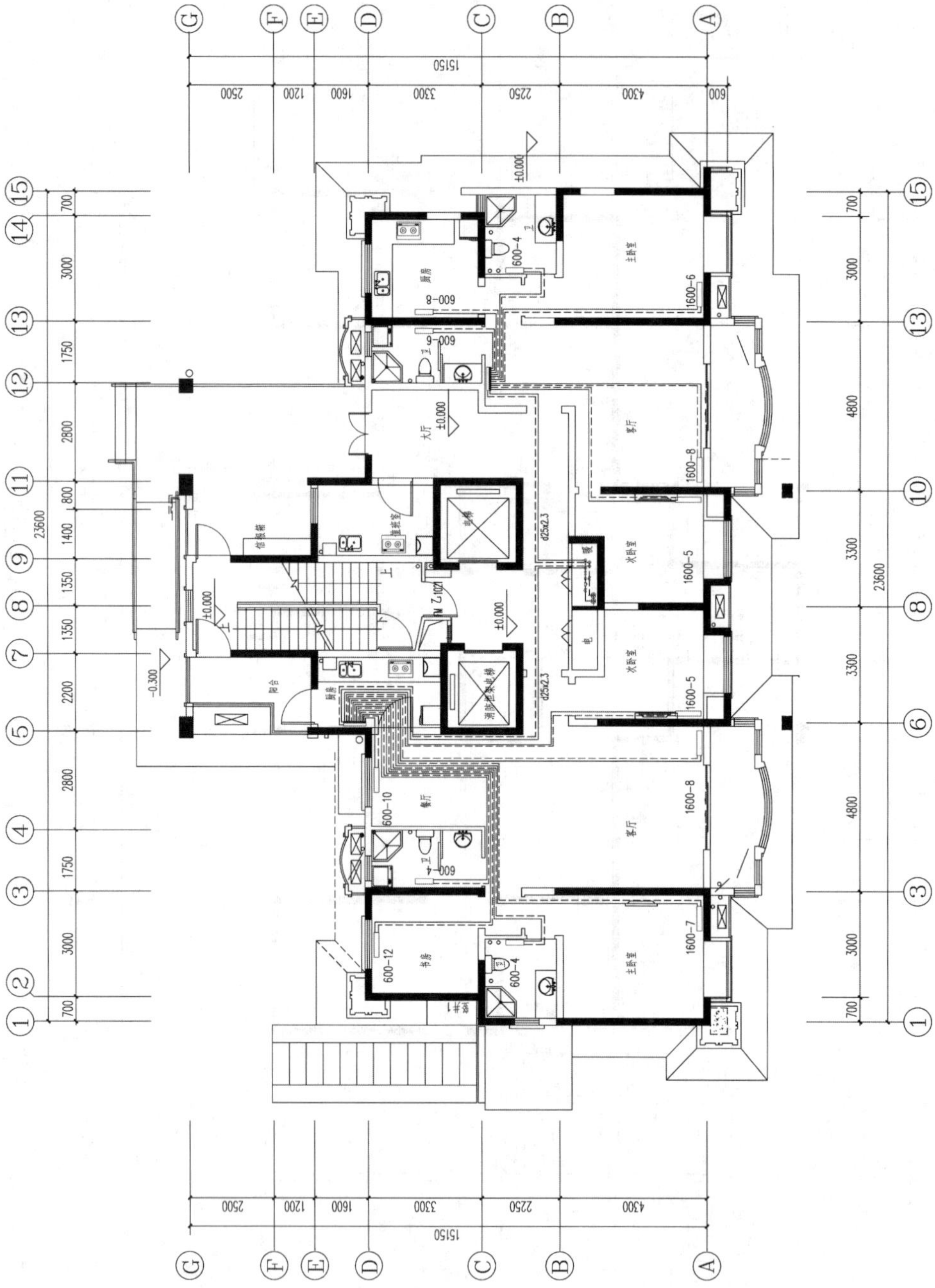

图 2-56　一层供暖平面图

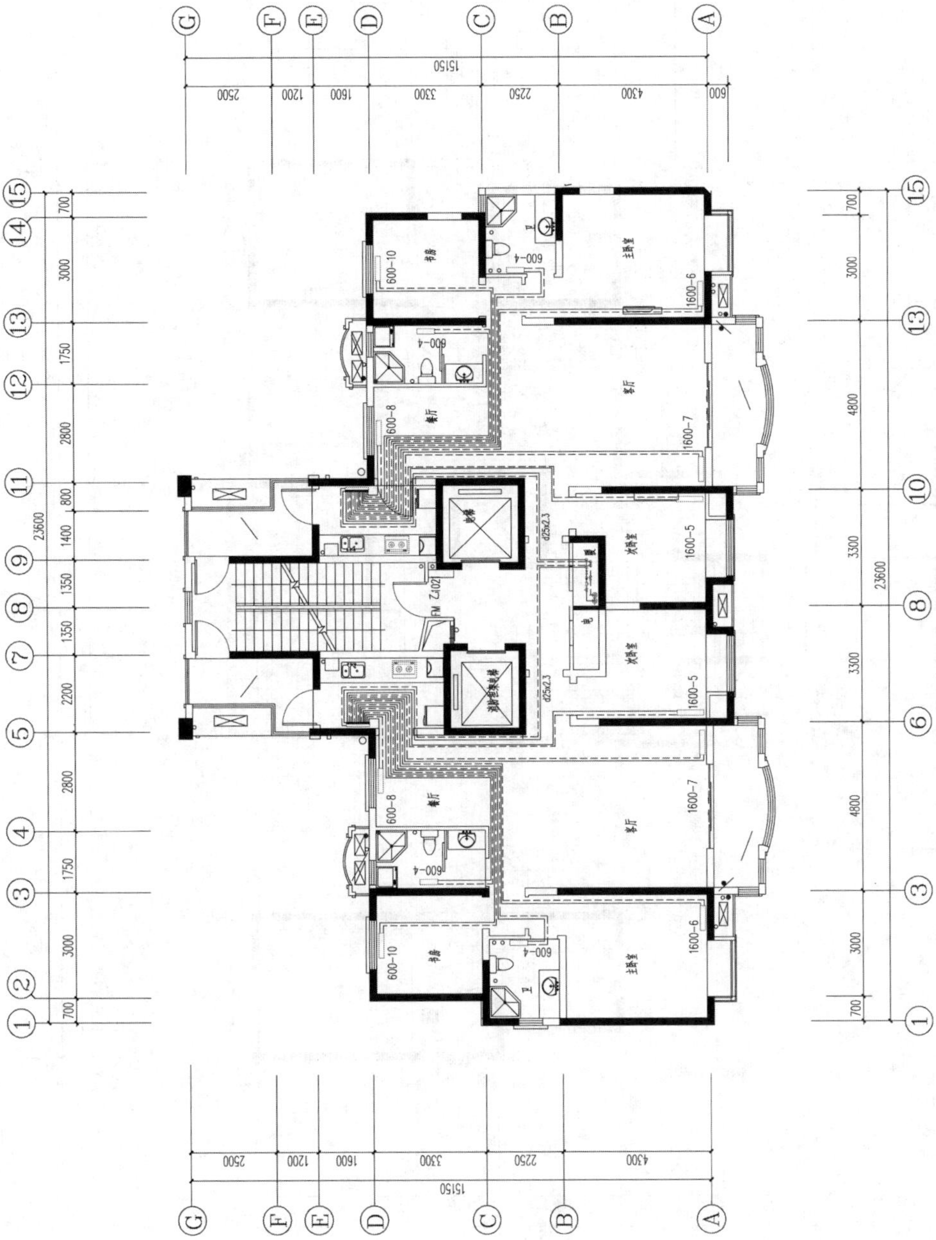

图 2-57 二至四层供暖平面图

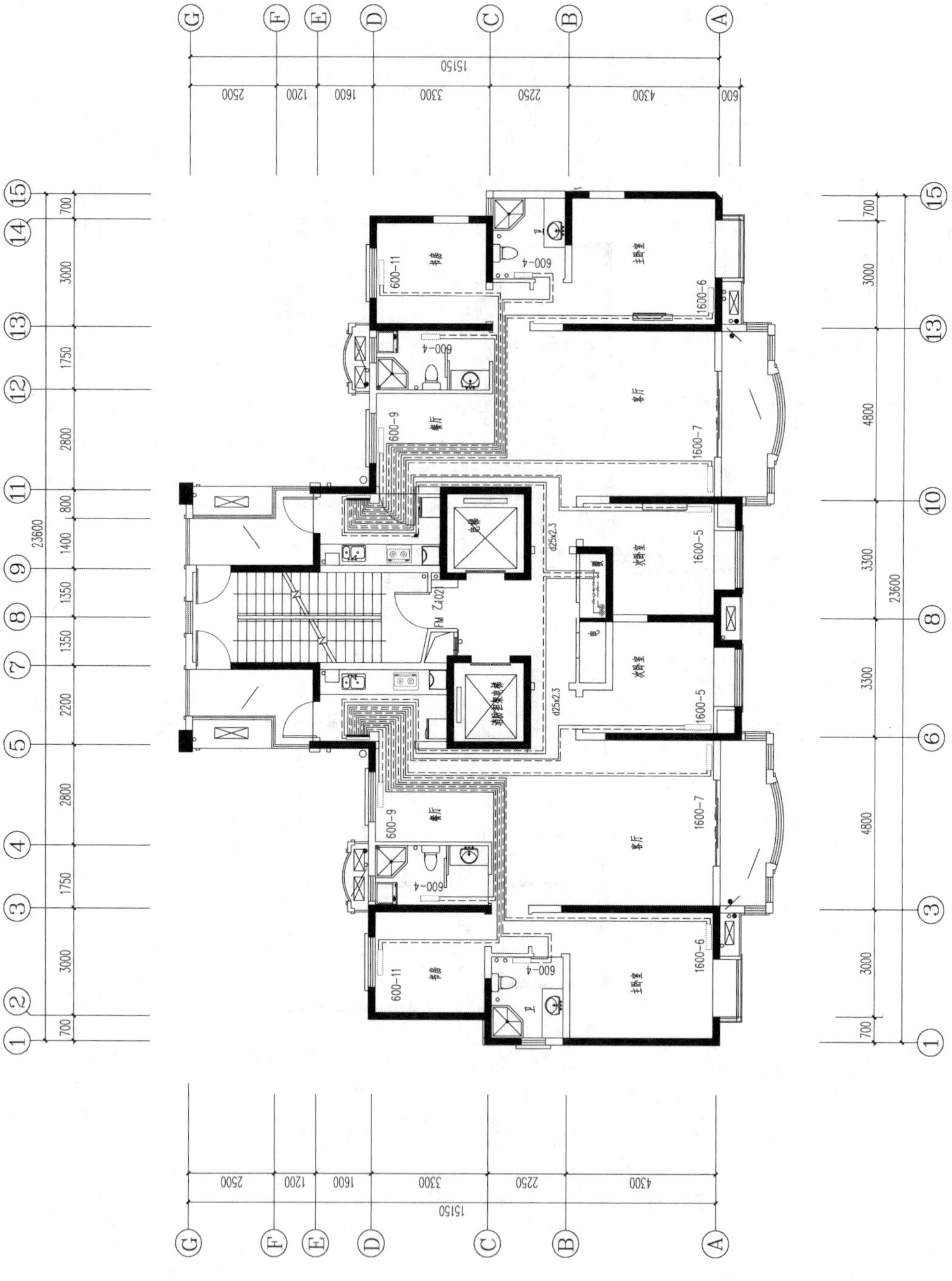

图 2-58　五层供暖平面图

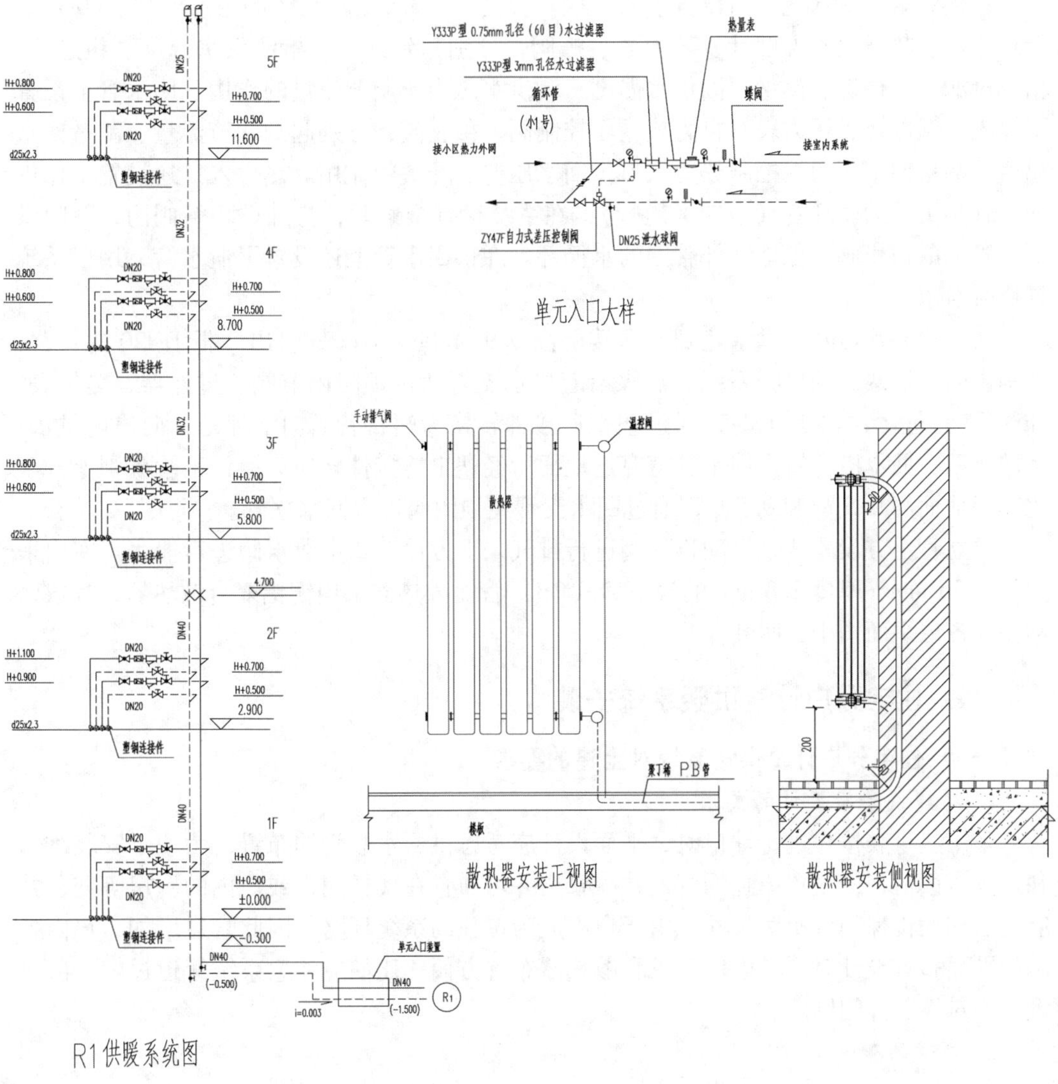

图 2-59　供暖系统图、大样图

该系统热媒从热力入口开始，沿水流方向经干管、立管、支管到各户入户装置，然后送至室内各组散热器。散热后，温度降低，这时热媒通过室内回水管道进入入户装置，经回水支管、立管、干管，热力入口到小区热力管网。

单元热力入口供水管采用镀锌钢管，管径为 DN40，从标高-1.5 m 处引入。单元热力入口供水管上沿水流方向设置了截止阀、温度计、3.0 mm 孔径的粗过滤器、60 目的精过滤器、热量表、温度计、压力表、蝶阀，分别起到开关、检测供水温度、粗过滤、精细过滤、测楼栋总热量、测供水温度、测供水压力、调节流量的作用。回水管上设置了蝶阀、温度计、压力表、自力式差压控制阀、截止阀，分别起到调节流量、测量回水温度、测量回水压力、控制热力入口供回水压差、开关的作用。热力入口还设置了比供回水管小 1 号的循环管（也叫旁通管），在系统检查维修时，打开循环管阀门，关闭供回水管上的截止阀，保证室外管网的水循环。在供回水管上还设置了泄水管，用以系统维修时泄水。

从入户装置可知，供水达到比本楼层高 0.9 m 和 1.1 m 处引出 2 根 DN20 的管路，分别供向本层两户的供暖系统。热媒沿着供水支管通过锁闭调节阀、过滤器、热量表、球阀后向下达到本层地面时，通过塑钢连接件转换为塑料管后向下埋地，向户内供水。经散热后，回水沿着室内回水管道穿过地面后经塑钢连接件转换为镀锌钢管分别上升至比本层地面高 0.5 m 和 0.7 m，通过回水支管经锁闭阀进入回水立管。

主立管上方设置 2 个自动排气阀进行排气，下方设置 2 个泄水阀进行泄水。室内采用外径 25 mm、厚度 2.3 mm 的聚丁烯（PB）管。散热器采用铜铝复合散热器，片数已标注在各层平面图中，明装。

三 住宅分户计量供暖系统安装

（一）住宅分户计量供暖系统对土建的要求

1. 对建筑平面设计的要求

采用热量表按户进行计量时，平面设计应考虑供回水立管的布置，为便于安装维修和热量表读值，应设置单独的管道井。管道井可布置在楼梯间，或户内的厨房等处，并应适当加大楼梯间或厨房尺寸。由于户内成为单独的系统环路，因此管道增加，户内各房间平面布置设计时应考虑使管道和散热器布置方便，比如应注意系统管道过门、散热设备相对靠近等问题。

2. 管道的布置

按户安装热量表时，水平系统的管道过门处理比较困难，若能在施工中预先把过门管道埋设在地面下，则有利于系统的管道布置。实施按户热量表计量，室内管道增加，既影响美观又占用了有效使用面积，且不好布置家具，对部分供暖系统管道进行暗设，可以解决这一问题。因此，建筑设计时，应考虑管道预埋暗设。

3. 层高的要求

对按户设热量表的单独环路，由于室内需布置供回水干管，因此以往的标准层高不利于管路的布置，需增加层高。层高的尺寸可视室内供暖系统的具体形式确定。

（二）埋地管安装

户内管道通常布置在地面下沟槽内或垫层内，安装时应注意：

（1）沟槽在土建现浇楼板时预留，管道中心距现浇楼板距离大于 25 mm。

（2）为防止地面（回填处）龟裂，垫层内的管道宜采取绝热措施（见图 2-60），同时为了防止管道受热膨胀的推力使地面龟裂，应设置管卡固定管子（见图 2-61），绝热板可用 15 mm 厚的聚苯乙烯泡沫塑料。

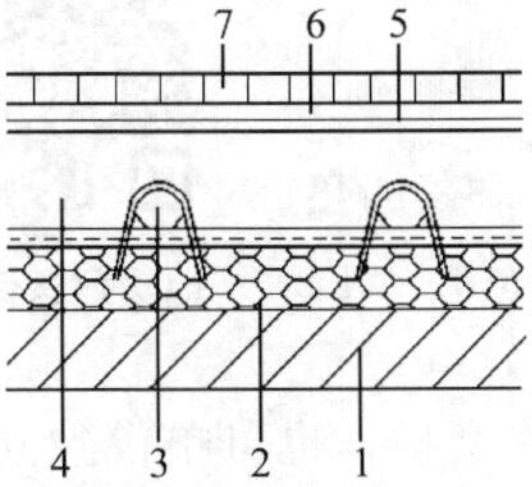

1—楼板；2—绝热层；3—户内管道；
4—填充层；5—隔离层（潮湿房间）；
6—找平层；7—抹面层

图 2-60　垫层构成

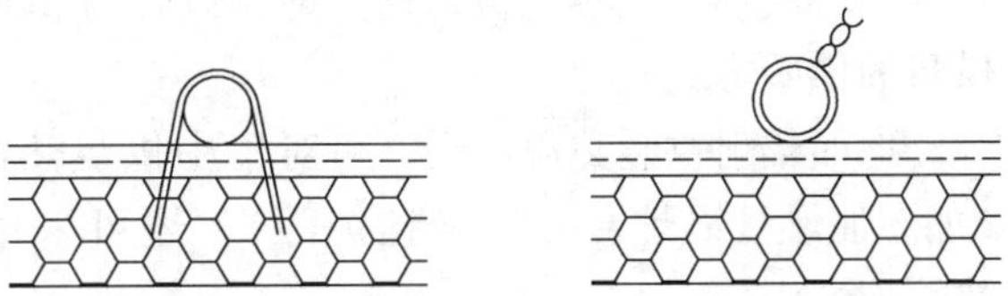

(a) 塑料卡钉或专用管卡　　(b) 细铁丝绑扎

图 2-61　地面垫层内管卡

（3）管道安装时应保持清洁干净。

（4）敷设在地面垫层内的管道不得有接头，但散热器处可采用同材质专用连接件连接。

（5）管道隐蔽前必须进行水压试验，试验压力为工作压力的 1.5 倍，但不小于 0.6 MPa。

（6）水压试验合格后，采用复合硅酸盐保温材料进行沟槽回填，此时管道保持有不低于 0.4 MPa 的压力，回填时不允许踩压已铺好的环路。

（7）放射双管系统管道密集的部位应采用带塑料波纹套管的管材，以防止地面温度过高。

四　技能点训练

1. 训练目的

（1）了解住宅分户计量供暖系统的组成。

（2）熟悉识读住宅分户计量供暖系统施工图的方法。

（3）会识读住宅分户计量供暖系统施工图。

2. 训练内容

扫描二维码，识读某住宅供暖系统施工图。根据施工图，进行训练：

（1）指出该供暖系统采用的形式。

（2）指出该供暖系统热力引入口的位置、管径及标高。

（3）指出该供暖系统供回水干管的位置、管径、标高、坡度。

（4）指出该供暖系统供回水立管的位置。

（5）指出分、集水器的位置、作用。

（6）指出图中与散热器相连的供暖支管的敷设位置、管径。

住宅供暖系统施工图

任务三 热水地面辐射供暖系统安装

一 知识点学习

地暖危害健康吗

（一）热水地面辐射供暖系统的概念

热水地面辐射供暖是以温度不高于 60 ℃的热水为热媒，在加热管内循环流动，加热地板，通过地面以辐射和对流的传热方式向室内供热的供暖方式。

地面辐射供暖热源广泛，可对集中供热热源采用二次水交换，也可单设独立热源（如燃油燃气锅炉、分户壁挂炉等），还可采用其他供回水、余热水、地热水等作为热源。

（二）热水地面辐射供暖系统的特点

辐射供暖是一种卫生条件和舒适标准都比较高的供暖形式，和对流供暖相比，它具有以下特点：

（1）对流供暖系统中，人体的冷热感觉主要取决于室内空气温度的高低。而辐射供暖时，人或物体受到辐射照度和环境温度的综合作用，人体感受的实感温度可比室内实际环境温度高 2~3 ℃，即在具有相同舒适感的前提下，辐射供暖的室内空气温度可比对流供暖时低 2~3 ℃。

（2）从人体的舒适感方面看，在保持人体散热总量不变的情况下，适当地减少人体的辐射散热量，增加对流散热量，人会感到更舒适。辐射供暖时人体和物体直接接受辐射热，减少了人体向外界的辐射散热量。而辐射供暖的室内空气温度比对流供暖时低，正好可以增加人体的对流散热量。因此，辐射供暖时人体的舒适感较好。

（3）辐射供暖时，沿房间高度方向温度分布均匀，温度梯度小，房间的无效损失减少，而且室温降低可以减少能源消耗。

（4）辐射供暖不需要在室内布置散热器，少占室内的有效空间，便于布置家具。

（5）减少了对流散热量，室内空气的流动速度也降低了，可避免室内尘土飞扬，有利于改善卫生条件。

（6）辐射供暖比对流供暖的初投资高。

（三）热水地面辐射供暖的加热管

1. 加热管材

地暖管材的选择

敷设于地面填充层内的加热管，应根据耐热年限、热媒温度和工作压力、系统水质、材料供应条件、施工技术和投资费用等因素来选择管材。目前国内用于低温热水地面辐射供暖的管材主要有交联铝塑复合管（PAP，XPAP 管）、聚丁烯管（PB 管）、交联聚乙烯管（PE-X 管）、无规共聚聚丙烯管（PP-R 管）等。

2. 加热管布置形式

加热管布置形式不同，将导致地面温度分布不同。布管时，基于保证地面温度均匀的原则，宜将高温管段优先布置于外窗、外墙侧，使室内温度分布尽可能均匀。加热管的布置形式很多，通常有如图 2-62 所示几种形式。

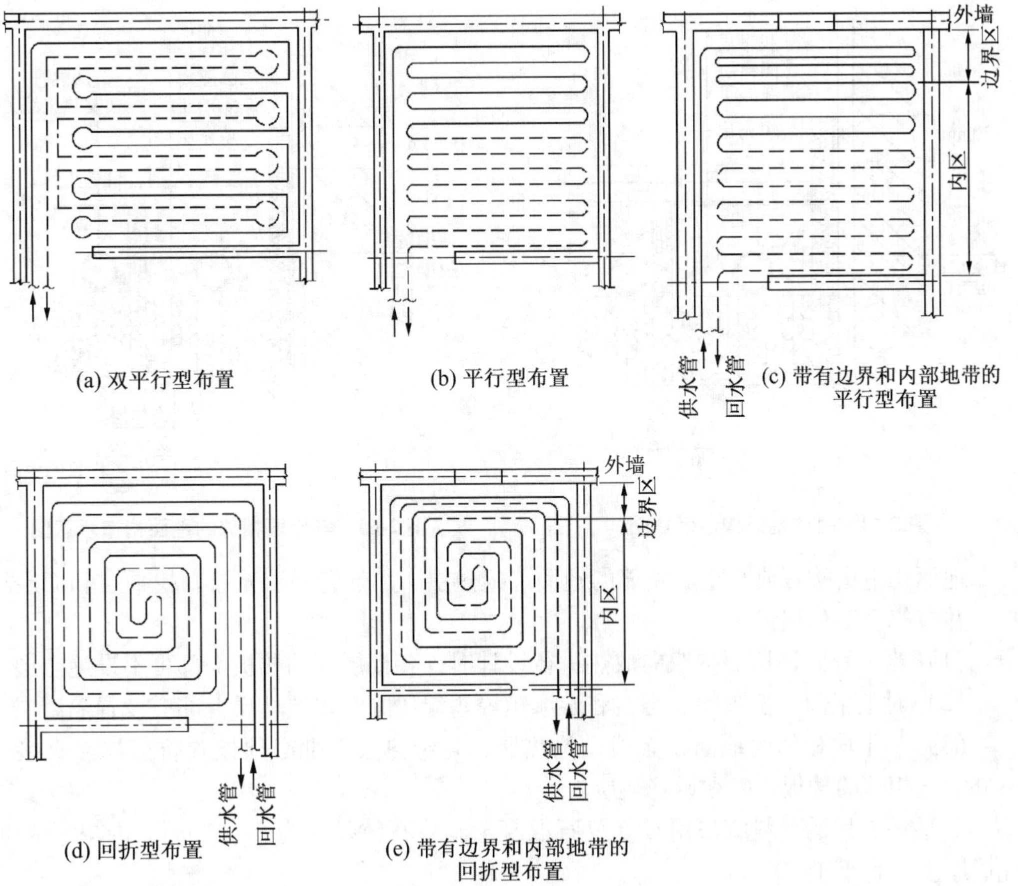

(a) 双平行型布置　(b) 平行型布置　(c) 带有边界和内部地带的平行型布置

(d) 回折型布置　(e) 带有边界和内部地带的回折型布置

图 2-62　常见低温热水地面辐射加热管布置形式

3. 加热管布置要求

（1）如图 2-63 所示，居住建筑中，热水辐射供暖系统应按户划分系统，并配置分水器、集水器；户内的各主要房间，宜分环路布置加热管，以便于实现温度分室控制。

（2）一般情况下每个环路的加热管长度不得超过 120 m，且各环路加热管的长度应尽可能相等，以保证环路水力平衡。

（3）加热管间距一般不宜超过 300 mm。

（4）由于加热管的敷设无坡度，管内的水流速度不得小于 0.25 m/s，以使水流能带走管道中的空

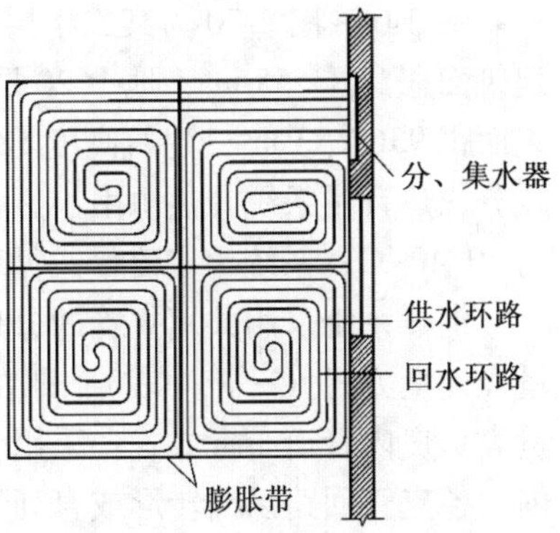

图 2-63　户内供暖房间加热管布置示意图

气及混于水中的污物。

（四）地面构造与做法

根据目前国内外低温热水地面辐射供暖系统的现状，推荐一种基本的地面构造形式。地面构造示意图如图 2-64、图 2-65 所示。

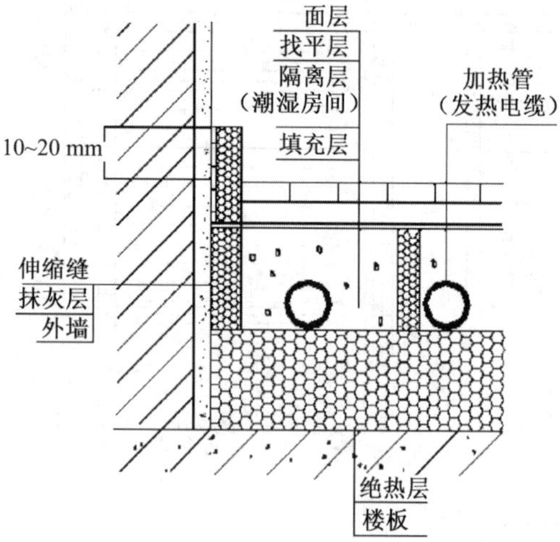

图 2-64　楼层地面构造示意图

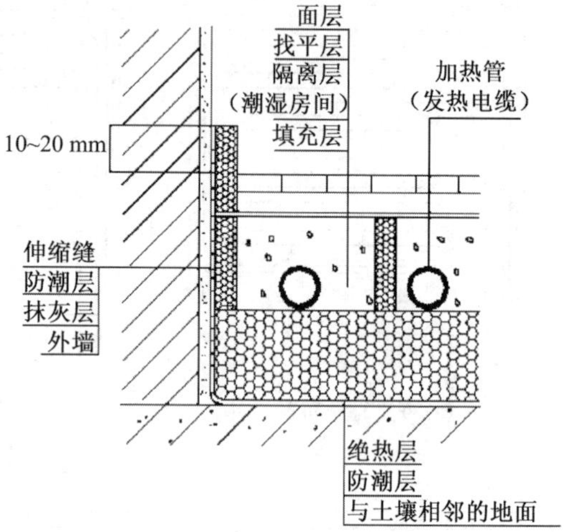

图 2-65　与土壤相邻的地面构造示意图

地面构造由楼板或与土壤相邻的地面、绝热层、加热管、填充层、找平层和面层组成，并应符合下列规定：

（1）当工程允许地面按双向散热进行设计时，各楼层间的楼板上部可不设绝热层。

（2）对卫生间、洗衣间、浴室和游泳馆等潮湿房间，在填充层上部应设置隔离层。

（3）与土壤相邻的地面，必须设绝热层，且绝热层下部必须设置防潮层。直接与室外空气相邻的楼板，必须设绝热层。

（4）填充层的材料宜采用 C15 豆石混凝土，豆石粒径宜为 5~12 mm。加热管的填充层厚度不宜小于 50 mm。

二　热水地面辐射供暖系统施工图识读

图 2-66~图 2-70 为某二十层住宅楼供暖系统施工图（部分）。该住宅楼位于徐州，建筑面积 9883.55 m^2，地上 20 层，地下 1 层。其中，地下建筑面积 521.82 m^2，地上建筑面积 9361.73 m^2，建筑高度 58.35 m。其供暖系统采用集中供热低温热水地面辐射供暖分户热计量系统。热源由小区集中设置的热交换站制备供暖热水，供暖供/回水温度为 50/40 ℃；系统为变流量，循环水泵变频运行；供暖系统采用一个分区。

供暖系统采用共用立管的分户独立系统形式，即按户分环、分室控温。采用户用热量表计量方式（一户一表），即在每个入户装置处设户用热量表，并在单元入口设总热量表。户内管道布置方式：采用分、集水器，户内供回水支、干管暗敷在本层地面垫层内，各支管回路以回转形或直列形布置。共用立管采用下供下回即下分式双管系统，异程布置；立管顶端装设 DN25、ZP88-1 型自动排气阀，下部装泄水球阀。共用立管设于户外公共空间水暖合用管道井内。

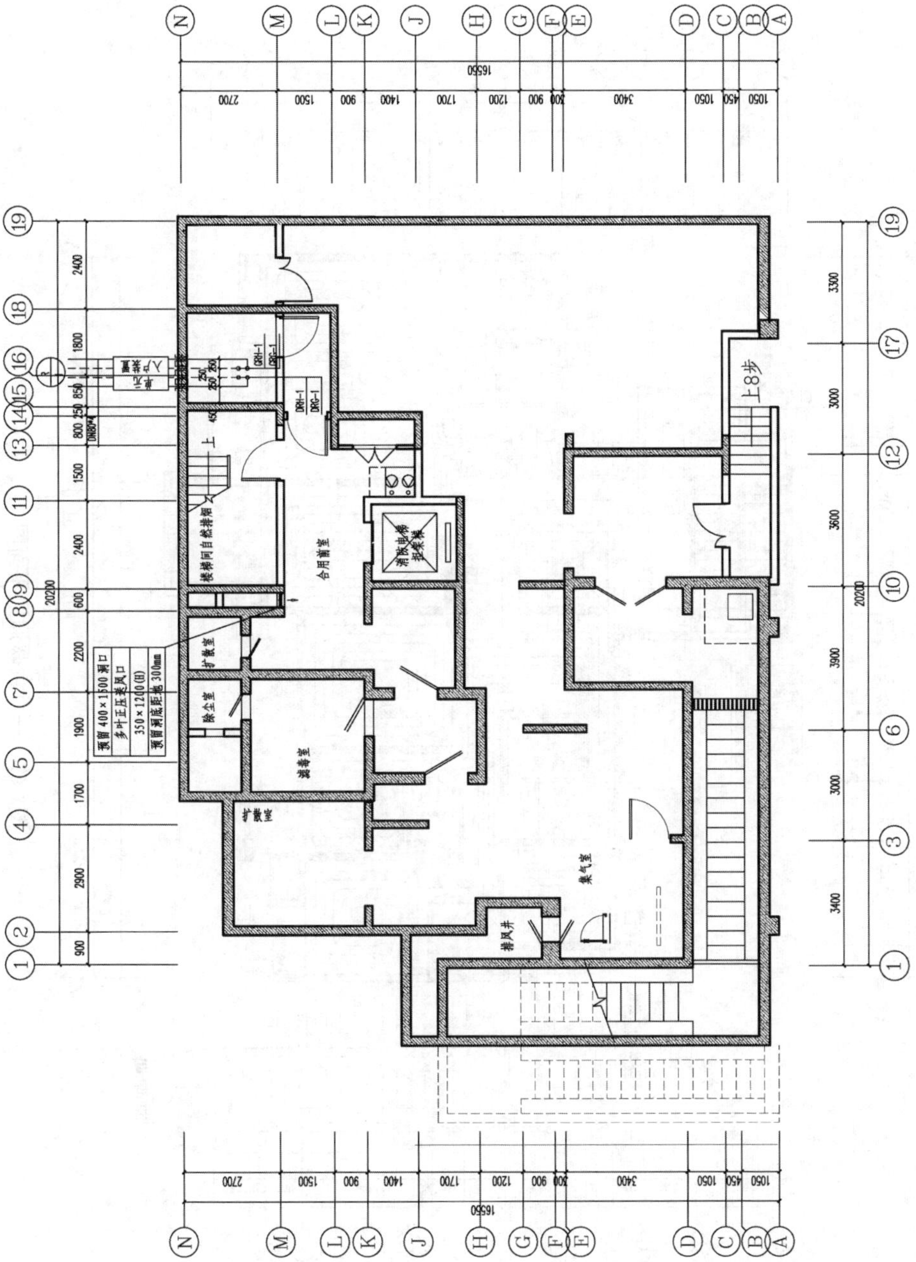

图2-66 地下一层供暖通风平面图

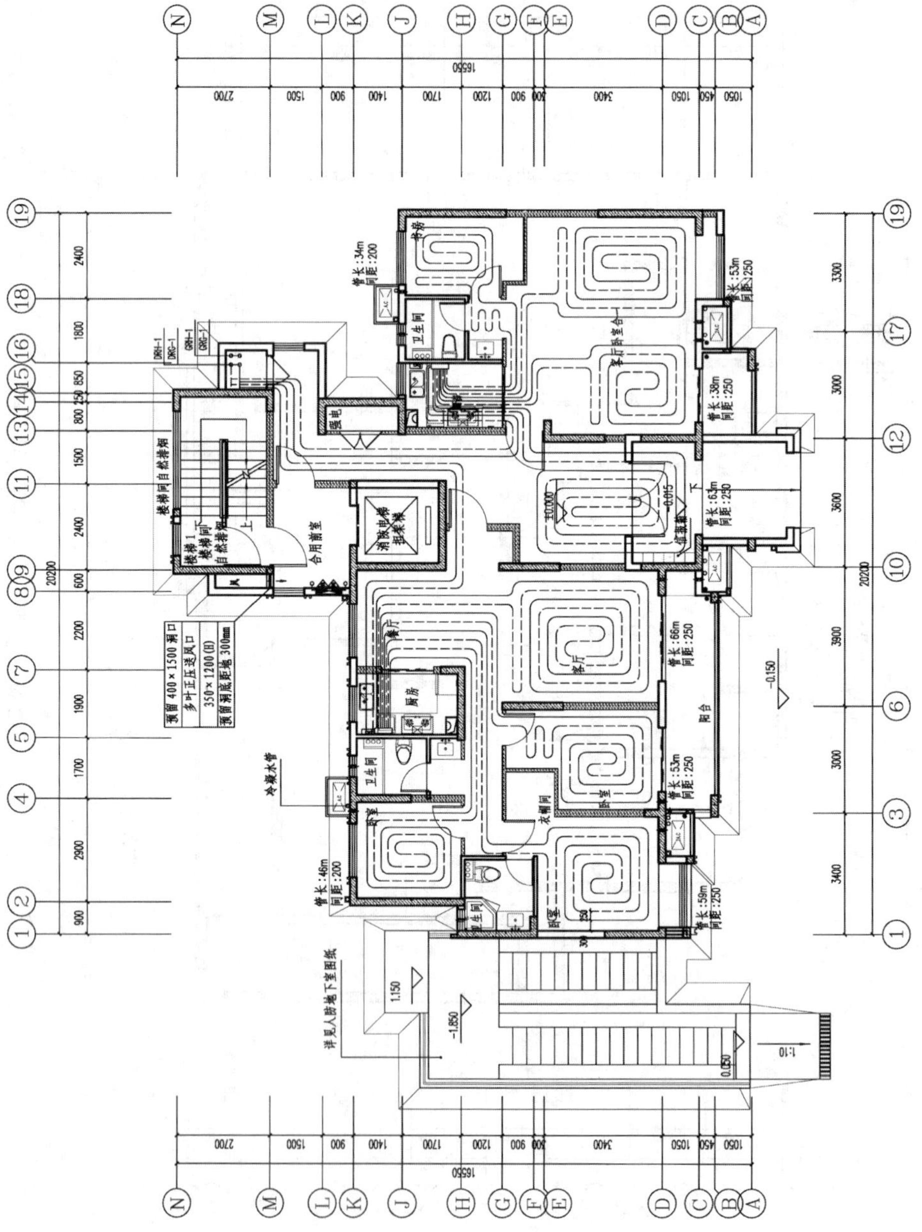

图2-67　一层供暖通风平面图

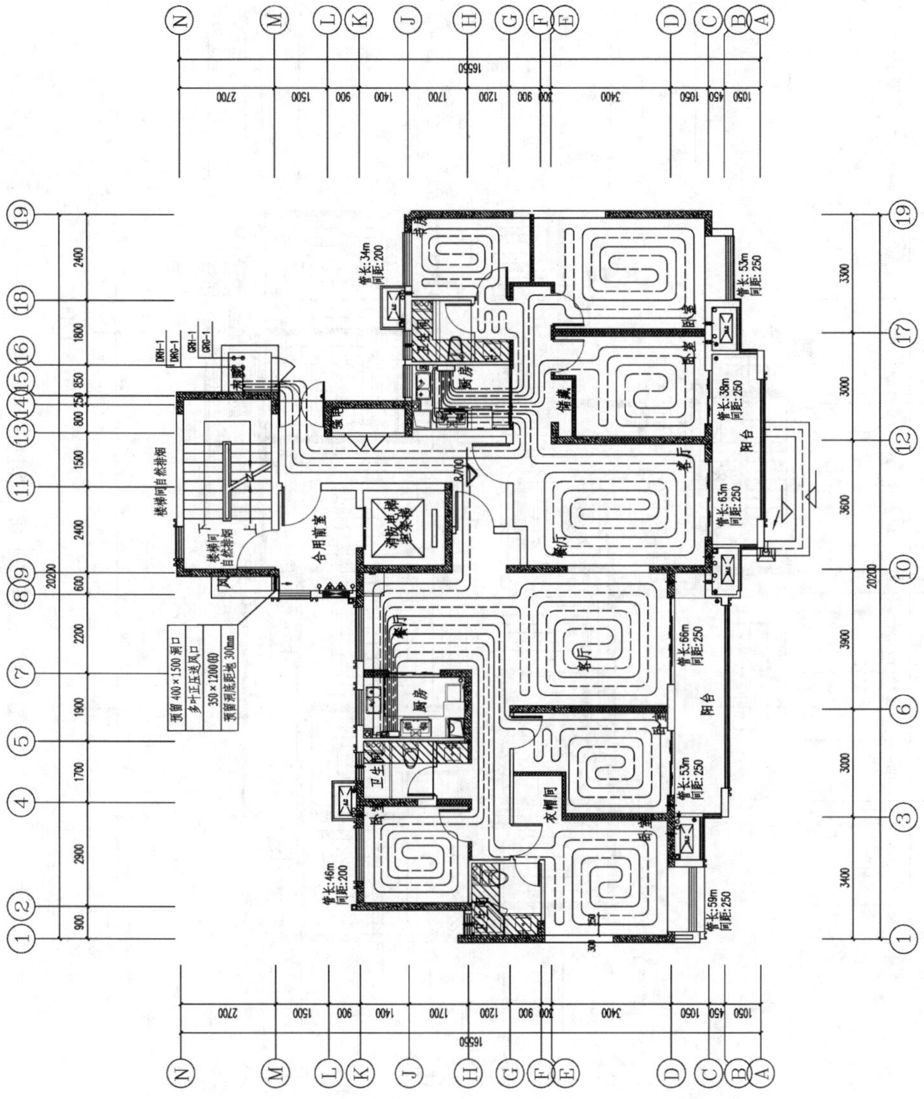

图2-68 二层供暖通风平面图

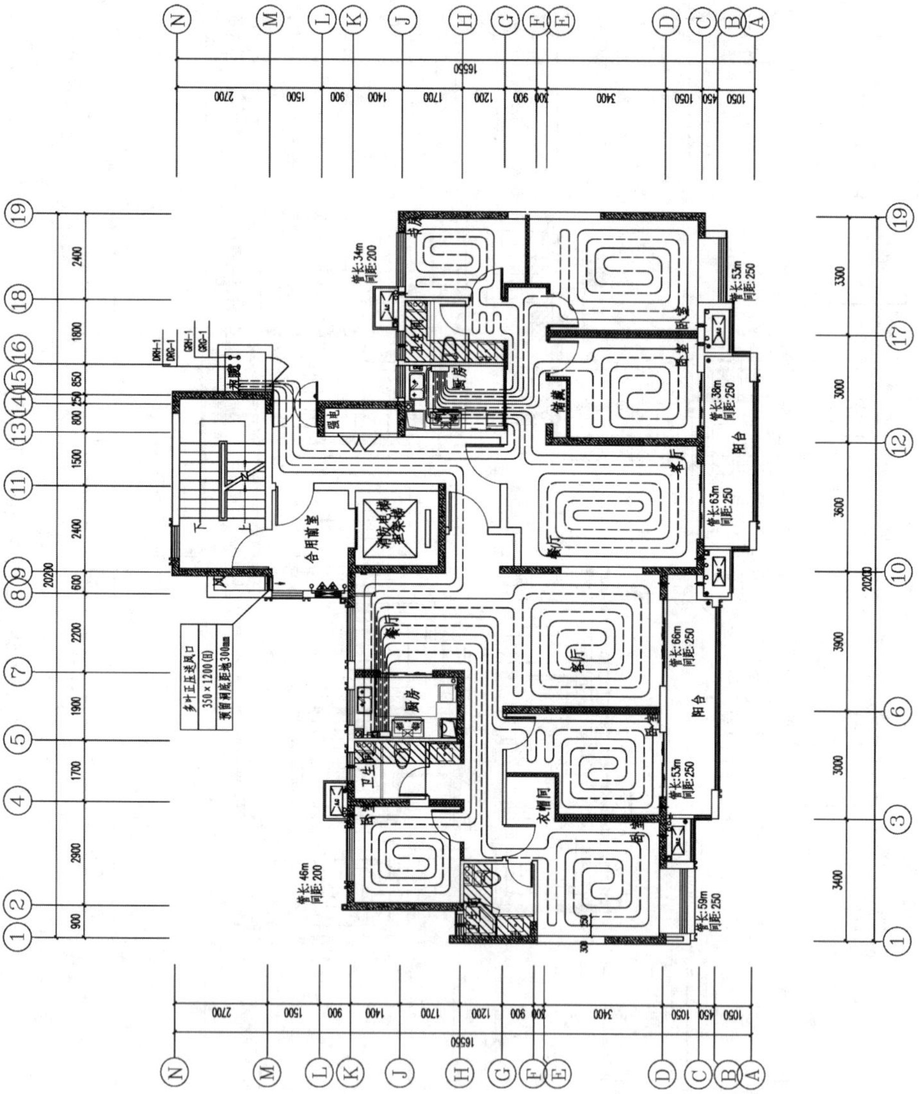

图2-69　三至二十层供暖通风平面图

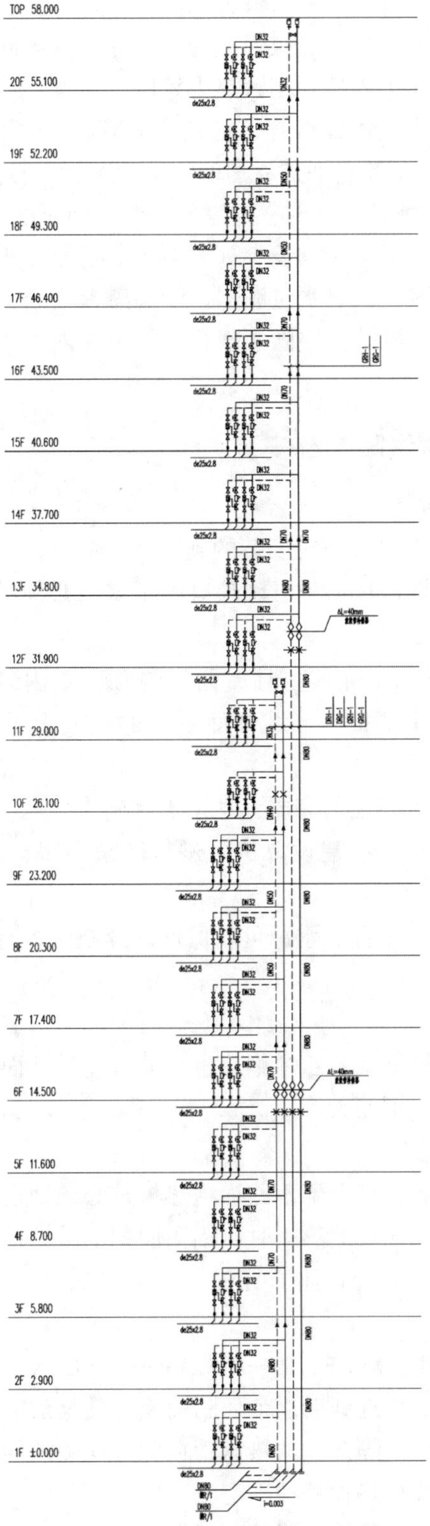
TOP 58.000
20F 55.100
19F 52.200
18F 49.300
17F 46.400
16F 43.500
15F 40.600
14F 37.700
13F 34.800
12F 31.900
11F 29.000
10F 26.100
9F 23.200
8F 20.300
7F 17.400
6F 14.500
5F 11.600
4F 8.700
3F 5.800
2F 2.900
1F ±0.000

图 2-70 供暖系统图

该系统热媒从热力入口开始，沿水流方向经干管、立管、支管到各户入户装置，然后送至室内各组加热管。散热后，热媒温度降低，通过室内回水管道进入入户装置，经回水支管、立管、干管，热力入口到小区热力管网。

单元热力入口供水管采用镀锌钢管，管径为 DN80。热力入口供水管上设置两级过滤器：一级为 3.0 mm 孔径的粗过滤器，另一级为 60 目的精过滤器。回水管上也设置一级滤网规格为 60 目的精过滤器，同时在过滤器后装设热量表及自力式差压控制阀。

从入户装置可知，回水管上依次安装了球阀、活接头、户用热量表、球阀等部件；供水管上依次安装了锁闭调节阀、水过滤器、带温感探头插口的专用球阀等部件。入户装置与共用立管一同设于户外公共空间水暖合用管道井内。室内采用外径 20 mm、厚度 2.3 mm 的优质 PE-RT 管。

三 热水地面辐射供暖系统安装

地暖的敷设

（一）安装前工作条件

（1）进行热水地面辐射供暖系统安装的施工队伍必须持有资质证书，施工人员必须经过培训，特别是机械接口施工人员必须经过专业操作培训，持合格证上岗。

（2）建筑工程主体已基本完成，且屋面已封顶，室内装修的吊顶、抹灰已完成，与地面施工同时进行。设于楼板上（装饰面下）的供回水干管地面凹槽，已配合土建预留。

（3）管道工程必须在入冬之前完成，冬季不宜施工。

（4）施工前，设计、施工、建设单位已进行图纸会审，施工单位对施工人员进行过技术、质量、安全交底。

（5）材料已全部进场，电源、水源可以保证连续施工，有排放污废水的地点。

（二）施工的工艺流程

1. 清理地面

在铺设贴有铝箔的自熄型聚苯乙烯绝热板之前，先将地面清扫干净，不得有凹凸不平之处，不得有砂石碎块、钢筋头等。

2. 铺设绝热板

绝热板采用贴有铝箔的自熄型聚苯乙烯绝热板，必须铺设在水泥砂浆找平层上，地面不得有高低不平的现象。铺设绝热板时，铝箔面朝上，铺设平整。钢筋、电线管或其他管道穿过楼板绝热层时，只允许垂直穿过，不允许斜插，插管接缝应用胶带封贴严实、牢靠。

3. 铺设加热盘管（PAP，XPAP，PP-R 或 PP-C，PE-X）

加热盘管铺设的顺序是从远到近逐个环圈铺设，凡是加热盘管穿地面膨胀缝处，一律用膨胀条分割成若干块地面隔开，加热盘管在此处均须加伸缩节，伸缩节为加热盘管专用伸缩节，其接口连接按加热管品种确定。

加热管供暖散热量及其管路铺设间距可根据不同位置、不同地面材料按设计文件施工。加热管铺设完毕，采用专用的塑料 U 型卡及卡钉逐一将管子进行固定。U 型卡固定在保温层中，卡间距参照《辐射供暖供冷技术规程》（JGJ 142—2012）。若没有钢筋网，则应安装在高出塑料管的上皮 10~20 mm 处。铺设处如果尺寸不足，整块铺设时应将接头连接好，严禁踩在塑料管上进行接头。

4. 试压、冲洗

安装完地板上的加热盘管后进行水压试验。首先接好临时管路及水压泵，灌水后打开排气阀，将管内空气放净后再关闭排气阀，先检查接口，无异样情况方可缓慢增压，增压过程中观察接口，发现渗漏立即停止增压，将接口处理后继续增压至工作压力的 1.5 倍，且不小于 0.6 MPa，稳压 1 h，压力降不大于 0.05 MPa，且不渗不漏为合格。然后由施工单位、建设单位（或监理单位）双方检查合格后做好隐蔽记录，双方签字认可。

5. 回填豆石混凝土

试压验收合格后，立即回填豆石混凝土，豆石混凝土的强度等级由设计确定。试压临时管路暂不拆除，将管内压力降至 0.4 MPa 并保持恒压。由土建进行回填，填充的豆石混凝土中必须加入 5%防龟裂的添加剂。回填过程中，严禁踩压管路，严禁用振捣器施工，必须人力捣固密实，人工捣固时也要防止碰撞管道或加力。

6. 分、集水器安装及连接

（1）分、集水器上的分水管和回水管与埋地塑料管的连接采用热熔接口。

（2）分、集水器和进户装置管道安装如图 2-71 所示，其中仪表、阀门、过滤器等安装时不得装反。

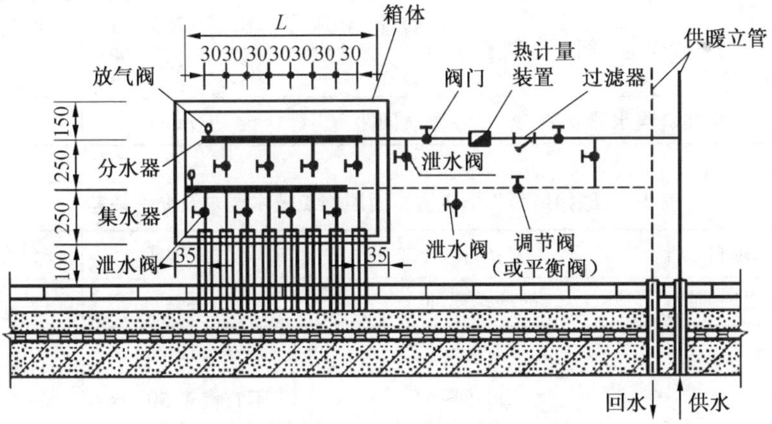

图 2-71 分水器、集水器安装示意图

7. 通热水，初次启动

初次启动通热水时，首先将 25~30 ℃的热水通入，循环一周，检查地上接口，若无异样，则将水温提高 5~10 ℃，再运行一周后重复检查，照此循环，每循环一周水温提高5~10 ℃，直到供水温度为 60~65 ℃为止。地上各接口不渗不漏为全部合格，施工单位、建设单位双方检查验收后签字。

（三）质量检验与验收

加热管安装完毕后，在混凝土填充层施工前，应按隐蔽工程要求，由施工单位会同监理单位进行中间验收。地面辐射供暖系统中间验收时，下列项目应达到相应的技术要求：

（1）绝热层的厚度、材料的物理性能及铺设应符合设计要求。

（2）加热管或发热电缆的材料、规格及敷设间距、弯曲半径等应符合设计要求，并应可靠固定。

（3）伸缩缝应按设计要求敷设完毕。

（4）加热管与分水器、集水器的连接处应无渗漏。

（5）填充层内加热管不应有接头。

（6）分水器、集水器及其连接件等安装后应有成品保护措施。

管道安装工程施工技术要求及允许偏差应符合表 2-7 的规定；原始地面、填充层、面层施工技术要求及允许偏差应符合表 2-8 的规定。

表 2-7 管道安装工程施工技术要求及允许偏差

序号	项目	条件	技术要求	允许偏差/mm
1	绝热层	接合	无缝隙	—
		厚度	—	+10
2	加热管安装	间距	不宜大于 300 mm	±10
3	加热管弯曲半径	塑料管及铝塑管	不小于 6 倍管外径	−5
		铜管	不小于 5 倍管外径	−5
4	加热管固定点间距	直管	不大于 700 mm	±10
		弯管	不大于 300 mm	
5	分水器、集水器安装	垂直间距	200 mm	±10

表 2-8 原始地面、填充层、面层施工技术要求及允许偏差

序号	项目	条件	技术要求	允许偏差/mm
1	原始地面	铺绝热层前	平整	—
2	填充层	骨料	$\Phi \leqslant 12$ mm	−2
		厚度	不宜大于 50 mm	±4
		当面积大于 30 m^2或长度大于 6 m	留 8 mm 伸缩缝	+2
		与内外墙、柱等垂直部件	留 10 mm 伸缩缝	+2
3	面层	与内外墙、柱等垂直部件	留 10 mm 伸缩缝	+2
			面层为木地板时，留大于或等于 14 mm 伸缩缝	+2

注：原始地面允许偏差应满足相应土建施工标准。

检验、调试及验收应由施工单位做出书面报告，监理单位组织各相关专业进行检查和验收，并应做好记录。施工图设计单位应具有相应的设计资质。工程设计文件经批准后方可施工，修改设计应有设计单位出具的设计变更文件。专业施工单位应具有相应的施工资质，工程质量验收人员应具备相应的专业技术资格。

四 技能点训练

1. 训练目的

（1）了解地面辐射供暖系统的组成。

（2）熟悉识读地面辐射供暖系统施工图的方法。

（3）会识读地面辐射供暖系统施工图。

2. 训练内容

扫描二维码，识读某住宅供暖系统施工图。根据施工图，进行训练：

住宅供暖系统施工图

（1）指出该供暖系统采用的热源及其位置。

（2）指出分、集水器的位置、作用。

（3）指出地暖管材、管径。

（4）指出一层 3~6 轴间的客厅地暖管间距、该回路管长。

（5）指出卫生间加热管间距。

项目三

通风空调系统安装

项目描述

通风在现代建筑中起着改善室内空气条件、保护人们身体健康、提高生产率的重要作用；通风也是保证生产正常进行和提高产品质量的重要手段。空气调节是高级的通风，是为了保持室内空气环境而采取的技术手段。应用于汽车库的送风排烟系统，满足工业生产过程的工艺性空调，调节居住环境的舒适性空调……总之，通风空调的应用越来越广泛，对空气环境的要求也越来越高，创造舒适的室内空气品质需要我们不断地学习和研究。

知识目标

1. 熟悉建筑通风系统、防排烟系统的基本知识。
2. 掌握全空气系统、风机盘管加新风系统、多联机空调系统的基本知识。
3. 了解通风空调系统施工图的基本组成及识读施工图的方法。
4. 熟悉通风空调系统施工安装工艺流程。

技能目标

1. 能正确识读通风空调系统施工图。
2. 能组织、协调通风空调系统与建筑结构、装饰施工安装的配合。

素质目标

1. 树立节能环保理念，选择适合的空调系统。
2. 逐步培养精益求精的工匠精神。

任务一 建筑通风系统安装

一 知识点学习

通风（ventilation）是指为改善生产和生活条件，采用自然或机械的方法，对某一空间进行换气，以形成安全、卫生的适宜空气环境的技术。换言之，通风就是用室外空气（称新鲜空气或新风）来置换建筑物内的空气（简称室内空气），以改善室内空气品质。它包括从室内排除污浊空气和向室内补充新鲜空气两个方面。为实现通风的目的，所采用的一系列设备、装置总称为通风系统。

（一）建筑通风方式的分类

通风方式可从通风服务对象、气流方向、控制空间区域范围和系统动力等角度进行分类。

建筑通风

根据通风服务对象的不同，可分为民用建筑通风和工业建筑通风。民用建筑通风是对民用建筑中人员及活动所产生的污染物进行治理而进行的通风；工业建筑通风是对生产过程中的余热、余湿、粉尘和有害气体等进行控制和治理而进行的通风。

根据通风气流方向的不同，可分为排风和进风。排风是指将局部空间或整个房间内不符合卫生标准的污浊空气排至室外；进风是指将新鲜空气或经过净化符合卫生要求的空气送入室内。

根据通风控制空间区域范围的不同，可分为局部通风和全面通风。局部通风是指为改善室内局部空间的空气环境，向该空间送入或从该空间排出空气的通风方式；全面通风也称稀释通风，是指对整个车间或房间进行通风换气，将新鲜的空气送入室内，以改变室内的温、湿度，稀释有害物的浓度，同时把污浊空气不断排至室外，使室内的空气环境符合卫生标准的要求。

防止室内有害物污染空气的最有效的方法是进行局部通风，局部通风系统所需风量小、效果好，设计时应优先考虑。但是，如果由于条件限制、有害物源不固定等原因，不能采用局部通风，或者采用局部通风后，室内有害物浓度仍达不到卫生要求，可采用全面通风。全面通风所需风量大大超过局部通风，相应的设备也比较庞大。

根据通风系统动力的不同，可分为机械通风和自然通风。机械通风是依靠风机造成的压力作用使空气流动的通风方式；自然通风是依靠室外风力造成的风压，以及由室内外温差和高度差产生的热压使空气流动的通风方式。自然通风不需要专门的动力，在某些热车间是一种经济有效的通风方式。

1. 局部通风

局部通风（local ventilation）是指为改善室内局部空间的空气环境，向该空间送入或从该空间排出空气的通风方式。局部通风分为局部送风和局部排风两类，它们都是利用局部气流，使工作地点不受有害物污染，从而改善工作地点的空气环境。

（1）局部送风

如图 3-1 所示，局部送风是以一定的速度将空气直接送到指定地点的通风方式。对于面积较大、工作地点比较固定、操作人员较少的生产车间，想要通过全面通风的方式改善整个车间的空气环境是很困难的，而且也不经济。通常在这种情况下，就可以采用局部送风方式。

局部送风的目的是增加局部工作地点的风速或同时降低局部工作地点的空气温度，以改善局部工作地点的环境。图 3-2 所示为旋转式喷头，喷头出口设活动的导流叶片，喷头和风管之间是可转动的活动连接，因而可以向任意方向送风，且送风距离在一定的范围内可调。这种喷头适用于地点不固定，或设计时工作地点难以确定的场合。

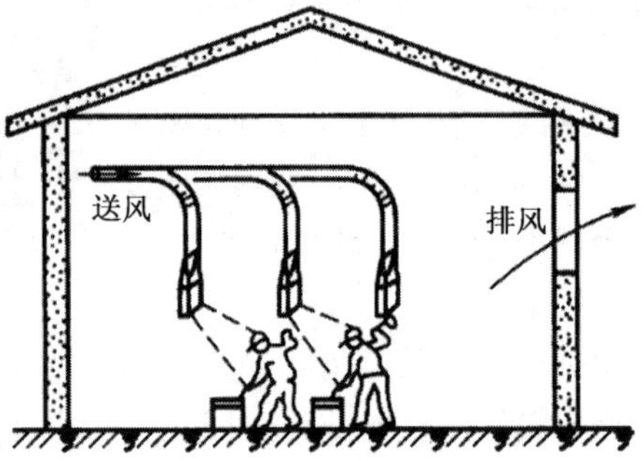

图 3-1　局部送风系统

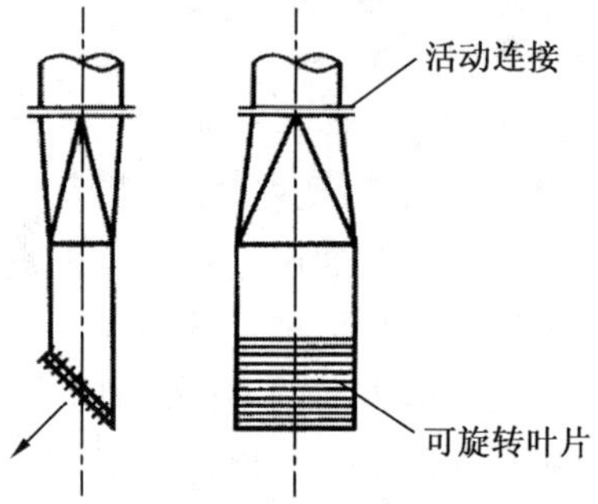

图 3-2　旋转式喷头

空气幕是一种局部送风装置。它是利用特制的空气分布器喷出一定温度和速度的幕状气流，用来封堵门洞，减少或隔绝外界气流的侵入，以保证室内或某一工作区的温度环境。

设置空气幕主要是为了防止室外冷、热气流侵入。用于运输工具、材料出入的工业厂房或商店、剧场等公共建筑需经常开启的大门，在冬季大门开启时将有大量的冷风侵入而使室内气温骤然下降，为防止冷空气侵入，可设空气幕。炎热的夏季为防止室外热气流对室内温度的影响，可设置喷射冷风的空气幕。

空气幕主要由空气处理设备、风机、风管系统及风口组成。现在常将空气处理设备、风机、风口三者组合起来称为空气幕，如图 3-3 所示。

空气幕按空气分布器的安装位置可分为侧送式、上送式和下送式。图 3-4 为侧送式大门空气幕，有单侧、双侧之分。

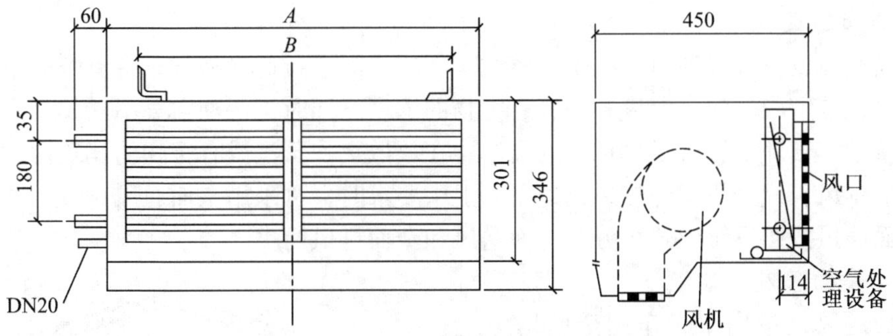

图 3-3　空气幕构造示意图

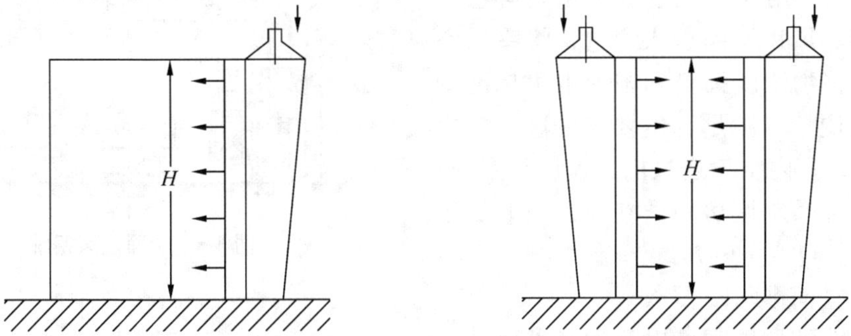

(a) 单侧送式大门空气幕　　(b) 双侧送式大门空气幕

图 3-4　侧送式大门空气幕

（2）局部排风

局部排风是在散发有害物的局部地点，设置排风罩捕集有害物并将其排至室外的通风方式，以防止有害物与工作人员接触或扩散到整个工作区。与全面通风相比，局部排风具有排风量小、控制效果好、有害物不进入工作区等优点。

局部排风系统由局部排风罩、风管、净化设备和风机等组成。如图 3-5 所示，被污染的空气通过排气罩经风道输送至净化装置，在净化装置内被净化至符合排放标准的要求后，再通过排风机经风道、风帽排入大气中。

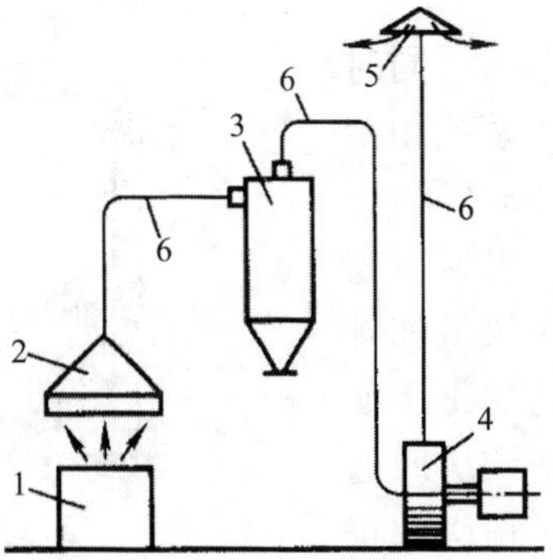

1—有害物源；2—排气罩；3—净化装置；4—排风机；5—风帽；6—风道

图 3-5　机械局部排风系统

2. 全面通风

全面通风也称稀释通风，它是对整个车间或房间进行通风换气，将新鲜的空气送入室内，以改变室内的温、湿度和稀释有害物的浓度，同时把污浊空气不断排至室外，使工作地带的空气环境符合卫生标准的要求。在放散热、蒸汽或有害物的建筑内，当不能采用局部排风，或采用局部排风仍达不到卫生要求时，可采用全面通风。

全面通风按照系统形式可分为全面送风和全面排风两类。

(1) 全面送风

全面送风是指向整个车间全面均匀地进行送风的方式。图 3-6 所示为全面机械送风系统，它利用风机把室外大量新鲜空气经过风道、风口不断送入室内，将室内空气中的有害物浓度稀释到国家卫生标准的允许范围内，以满足卫生要求，这时室内处于正压，室内空气通过门、窗压至室外。例如，向普通空调房间送新风，一般属于机械送风、自然排风方式。

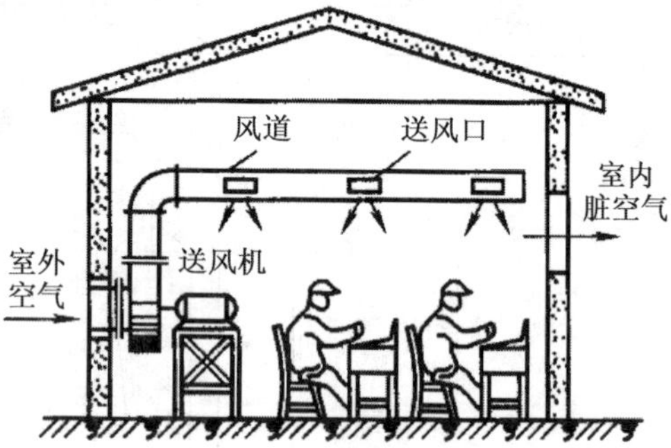

图 3-6　全面送风系统

(2) 全面排风

全面排风是指既可以利用自然排风，也可以利用机械排风的排风方式。图 3-7 所示表示在生产有害物的房间设置全面机械排风系统，将室内的有害气体排出，而进风来自不产生有害物的邻室和本房间的自然进风，这样，通过机械排风造成一定的负压，可以防止有害物向卫生条件好的邻室扩散。例如，卫生间通风、住宅厨房通风一般都属于机械排风、自然送风方式。

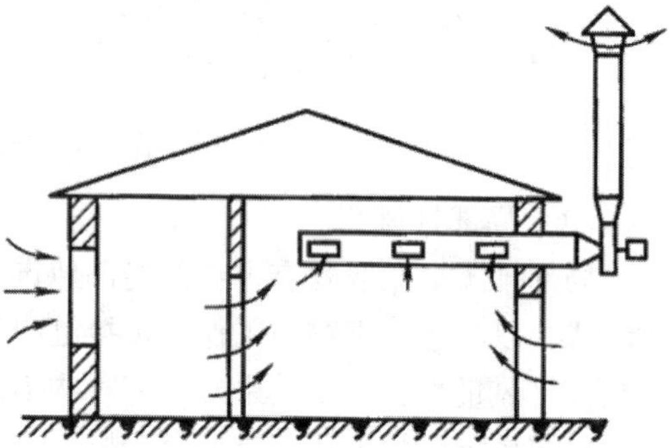

图 3-7　全面排风系统

(3) 全面送、排风

全面送、排风是指一个车间可同时采用全面送风系统和全面排风系统相结合的全面送、排风系统，如图 3-8 所示。例如，门窗密闭、自然排风和进风比较困难的场所，可以通过调整送风量和排风量的大小，使房间保持一定的正压或负压。又如，向人员密集的空调房间送新风，通常还需排风才能满足房间的正压要求，属于机械送风、机械排风方式；地下汽车库有时也需采用机械送风、机械排风方式。

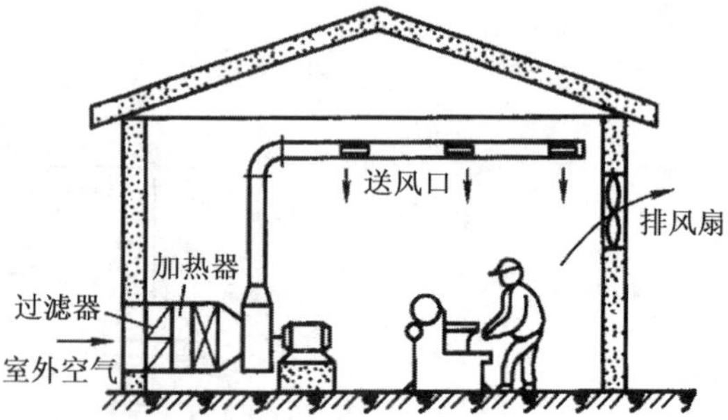

图 3-8　全面送、排风系统

3. 自然通风

自然通风是利用热压和风压作用使室内外的空气进行交换，改善室内的空气环境，且不消耗机械动力的一种经济的通风方式。由于自然通风易受室外气象条件的影响，特别是风力的作用很不稳定，所以自然通风主要在热车间排除余热的全面通风中采用。某些热设备的局部排风也可以采用自然通风。当工艺要求进风需经过滤和净化处理时，或进风能引起雾或凝结水时，不得采用自然通风。

自然通风的动力来源于热压和风压。热压主要产生于室内外温度存在差异的建筑环境空间（见图 3-9）；风压主要是指室外风作用在建筑物外围护结构，造成室内外的静压差（见图 3-10）。

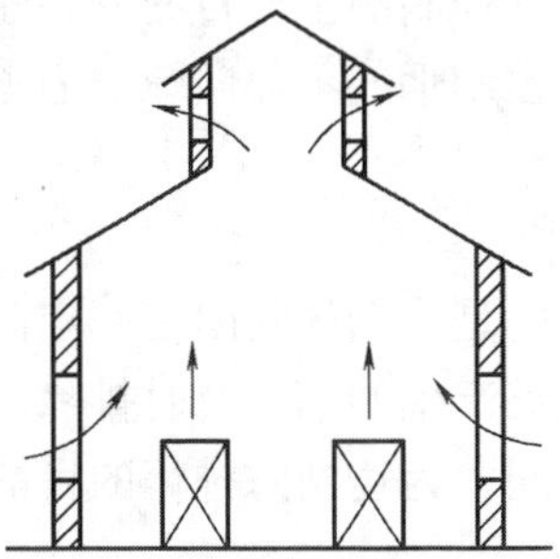

图 3-9 热压作用下的自然通风

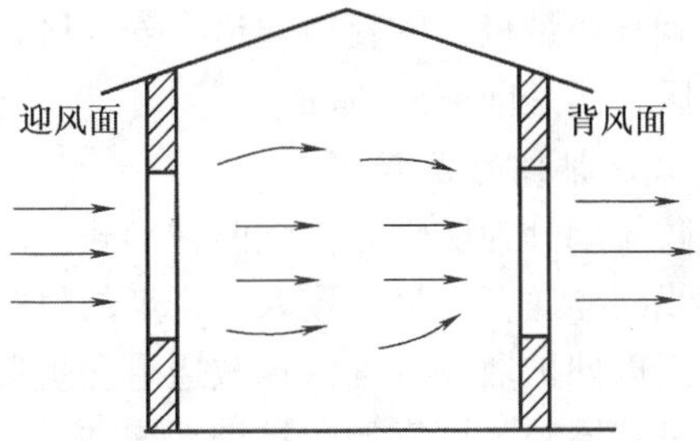

图 3-10 风压作用下的自然通风

4. 机械通风

住宅建筑中的厨房及无外窗卫生间通常污染源较集中；公共厨房中炉灶、洗碗机、蒸汽消毒设备等厨房设备通常发热量大且散发大量油烟和蒸汽；公共卫生间通常会有气味；浴室通常会产生热湿空气；机房设备通常会产生大量余热、余温，泄漏制冷剂或可燃气体等；变配电器室内温度太高，会影响设备的工作效率；汽车在汽车库内行驶的过程中通常会排出 CO，NO_x和 C_mH_n等有害物。这些场所靠自然通风往往不能满足使用和安全要求，因此应设置机械通风系统。

（1）住宅通风

由于人们对住宅空气品质的要求提高，而室外气候条件、噪声等因素限制了自然通风的应用，因此机械通风在住宅中的应用日益增多。

住宅内的通风换气应首先考虑采用自然通风，但在无自然通风条件或自然通风不能满足卫生要求的情况下，应设机械通风或自然通风与机械通风结合的复合通风系统。通风应使气流从较清洁的房间流向污染较严重的房间，因此使室外新鲜空气首先进入起居室、卧室等人员主要活动、休息场所，然后从厨房、卫生间排出室外，是较为理想的通风路径。

住宅厨房及无外窗卫生间污染源较集中，应采用机械排风系统。住宅建筑的厨房、卫生间宜设竖向排风道，竖向排风道应具有防火、防倒灌的功能，顶部应设置防止室外风倒灌的装置，排风道设置位置和安装应符合规范要求。

（2）汽车库通风

汽车是现代使用最为广泛的交通运输工具，担负着繁重的客、货运输任务。汽车库

（场）是用来停放或维修车辆的场所，汽车在汽车库内行驶的过程中会释放大量尾气。因此，当自然通风不能满足汽车库通风要求时，应设机械通风系统。

5. 事故通风

事故通风是保证安全生产和保障人民生命安全的一项必要的措施。对生产、工艺过程中可能突然放散有害气体、有爆炸危险气体或粉尘的场所，在设计中均应根据工艺要求设置事故通风系统。

（二）建筑防排烟

火灾是一种多发性灾难，常导致巨大的经济损失和人员伤亡。建筑物一旦发生火灾，就有大量的烟气产生，烟气在建筑物内不断流动传播，不仅导致火灾蔓延，而且会引起人员恐慌，影响疏散和扑救，造成人员伤亡。烟气控制的主要目的是在建筑物内创造无烟或烟气含量极低的疏散通道、安全区，也就是控制烟气不流向疏散通道、安全区和非着火区，而是向室外流动。

1. 建筑防排烟的分类

建筑防排烟分为防烟和排烟两种形式。防烟的目的是将烟气封闭在一定区域内，以确保疏散线路畅通，无烟气侵入。排烟的目的是将火灾产生的烟气及时排除，防止烟气向防烟分区以外扩散，以确保疏散通道和疏散所需时间。为达到防排烟的目的，必须在建筑物中设置周密、可靠的防排烟系统和设施。

2. 建筑防排烟的任务

（1）就地排烟通风，降低烟气浓度：将火灾产生的烟气在着火房间就地及时排除，在需要部位适当补充人员逃生所需空气。

（2）防止烟气扩散：控制烟气流动方向，防止烟气扩散到疏散通道，减少烟气向其他区域蔓延。

（3）保证人员安全疏散：保证疏散扑救用的防烟楼梯及消防电梯间内无烟，使着火层人员迅速疏散，为消防队员灭火扑救创造有利条件。

3. 建筑防排烟的部位

根据规范，建筑中需要设置防排烟的部位有防烟楼梯间及其前室、消防电梯间前室或合用前室、封闭避难层（间）、内走道、房间、中庭、地下室等。

4. 建筑防排烟的方式

建筑中的防烟方式可采用机械加压送风的防烟方式和可开启外窗的自然排烟方式。建筑中的排烟方式可采用机械排烟方式和可开启外窗的自然排烟方式。

（1）防烟方式

建筑防烟系统应根据建筑高度、使用性质等因素，采用自然排烟或机械加压送风防烟。

① 自然排烟

自然排烟就是利用发生火灾时高温烟气与室外空气的密度差产生的热压和室外空气流动产生的风压的共同作用，将烟气直接排出室外。自然排烟结构简单、经济、不需要动力设备，因此，对于满足自然排烟条件的建筑，优先考虑采用自然排烟方式。

用建筑物的阳台、凹廊或在外墙上设置便于开启的外窗或排烟窗排烟，这是利用高温烟气产生的热压和浮力，以及室外的风压造成的抽力作用，使火灾产生的高温烟气通过阳台、凹廊或在外墙上设置的便于开启的外窗排出室外，如图 3-11 所示。

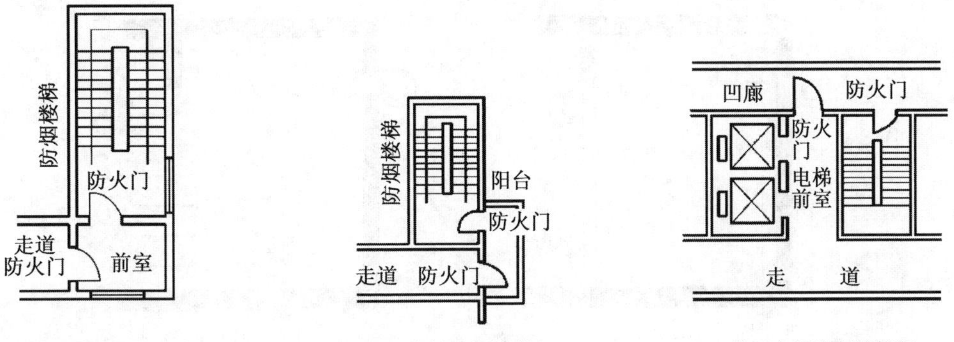

(a) 靠外墙的防烟楼梯间及其前室　(b) 带阳台的防烟楼梯间　(c) 带凹廊的防烟楼梯间

图 3-11　自然排烟方式示意图

采用自然排烟的高层建筑前室或合用前室，如果在两个或两个以上不同朝向上有可开启的外窗，当火灾发生时，通过有选择地开启建筑物背风面的外窗，可利用风压产生的抽力达到较好的自然排烟效果。

② 机械加压送风防烟

机械加压送风防烟（见图 3-12）是用风机把一定量的室外空气送入房间或通道内，使室内保持一定压力或门洞处有一定流速，以避免烟气侵入。

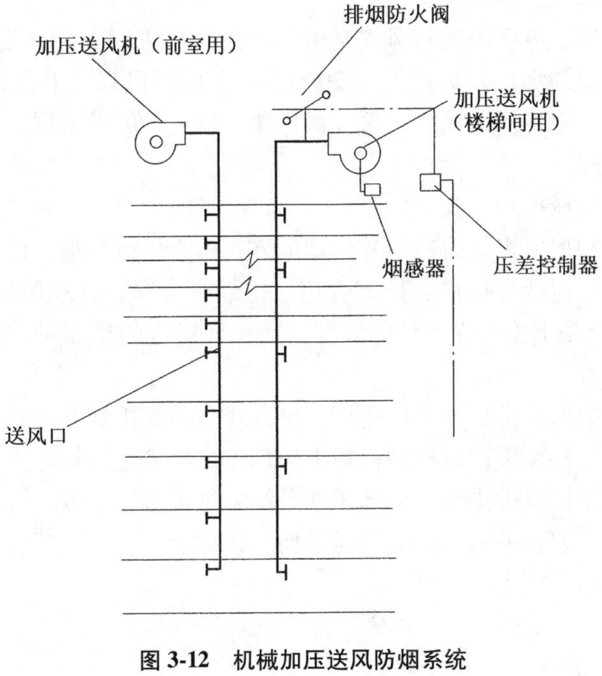

图 3-12　机械加压送风防烟系统

图 3-13 所示是加压送风防烟的两种情况，其中图 3-13a 是当门关闭时房间内保持一定正压值，空气从门缝或其他缝隙处流出，防止烟气的侵入；图 3-13b 是当门开启时送入加压区的空气以一定风速从门洞流出，阻止烟气侵入。

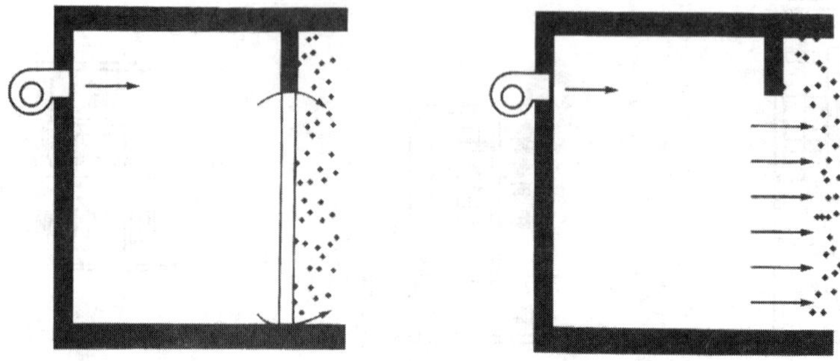

(a)　　　　(b)

图 3-13　加压送风防烟

由上述两种情况分析可以看出，为了阻止烟气流入被加压的房间，必须满足一定条件：门开启时，门洞有一定向外的风速；门关闭时，房间内有一定正压值。这也是设计加压送风系统的两条原则。

根据相关国家标准，下列部位应设置独立的机械加压送风的防烟设施：

a. 不具备自然排烟条件的防烟楼梯间、消防电梯间前室或合用前室。

b. 采用自然排烟措施的防烟楼梯间，其不具备自然排烟条件的前室。

c. 封闭避难层（间）。

d. 避难走道的前室。

为保证机械加压送风系统的新风安全可靠（发生火灾时无烟雾混入），新风口应低于排烟口，与排烟口的水平距离应大于 20 m。因此，新风口（和加压风机）一般应设在建筑物的底部，如把加压送风机设置在靠近建筑物底部的设备层。

（2）排烟方式

这里主要介绍机械排烟方式。

火灾发生时，利用风机动力向室外排烟的方式称为机械排烟。机械排烟系统实质上就是一个排风系统，包括排烟口、排烟管道、排烟防火阀和排烟风机等（见图 3-14 和图 3-15）。它的优点是不受外界条件的影响，能保证稳定的排烟量，但是机械排烟设施费用高，需保养维修。

机械排烟可分为局部排烟和集中排烟两种方式。局部排烟方式是在每个需要排烟的部位设置独立排风机，直接进行排烟；集中排烟方式是将建筑物分为若干区，在每个区设置排风机，通过排烟风道排烟。局部排烟系统中风机多且分散，维修管理麻烦，投资大，因而很少采用，如若采用，一般与通风换气相结合。

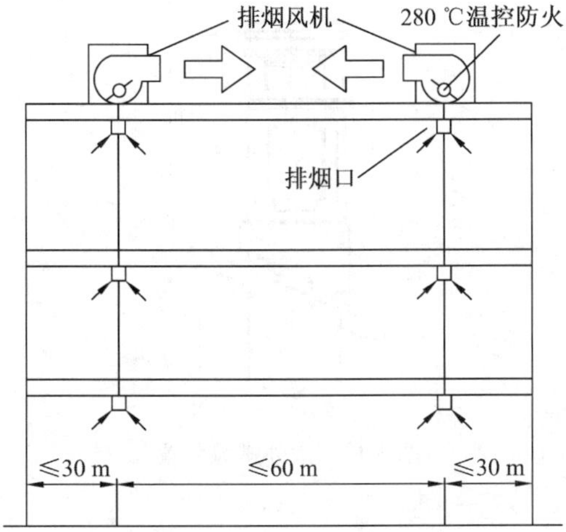

图 3-14 竖向布置的走廊机械排烟系统

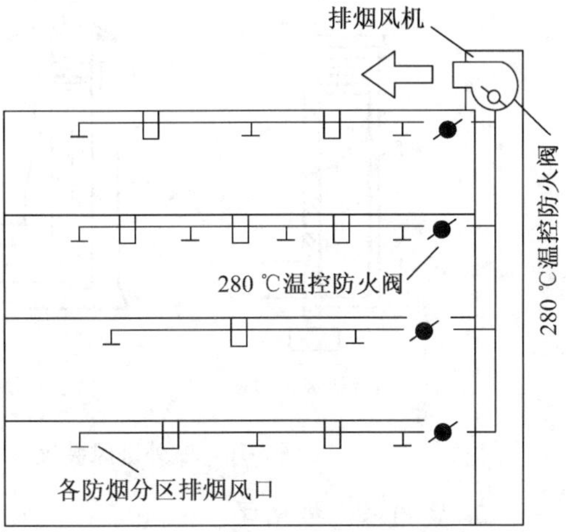

图 3-15 水平布置的房间机械排烟系统

① 机械排烟位置的确定

根据我国现行《建筑设计防火规范》《高层民用建筑设计防火规范》《人民防空工程设计防火规范》《汽车库、修车库、停车场设计防火规范》的规定确定机械排烟的位置。

② 机械排烟系统的设置原则

a. 横向宜按防火分区设置，竖向穿越防火分区时，垂直排烟管道宜设置在管井内。

b. 穿越防火分区的排烟管道应在穿越处设置排烟防火阀。

c. 走道与房间的排烟系统宜分开设置，走道的排烟系统宜竖向布置，房间的排烟系统宜按防烟分区布置。

d. 机械排烟系统与通风、空气调节系统宜分开独立设置，若合用，必须采取可靠的防火安全措施，并应符合排烟系统要求。

e. 为防止风机超负荷运转，排烟系统竖直方向可分成多个系统，但是不能采用将上层烟气引向下层风道的布置方式。

f. 每个排烟系统设有排烟口的数量不宜超过 30 个。

g. 排烟风机和用于排烟补风的送风风机宜设置在通风机房内。

h. 机械加压送风防烟系统和排烟补风系统的室外进风口宜布置在室外排烟口的下方，且高差不宜小于 3.0 m，当水平布置时，水平距离不宜小于 10.0 m。

（三）通风系统的主要设备和部件

1. 室外进、排风装置

（1）进风装置

室外进风装置有设于外围护结构墙上的采气口和独立设置的进风塔两种。

进风口的底部距室外地面不宜小于 2 m，进口处应设置用木板或薄钢板制作的百叶窗；进风塔可做成独立的建筑物，如图 3-16 所示。

（2）排风装置

室外排风装置常做成排风塔形式装于屋顶上，要求排风口高出屋面 1 m，并高出和远离进风口，如图 3-17 所示。

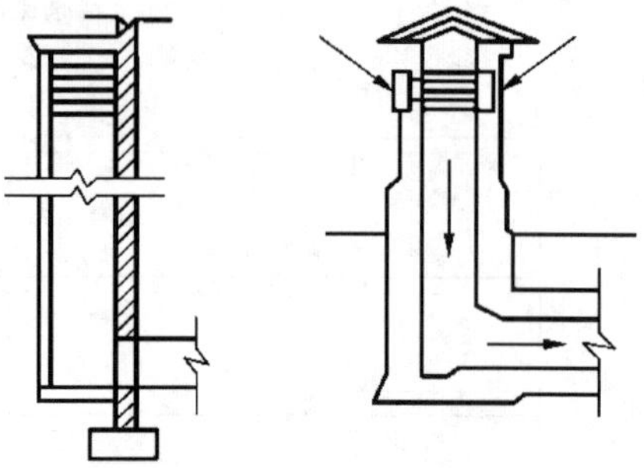

(a) 进风窗口　　(b) 进风塔

图 3-16　室外进风装置

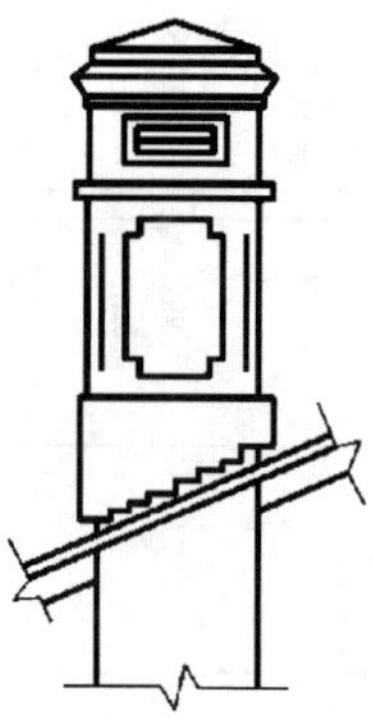

图 3-17　室外排风装置

2. 室内送、排风口

室内送、排风口有百叶风口、空气分布器和排气罩等。

（1）百叶风口

百叶风口的结构如图 3-18 所示。百叶格的作用是使空气在整个风口流通断面上均匀分布，双层百叶风口还可调节空气流量和气流方向。此风口可安装在风管上或镶入墙中与墙内管道连接。

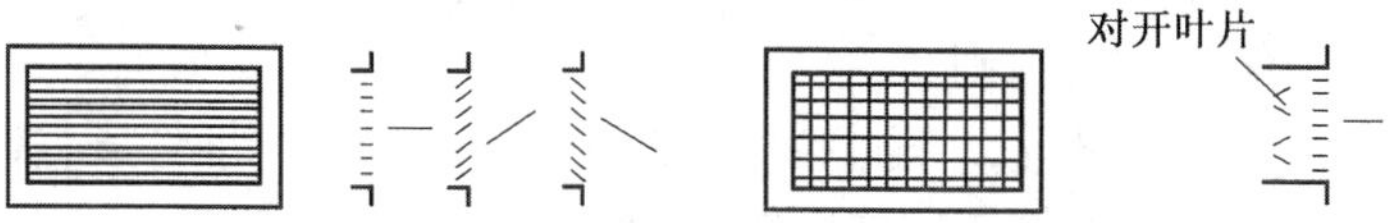

(a) 单层百叶风口　　(b) 双层百叶风口

图 3-18　百叶风口

（2）空气分布器

空气分布器可作为工业厂房中的送风口，其结构如图 3-19 所示。矩形空气分布器有 3 个送风面，在实际使用中可根据情况减少送风面。矩形空气分布器适用于风速不大、要求空气分布均匀的部位；旋风送风口适用于工作地点不固定的局部送风系统。

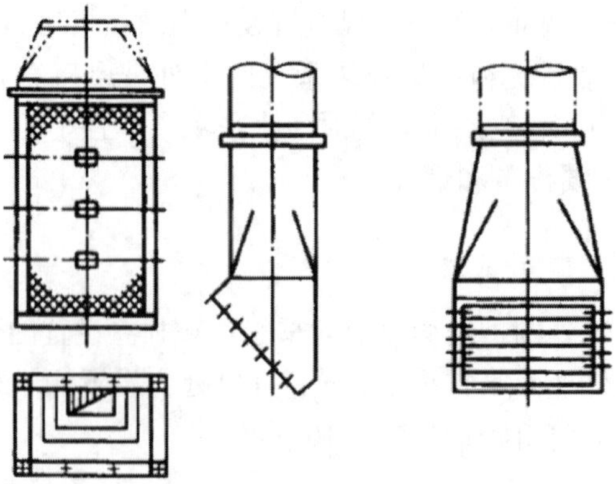

(a) 矩形空气分布器　　(b) 旋风送风口

图 3-19　空气分布器

（3）排气罩

排气罩是局部排风系统的重要部件。将排气罩安装在有害源附近，可以通过风机于罩口形成的负压在有害物没有扩散到室内之前将其捕集，再通过管道排走，以保护室内空气环境，如图 3-20 所示。

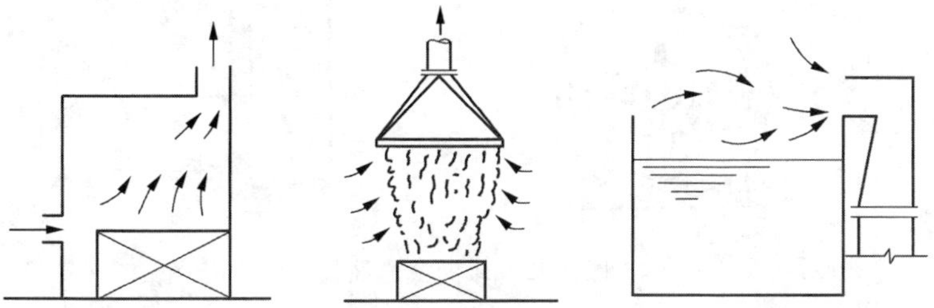

(a) 防尘密闭罩　　(b) 外部吸气罩　　(c) 单侧槽边吸气罩

图 3-20　排气罩

3. 通风机

通风机（简称风机）是输送空气的动力设备。通风空调系统中常见的风机分为离心式和轴流式两种。

（1）离心式通风机

离心式通风机由叶轮、机壳、机轴、进风口和电动机等组成，其构造如图 3-21 所示。其工作原理是借助叶轮旋转时产生的离心力使气体获得压能和动能，迫使空气在风道内流动。它的特点是风压高、噪声低。风机在运转时所产生的结构振动和噪声，对通风空调的效果不利。为消除或减少噪声，保护环境，应采取减振措施。一般在设备底座、支架与楼板或基础之间设置减振装置，减振装置支撑点一般不少于 4 个。通风机传动机构外露部分，以及直通大气的进出口必须装设防护罩（网）或采取其他安全措施。

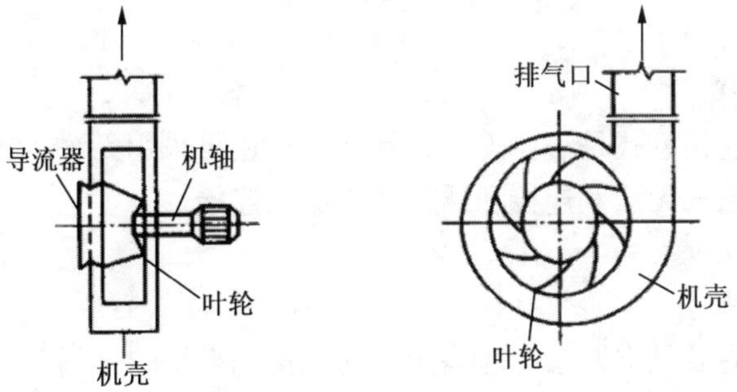

图 3-21　离心式通风机

（2）轴流式通风机

轴流式通风机由叶轮、机壳、电动机和机座等组成，构造如图 3-22 所示。轴流式通风机的工作原理是当叶轮在机壳中转动时，由于叶轮有斜面形状，空气随着叶轮转动，会沿轴向推进。其特点是风压低、噪声高、体积小、电耗小，但风量较大。轴流式通风机多安装于风管中间、墙洞内或单独安装于支架上。在风管内安装轴流风机与在支架上安装风机相同，将风机底座固定在角钢支架上，支架按照设计标高及位置固定于建筑结构上。

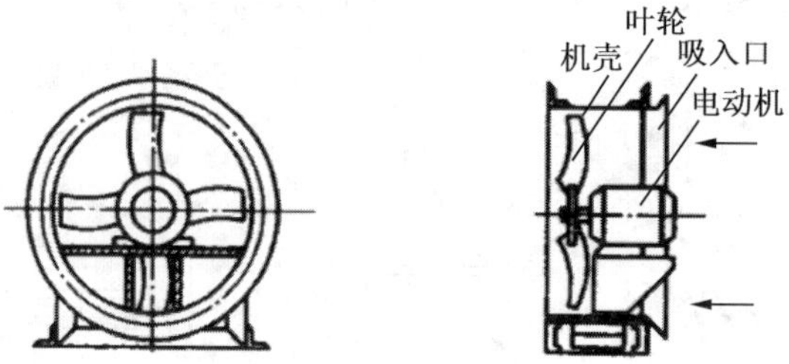

图 3-22　轴流式通风机

4. 风管

（1）风管的材料

风管的材料应表面光洁、质量轻、便于加工和安装，并有足够的强度、刚度和耐腐蚀性能。常用的风管材料有金属板材和非金属板材两大类，其中，金属板材有普通钢板、镀锌钢板、不锈钢、铝板等，一般的通风空调管道可采用 0.5～1.5 mm 厚的钢板，有防腐及防火要求的场合可选用不锈钢和铝板；非金属板材有塑料复合钢板、塑料板、玻璃钢等，其中，塑料板因其光洁、耐腐蚀，有时用于洁净空调系统中，玻璃钢板材因耐腐蚀性能好，常用于带有腐蚀性气体的通风系统中。通风空调管道及阀部件大多根据工程需要现场加工制作，可根据工程不同要求加工成圆形或矩形。

（2）风管的布置

风管包括送风管、回风管、新风管和排风管等。风管的布置应注意少占空间，不影响操作，便于安装、调节和维修。为便于和建筑配合，风管一般采用矩形截面，风管布置时应尽量缩短管线，减少分支管线，避免复杂的局部构件，如三通、弯头、四通等。

空调管道一般采用暗装，工业通风管道一般采用明装。风管的布置应与土建、生产工艺及其他工种配合。

（3）风管的连接

风管最主要的连接方式是法兰连接，除此之外还可采用无法兰连接的形式，即抱箍式无法兰连接、承插式无法兰连接和插条式无法兰连接。

5. 防火阀

（1）防火阀的概念

防火阀主要分为通风空调系统防火阀系列和排烟系统防火阀系列。

通风空调系统防火阀是指安装在通风空调系统送、回风管路上，平时呈开启状态，火灾时当管道内气体温度达到 70 ℃时自动关闭，在一定时间内能满足耐火稳定性和耐火完整性要求，起阻烟隔火作用的阀门（见图 3-23）。

排烟系统防火阀是指安装在排烟系统管道上，平时呈开启状态，火灾时当管道内气体温度达到 280 ℃时自动关闭，在一定时间内能满足耐火稳定性和耐火完整性要求，起阻烟隔火作用的阀门。

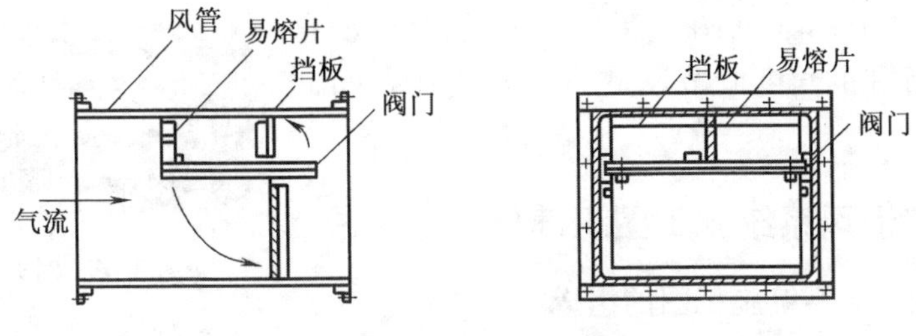

图 3-23　通风空调系统防火阀

（2）防火阀的作用

防火阀的作用：① 控制送风、排烟；② 调节风量；③ 切断管路，有利于通风设备（如离心风机）空载启动。

（3）防火阀的设置原则

① 普通防火阀动作温度应为 70 ℃，用于厨房排油烟系统的防火阀动作温度应为 150 ℃，排烟防火阀动作温度应为 280 ℃，易熔部件应符合消防部门的认可标准。

② 防火阀宜靠近防火分隔处设置，距防火隔断物不宜大于 200 mm。

③ 当防火阀、排烟风口采用暗装时，应在安装部位设置方便检修的检修口，操作机构一侧应有不小于 200 mm 的净空以利于检修。

④ 在防火阀两侧各 2. 0 m 范围内的风管及其绝热材料应采用不燃材料制作。

⑤ 有下列情况之一的，通风空调系统的风管应设置防火阀：

a. 管道穿越防火分区的隔墙处；

b. 管道穿越通风、空气调节机房及重要的或火灾危险性大的房间隔墙和楼板处；

c. 管道为垂直风管与每层水平风管交接处的水平管道；

d. 管道穿越变形缝的两侧。

6. 风阀

风阀一般装在风道或风口上，用于调节风量、关闭其支风道、分隔风道系统的各个部分，还可启动风机或平衡风道系统的阻力。常用的风阀有插板阀、蝶阀、多叶调节阀。

（1）拉动插板阀（闸板阀，见图 3-24）手柄，可改变插板位置，调节通过风道的风量。其关闭严密，多设在风机出口或主干风道上。插板阀体积大，能上下移动（有槽道）。

（2）蝶阀（见图 3-25）只有一块阀板，转动阀板即可调节风量。其多设在分支管或送风口前，严密性差，不宜作关断用。

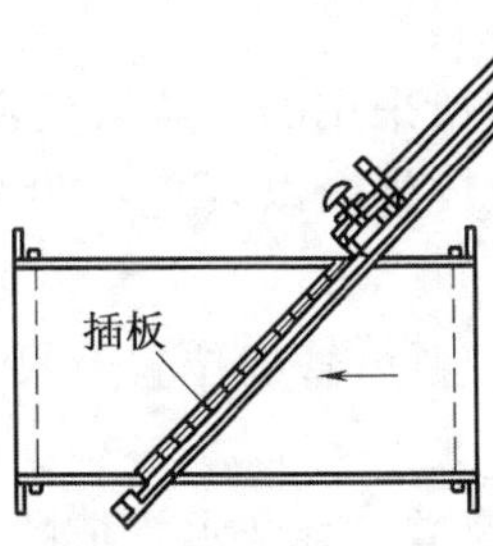

图 3-24　插板阀示意图

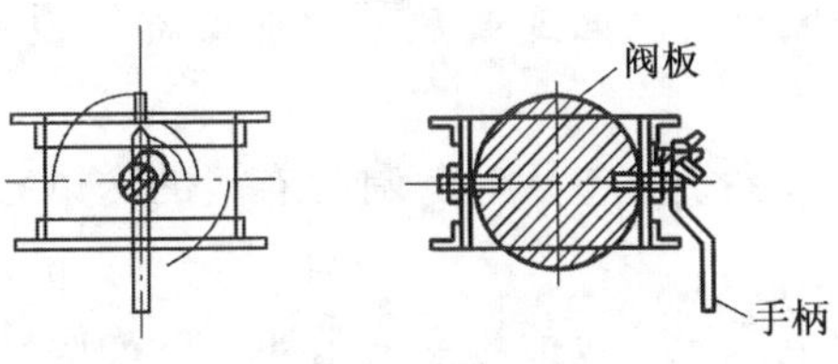

图 3-25　蝶阀构造示意图

（3）多叶调节阀（见图 3-26）外形类似活动百叶，通过调节叶片的角度调节风量。它多用于风机出口和主干道上。

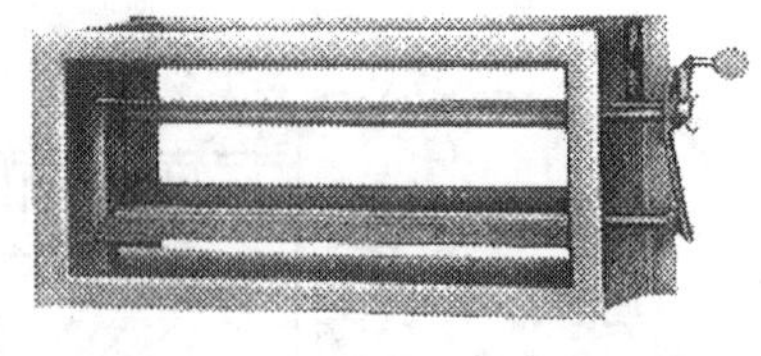

图 3-26　对开多叶调节阀

二　建筑通风系统施工图识读

（一）通风空调系统施工图的组成

通风空调系统施工图一般由图纸首页、平面图、剖面图、系统图、原理图和详图等组成。图纸首页一般包括图纸目录、图例、设计施工说明、设备材料表等。

通风空调系统施工图识读

1. 设计施工说明

通风空调系统设计施工说明一般用于表达一些无法通过图形在图纸中表示的内容，主要包括：建筑物概况；系统设计气象参数、房间的设计条件、系统的划分与组成；要求自控时的设计运行工况；风管系统和水管系统的一般规定、风管材料及加工方法，管材、支吊架及阀门安装要求，保温、减振做法，水管系统的试压和清洗等；设备的安装要求、防腐要求；系统调试和试运行方法、步骤；应遵守的施工规范等。

2. 通风空调系统平面图

通风空调系统平面图包括建筑物各层通风空调系统平面图、空调机房平面图、制冷机房平面图等。

（1）通风空调系统平面图：主要说明通风空调系统的设备、风管系统、冷热媒管道、凝结水管道的平面布置。

① 风管系统，包括风管系统的构成、布置及风管上各部件、设备的位置，并注明系统编号、送回风口的空气流向，一般用双线绘制。

② 水管系统，包括冷水管道、热水管道、凝结水管道的构成、布置及水管上各部件、仪表、设备位置等，并注明各管道的介质流向、坡度，一般用单线绘制。

③ 空气处理设备，包括各处理设备的轮廓和位置。

④ 尺寸标注，包括各管道、设备、部件的尺寸，定位尺寸，以及设备基础的主要尺寸，还有各设备、部件的名称、型号、规格等。

除上述之外，还应标明图样中应用到的通用图、标准图索引号。

（2）通风空调机房平面图：一般应包括空气处理设备、风管系统、水管系统、尺寸标注等内容。

① 空气处理设备，应注明按产品样本要求或标准图集所采用的空调器组合段代号，空调箱内风机、表面式换热器、加湿器等设备的型号、数量，以及这些设备的定位尺寸。

② 风管系统，包括与空调箱连接的送风管、回风管、新风管的位置及尺寸，用双线绘制。

③ 水管系统，包括与空调箱连接的冷媒管道、热媒管道、凝结水管道的情况，用单线绘制。

3. 通风空调系统剖面图

剖面图与平面图对应，因此，剖面图主要有系统剖面图、机房剖面图、冷冻机房剖面图等，剖面图上的内容应与平面图剖切位置上的内容对应一致，并标注设备、管道及配件的标高。

4. 通风空调系统图

通风空调系统图应包括系统中设备、配件的型号、尺寸、定位尺寸、数量，以及连接于各设备之间的管道在空间的曲折、交叉、走向和尺寸、定位尺寸等，并应注明系统编号。

5. 通风空调系统原理图

通风空调系统原理图主要包括：系统的原理和流程；空调房间的设计参数、冷热源、空气处理及输送方式；控制系统之间的相互连接；系统中的管道、设备、仪表、部件；整个系统控制点与测点之间的联系；控制方案及控制点参数，用图例表示的仪表、控制元件型号等。

（二）识读方法与步骤

通风空调系统施工图复杂性要比暖卫施工图大，识读时要切实掌握各图例的含义，把握风系统与水系统的独立性和完整性。识读时要弄清系统，摸清环路，系统阅读，其方法与步骤如下：

（1）认真阅读图纸首页。通过图纸目录了解该工程图纸张数、图纸名称、编号等概况；阅读设计施工说明了解系统的形式、系统的划分及设备布置等工程概况。

（2）在了解工程概况的基础上，仔细阅读反映通风空调系统布置、空调机房布置、冷冻机房布置的平面图，从总平面图到其他平面图，并结合系统图、原理图、剖面图、详图进行阅读。阅读中注意沿着风系统、水系统的流动方向，弄清整个系统的来龙去脉。

（3）在读懂整个系统的前提下，再回头阅读施工说明及设备材料明细表，了解系统的设备安装情况、零部件加工安装详图，从而把握图纸的全部内容。

（三）施工图识读

图 3-27 为某地下车库的通风平面图（部分）。该设计图为平战结合的人防地下室通风设计，平时作为汽车库通风及消防排烟用。

对照平面图，首先了解地下室内的各房间功能及平面布置情况，再了解风管系统在建筑物内的平面布置位置。图 3-27 中 19~20 轴、M~K 轴之间为排烟机房，内置 HTF-Ⅱ-8 型平时通风及消防排烟两用风机一台，其风量为 29172 m^3/h，转速为 1450 r/min，风压为 661 Pa，功率为 8/6.5 kW。

平时通风时，利用布置在汽车库 3 个分支风管的 18 个 600 mm×600 mm 单层百叶风口进行排风，汇合后经过不燃消声弯头、排烟防火阀，穿过排烟机房，经排烟风机加压，将汽车库污浊空气排至集气室直至室外。每个分支管上设置了对开多叶调节阀，风口间距均为 5 m，风管尺寸见标注。

火灾时，接消控中心信号，相应排烟风机转入排烟状态，当排烟温度达到 280 ℃时，排烟防火阀熔断关闭，并连锁排烟风机关闭。

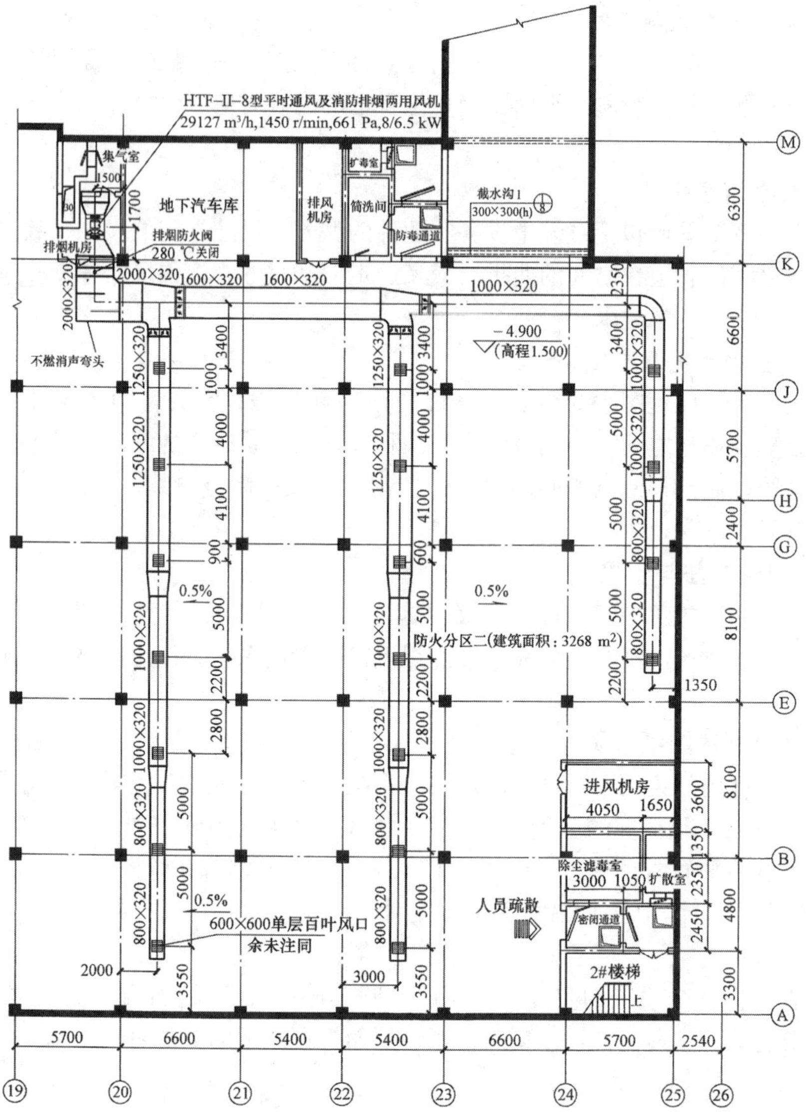

图 3-27　某地下车库的通风平面图

三　建筑通风系统安装

（一）通风机安装

风机安装的工艺流程：风机的开箱检查→基础的准备或支架的安装→风机机组的吊装与校正→二次浇灌或支架的紧固→复测安装的同心度和水平度→机组的试运转。

（1）通风机应进行开箱检查验收，要附带装箱清单、设备说明书、产品质量合格证书和性能检测报告等随机文件，进口设备还应具有商检合格的证明文件，并应形成书面的验收记录。

（2）通风机就位前应对其基础进行验收，合格后再安装。

（3）通风机安装应符合下列规定：

① 产品的性能、技术参数应符合设计要求，出口方向应正确。

② 叶轮旋转应平稳，每次停转后不应停留在同一位置上。

③ 固定设备的地脚螺栓应紧固，并应采取防松动措施。

④ 落地安装时，应按设计要求设置减振装置，并应采取防止设备水平位移的措施。

⑤ 悬挂安装时，吊架及减振装置应符合设计及产品技术文件的要求。

（4）通风机传动装置的外露部位以及直通大气的进、出风口，必须装设防护罩、防护网或采取其他安全防护措施。

（5）通风机试运转：风机安装完成后，应对其运转性能进行检验，以确定风机安装的质量是否符合设计要求。

① 风机启动前的检查：检查机组各部分螺栓是否有松动；检查机壳内及吸风口附近有无杂物，防止杂物吸入卡住叶轮，损坏设备；检查轴承油量是否充足适当；盘动风机转子，检查有无卡住及摩擦现象；检查电动机与风机的转向是否一致。

② 风机的启动：离心式风机启动时，应关闭出口处的调节阀，以减小启动时电动机的负荷。轴流风机应先打开调节风门和进口百叶窗再启动。

③ 风机的运行：在风机运行过程中，应经常检查机组运转情况，添加润滑油。当有机身发生剧烈振动，轴承或电动机温度过高，以及其他不正常现象时，应及时采取措施，预防事故发生。

风机机组试运转的连续运转时间应不少于 2 h，若无运转异常现象，则安装合格。

（二）风管系统安装

通风空调系统安装应在土建主体工程、地坪、风道地沟等已施工完毕，有碍安装的杂物已清除，预留孔洞、预埋件位置、标高符合要求的条件下进行。一般情况下，风管系统安装工艺如下：风管及部件预制→托吊架制作→托吊架安装→风管预组装→风管吊装、连接→部件安装→检验→保温。

（1）风管预组装应根据现场具体情况（如风管尺寸大小、刚度情况、起吊能力、人员配备及其他管道限制等）确定预组装风管的长度，以便尽可能地减少高处作业量。但切记不可贪大，否则会造成起吊困难或风管变形甚至发生意外。

（2）风管安装必须符合下列规定：

① 风管内严禁其他管线穿越。

② 输送含有易燃、易爆气体或安装在易燃、易爆环境中的风管系统必须设置可靠的防静电接地装置。

③ 输送含有易燃、易爆气体的风管系统通过生活区或其他辅助生产房间时不得设置接口。

④ 室外风管系统的拉索等金属固定件严禁与避雷针或避雷网连接。

（3）风管部件的安装应符合下列规定：

① 风管部件及操作机构的安装应便于操作。

② 斜插板风阀安装时，阀板应顺气流方向插入；水平安装时，阀板应向上开启。

③ 止回阀、定风量阀的安装方向应正确。

④ 防火阀、排烟阀（口）的安装位置、方向应正确。位于防火分区隔墙两侧的防火阀，距墙表面不应大于 200 mm。

（4）风口的安装位置应符合设计要求，风口或结构风口与风管的连接应严密牢固，不应存在可察觉的漏风点或部位，风口与装饰面贴合应紧密。

（5）风管系统安装完毕后，应按系统类别要求进行施工质量外观检验。合格后，应进行风管系统的严密性检验，漏风量应符合要求。

（6）风管及其部件的保温应在风管系统严密性检验合格后进行。风管的绝热层、绝热防潮层和保护层应采用不燃或难燃材料，材质、密度、规格与厚度应符合设计要求。

四　技能点训练

1．训练目的

（1）了解通风系统的组成。

（2）熟悉识读通风系统施工图的方法。

（3）会识读通风系统施工图。

2．训练内容

图 3-28～图 3-31 为某地下室防排烟系统施工图。根据施工图，进行训练：

（1）指出图纸中的机械送风系统及采用的风机型号。

（2）指出图纸中的排风兼排烟系统及采用的风机型号。

（3）简述该系统采用的送风口、排烟口的数量、形式及布置位置。

（4）指出该系统采用的风管部件及作用。

图例	名称	图例	名称
J ——	机械送风系统编号	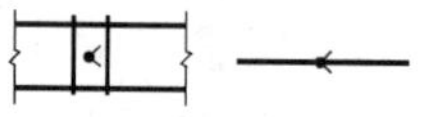	风管止回阀
P ——	排风系统编号	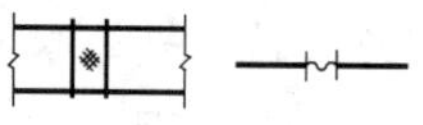	风管软接头
PY ——	排烟系统编号	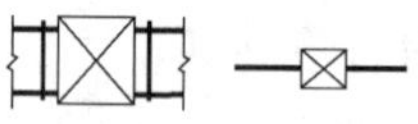	消声器
PJ ——	排风兼排烟系统编号	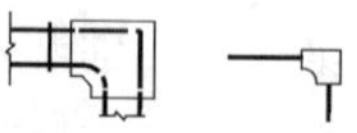	消声弯头
	百叶风口	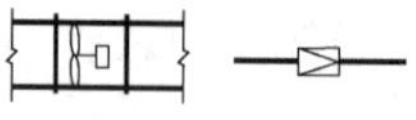	轴流风机
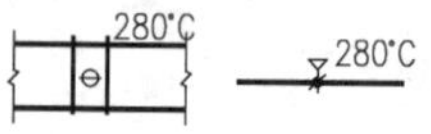	排烟火阀（280 ℃熔断）		

图 3-28　图例

序号	系统编号	名称及型号	主要性能	单位	数量
1	JB1-1	混流风机 SWF-Ⅰ-No7	L=15319 m^3/h　n=1450 r/min H=370 Pa　N=3 kW	台	1
2	JB1-2	混流风机 SWF-Ⅰ-No7	L=15319 m^3/h　n=1450 r/min H=370 Pa　N=3 kW	台	1
3	PJB1-1	排烟风机 GZ-Ⅱ-No8	L=29172/17923 m^3/h　N=8/6.5 kW H=610/273 Pa　n=1450/960 r/min	台	1
4	PJB1-2	排烟风机 GZ-Ⅱ-No8	L=29172/17923 m^3/h　N=8/6.5 kW H=610/273 Pa　n=1450/960 r/min	台	1

图 3-29　主要设备材料表

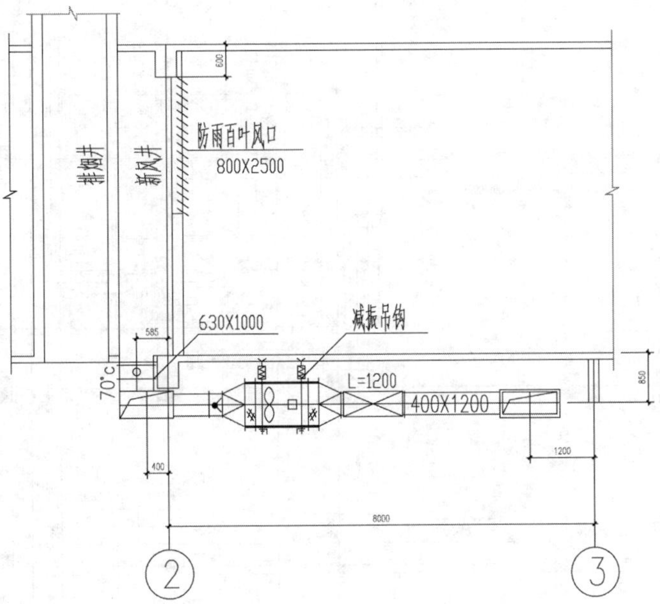

图 3-30　*A*-*A* 剖面图

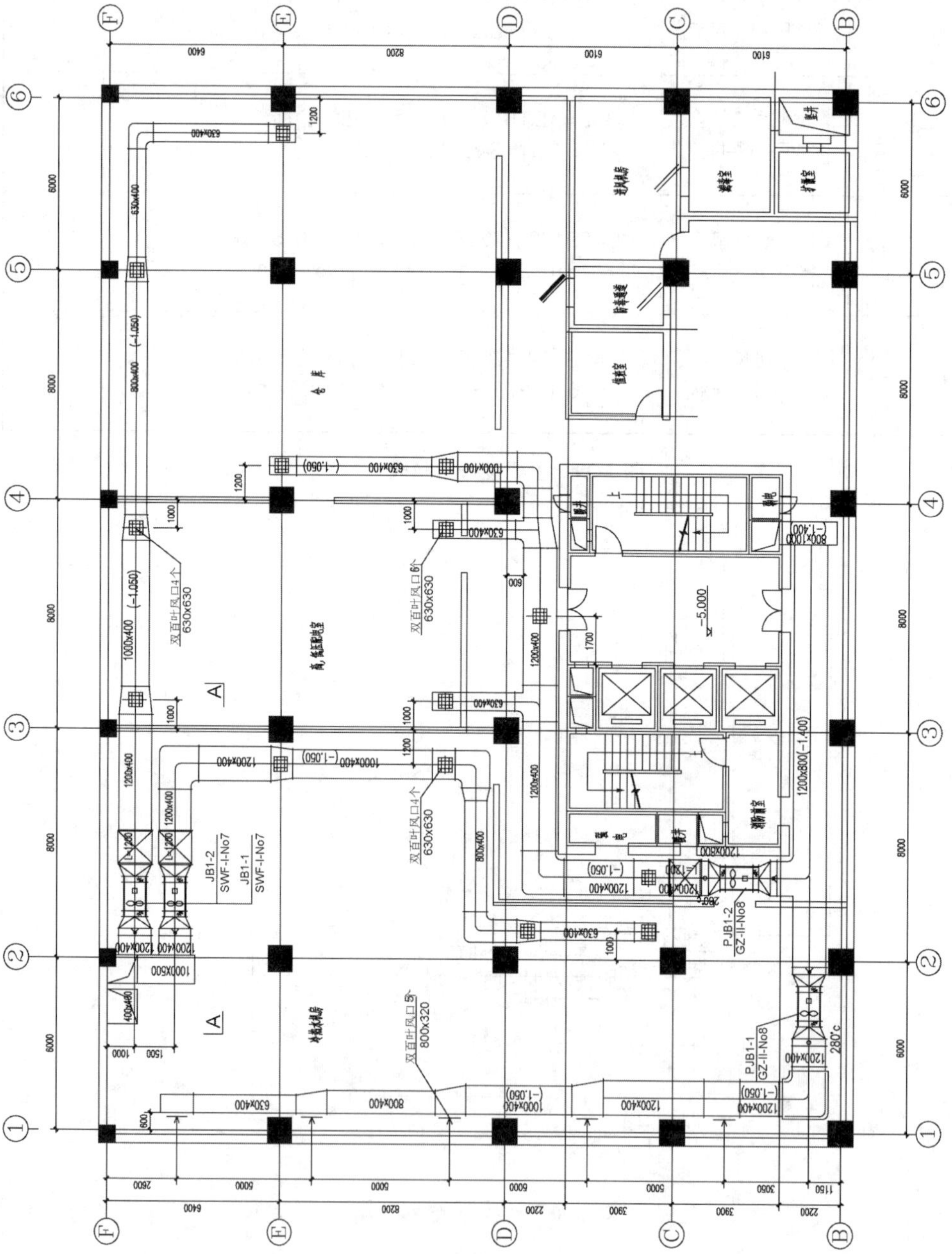

图3-31 某地下一层通风排烟平面图

任务二 全空气空调系统安装

一 知识点学习

全空气式空调系统

空气调节是指为满足生活、生产要求，改善居住、劳动及工艺条件，用人工方法对室内空气温度、湿度、洁净度、气流速度等进行控制的技术，简称为空调。根据暖通规范规定，当采用供暖通风达不到人体舒适、设备、工艺等对室内环境的要求，或者采用空调时可显著提高工作效率和经济效益、有利于身体健康或对促进康复有效果时，应设置空气调节系统。

（一）空调系统的分类

（1）按照服务对象不同，分为舒适性空调系统和工艺性空调系统两类。

舒适性空调是为满足人员工作和生活需要而设置的空调，如住宅、办公室、宾馆、商场、图书馆、体育馆等场所应用的空调。对于人们长期逗留的区域，舒适性空调室内参数如下：夏季温度 24～28 ℃，相对湿度 40%～70%；冬季温度 18～24 ℃，相对湿度≥30%。

工艺性空调是为满足生产工艺过程对空气参数的要求而设置的空调，如应用于精密机械加工业、计算机中心、医药食品、纺织工业、藏品库房、手术室等的空调。工艺性空调一般对温湿度波动范围、空气洁净度标准要求较高，其相应的投资及运行费用也较高。

（2）按照空气处理设备的布置情况不同，分为集中式、半集中式和分散式三种。

集中式空调系统是指所有空气处理设备设置在空调机房，对工作介质进行集中处理、输送和分配的空调系统。集中式空调系统也称为全空气系统，俗称中央空调。

半集中式空调系统是指既有对空气的集中处理，也有利用设置在空调房间的末端装置对空气分散处理的空调系统。常见的有风机盘管加新风系统、诱导式空调系统。

分散式空调系统又称为局部空调系统，这种系统的空气处理设备全部分散在空调房间，对室内空气进行就地处理。如家用窗式空调器、分体式空调器等都属于此类。

（3）按照介质不同，分为全空气系统、全水系统、空气-水系统、制冷剂蒸发式系统。

全空气空调系统是指空调房间的热湿负荷全部由集中设备处理过的空气来负担的空调系统，也称为集中式空调系统。由于空气的比热和密度较小，要达到消除余热、余湿的目的，需要较多的空气，故这种系统经常要求风道断面较大或风速较高，因而可能占据较多的建筑空间。其主要系统形式有一次回风系统和二次回风系统。

全水空调系统是指空调房间的热湿负荷全部由集中设备处理过的水与房间直接换热而负担的空调系统，如风机盘管系统（以风机盘管机组作为各房间末端装置的全水空调系统）。由于水的比热和密度比空气大，所以在室内负荷相同的情况下，全水系统需要的水管断面、建筑空间都比全空气系统小，但缺少新风系统。

空气-水系统是指空调房间的热湿负荷由处理过的空气和水与房间直接换热而共同负担的空调系统，如风机盘管加新风系统。

制冷剂蒸发式系统是指由制冷系统的蒸发器或冷凝器直接处理室内空气的空调系统。常见的有房间空调器（如家用空调）、单元式空调机系统、多联式空调系统三大类。直接蒸发式空调机组一般制冷量较小，主要在中小型建筑中应用。

（二）全空气空调系统

1. 全空气空调系统的分类

（1）全空气空调系统根据空调系统的送风量是否变化，可分为定风量系统与变风量系统。

定风量空调系统是指保持送风量恒定，靠改变送风参数控制室内空气参数的空调系统。这是出现最早、到目前为止使用最广泛的空调系统。这种系统的基本特征是空气处理设备集中、风管断面大（管道内风速都较低，一般不大于 8 m/s）、占用空间多，适宜于民用与工业建筑中具有较大空间布置设备、管路的场所，如剧院、体育馆、商场等。

变风量空调系统也称作 VAV（variable air volume）系统，是靠改变送风量或同时改变送风参数控制室内空气参数的空调系统。全空气变风量空调系统具有控制灵活、卫生、节约电能（相对于定风量空调系统而言）等特点，近年来在我国的应用有所发展。

（2）全空气空调系统根据所处理的空气来源不同，可分为封闭式、直流式和混合式三种。

封闭式系统处理的空气全部为室内的回风，可以节约大量能量，但没有新鲜空气输入，故仅用于库房等很少有人进入的房间，如图 3-32a 所示。

直流式系统处理的空气全部为室外的新风，室内回风全部排到室外，因而能耗巨大，如图 3-32b 所示，除污染严重的场所外一般不采用。

混合式系统处理的空气一部分为新鲜空气，一部分为室内的回风，如图 3-32c 所示。在炎热的夏季或寒冷的冬季把温度与室温接近的室内回风循环使用是一种有效的节能手段，而在室外空气温度接近室内空气控制参数的过渡季节（如春季与秋季），可以采用改变送风中的新风百分比或利用全新风来达到降低空气处理能耗的目的，还能为室内提供较多的新鲜空气以提高被调房间的空气品质，因此混合式系统是最常用的。

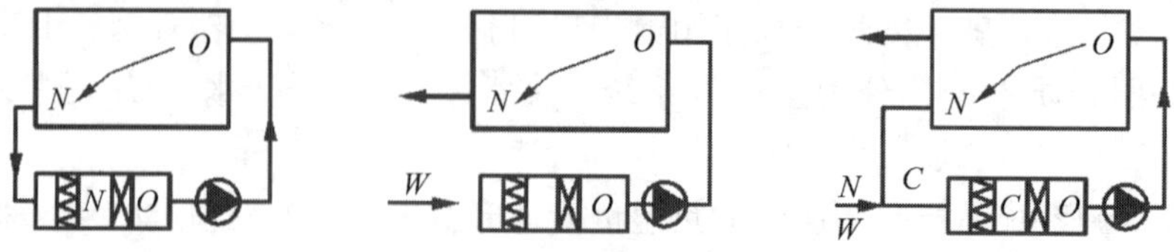

(a) 封闭式　　(b) 直流式　　(c) 混合式

图 3-32　全空气空调系统的分类示意图

2. 全空气空调系统的组成

如图 3-33 所示，全空气空调系统主要由空气处理、空气输送、空气分配及冷热源四部分组成。

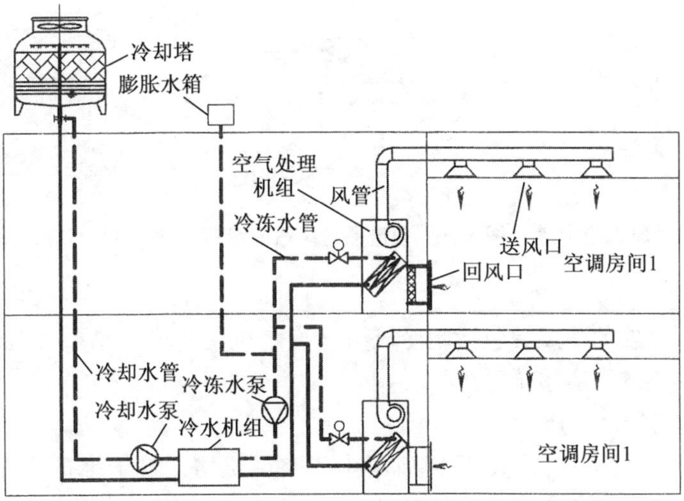

图 3-33　全空气空调系统组成示意图

（1）空气处理部分

空气处理部分主要利用集中布置在空调机房的组合式空调机组，对新回风的混合物进行过滤、加热冷却、加湿减湿等处理。

组合式空调机组是根据需要选择若干具有不同空气处理功能的预制单元组装而成的空调机组，如图 3-34 所示，一般包括新回风的混合段、过滤段、加热冷却段、加湿减湿段、风机段、消声段等。

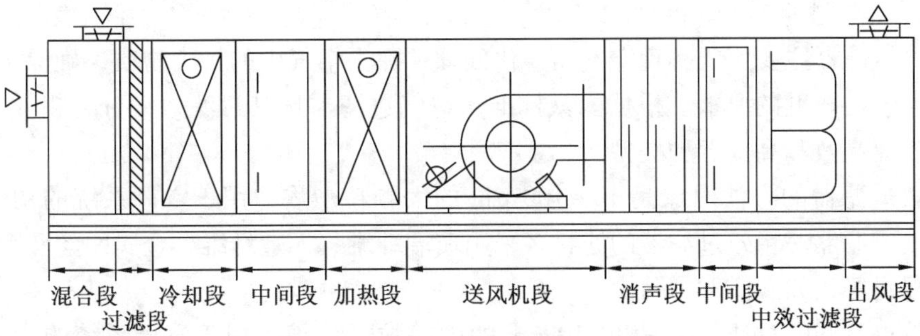

图 3-34　组合式空调机组示意图

（2）空气输送部分

空气输送部分包括送风机、排（回）风机、风管及风量调节装置。其作用是将已经处理的符合要求的空气用送风机通过风管送到各空调房间，把室内回风经回风管道排出或送回空气处理设备（回风）。

（3）空气分配部分

空气分配部分主要是指设置在不同位置的各种类型的送风口、排（回）风口。其作用是合理地组织室内气流，以保证房间内工作区的空气状态满足要求，分布均匀。

空调房间的送风口有侧送风口、散流器、孔板送风口等几种形式，图 3-35～图 3-37

分别为侧送风口、散流器、孔板送风口在空调房间内送风的气流情况。

图 3-35　侧送风口送风气流示意

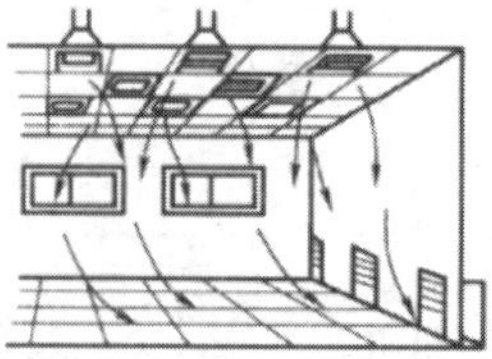

图 3-36　散流器送风气流示意

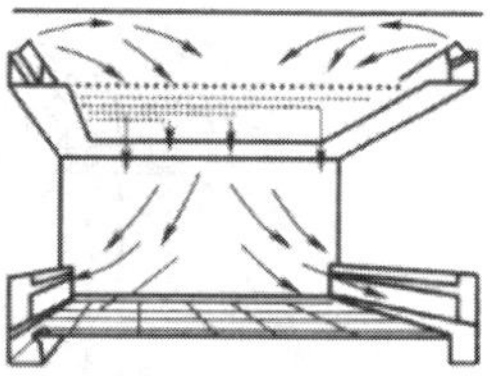

图 3-37　孔板送风口送风气流示意

（4）冷热源

处理空气所需要的冷热源包括制冷机组（冷水机组、风冷热泵机组等）、锅炉、电加热器及输送热媒的管道系统等。

3. 全空气空调系统的特点

全空气空调系统所有空气处理设备集中于空调机房，易于维护管理，消声防振容易；可根据季节变化调节空调系统的新风量，节约运行费用；使用寿命长，初投资和运行费较少。但是该系统往往只能送出同一参数的空气，难以满足用户的不同需求，并且空调房间多，各房间单独调节难；处理的风量大，风管尺寸也大，占用建筑空间，施工安装麻烦；采用各房间可调节的 VAV 变风量空调系统，则造价过于昂贵。

全空气系统适合服务面积大、各房间热湿负荷的变化规律相近、房间使用时间较一致的场合，如商场、展览馆、体育馆、影剧院、酒店大堂等民用建筑，或恒温恒湿空调、净化空调等要求较高的工艺性空调。

4. 空调系统主要部件

（1）空气过滤器

空气过滤器主要用于实现空气的净化处理，除去空气中的污染物质，确保空调房间或空间空气洁净度的要求。根据国家标准，空气过滤器按其过滤效率分为粗效、中效、高中效、亚高效和高效五种类型。

粗效过滤器的过滤对象是 10~100 μm 的大颗粒尘埃，用于空调系统的初级过滤，保护中效过滤器。粗效过滤器的滤材多采用玻璃纤维、人造纤维、金属网丝及粗孔聚氨酯泡沫塑料等，如图 3-38 所示。

中效过滤器的过滤对象是 1~10 μm 的中等粒子尘埃，用于空调系统的中级过滤，保护末级过滤器。中效过滤器的主要滤料是玻璃纤维（比粗效过滤器的玻璃纤维直径小，约 10 μm）、人造纤维（涤纶、丙纶、腈纶等）合成的无纺布及中细孔聚乙烯泡沫塑料等。这种滤料一般可做成袋式和板式，如图 3-39 所示。

高效过滤器的过滤对象是粒径小于 1 μm 的尘粒，用于普通 100 级以上洁净室送风的末级过滤，同时还能有效地滤除细菌，用于超净和无菌净化。高效过滤器在净化系统中作为三级过滤的末级过滤器。滤料一般是用超细玻璃纤维或合成纤维加工制成的滤纸。空气穿过滤纸的速度极低（通常为每秒几厘米），因而为了增大过滤面积而将滤纸做成折叠状。常见的带折叠状过滤纸的过滤器如图 3-40a 所示，近年发展的无分隔片的高效过滤器如图 3-40b 所示。

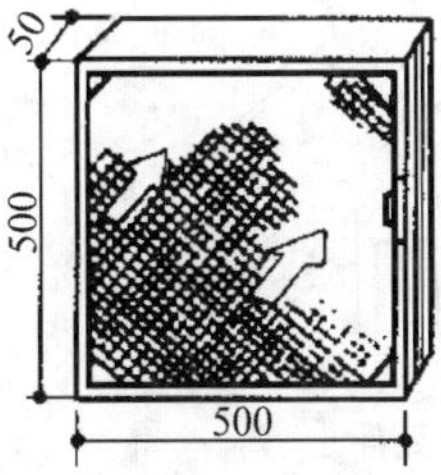

图 3-38 粗效过滤器

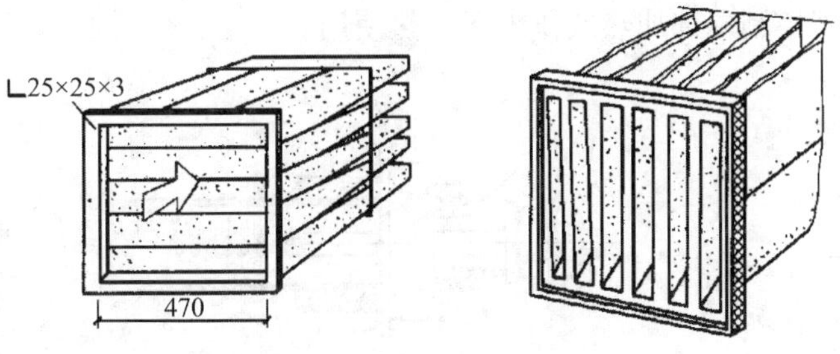

(a) 泡沫塑料 (b) 无纺布

图 3-39 袋式中效过滤器

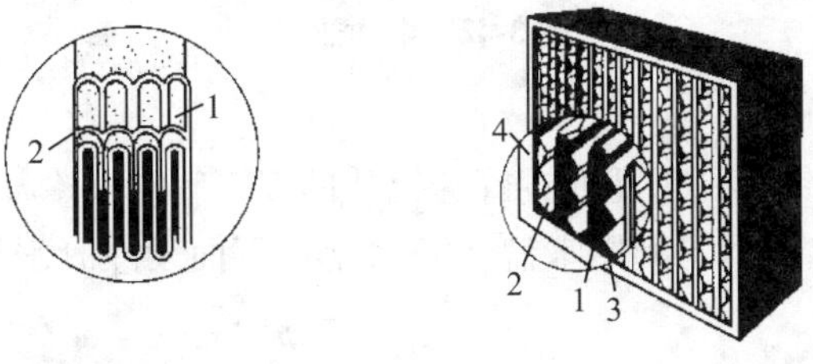

(a) 折叠状过滤器 (b) 无分隔片多折式过滤器

1—滤纸；2—密封胶；3—分割板；4—木外框

图 3-40 高效过滤器的结构形式

对于净化要求一般的空调系统，选用一道粗效过滤器，将大颗粒的尘粒滤掉即可。对于有中等净化要求的空调系统，可设置粗、中效两道过滤器。对于有超净净化要求的空调系统，则应至少设置三道过滤器，第一、第二道分别为粗、中效过滤器（不宜选用浸油式，以防送风中带油），作为预过滤，可延长下一道过滤器的使用寿命，而高效过滤器则作为末级过滤器。

（2）表面式换热器

所谓表面式换热器是指冷、热流体分别处于换热壁面的两侧，在温差的作用下进行热交换的换热设备。如散热器即属于表面式换热器，散热器内侧的热水与外侧的室内空气进行换热。

① 空气加热器

按照加热空气所用热媒的不同，空气加热器有蒸汽加热、热水加热和电加热三种类型。

以蒸汽或热水为热媒的加热段，通常设有钢管绕钢片式 SRZ 型、钢管绕铝片式 SRL 型、铜管串铝片等翅片管式加热器，其构造如图 3-41 所示。

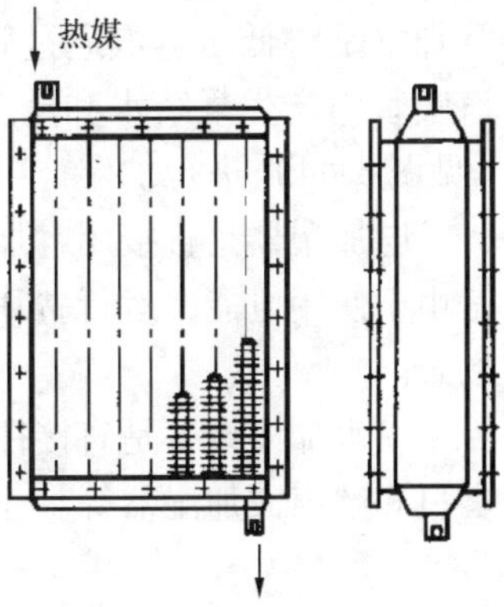

图 3-41 翅片管式空气加热器

电加热器是让电流通过电阻丝发热而加热空气的设备，如图 3-42 所示。它具有结构紧凑、加热均匀、热量稳定、控制方便的优点。但是电加热器利用的是高品位的热能，一般只适宜在一部分空调机组和小型空调系统中使用。在恒温精度要求较高的大型空调系统中，也会用电加热器控制局部加热或作末级加热使用。

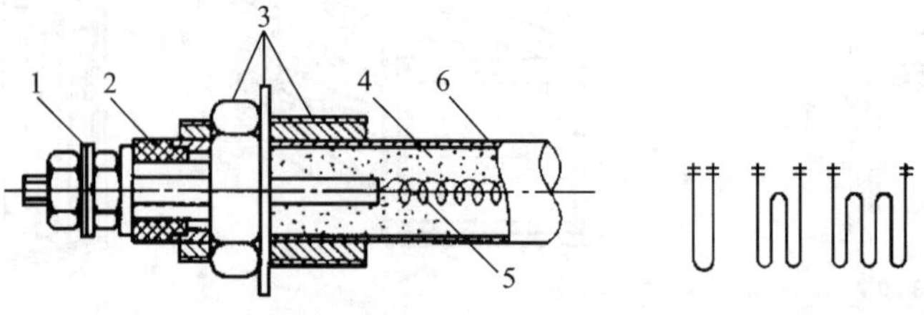

(a) 电加热器结构图　　(b) 电加热器元件

1—接线端子；2—瓷绝缘子；3—紧固装置；4—绝缘材料；5—电阻丝；6—金属套管

图 3-42　电加热器

② 表面式空气冷却器

一般有铜管绕皱褶铜片的 UⅡ或铜管套铝片的 YG 型空气冷却器，其构造与表面式加热器相同，如图 3-43 所示。凝结水盘（滴水盘）下面设冷凝水排出管。

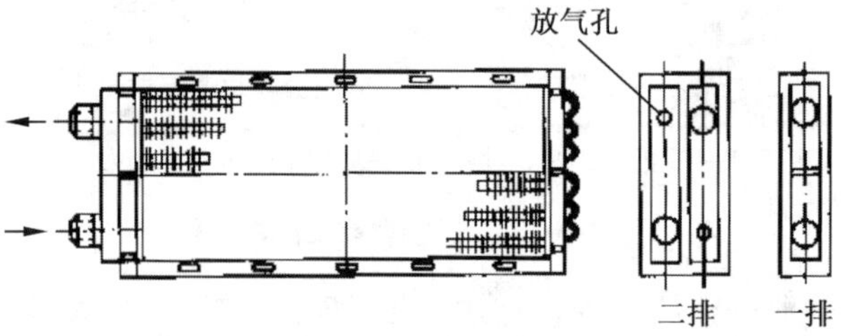

图 3-43　空气冷却器的构造

(3) 空气加湿、减湿设备

① 空气加湿设备

在空调系统中，常将空气加湿设备布置在空气处理室（空调箱）或送风管道内，通过送风的集中加湿来实现对所服务房间的湿度调控。另一种情况是将加湿器装入系统末端机组或直接布置到房间内，以实现对房间空气的局部补充加湿。空气加湿设备根据其加湿的机理可分为喷蒸汽加湿和喷水加湿两大类。

喷蒸汽加湿设备常用的有蒸汽喷管、干式蒸汽加湿器和电加湿器等几种。蒸汽喷管加湿是将低压蒸汽通过管子上的小孔直接喷到空气中加湿空气的方法。为了避免蒸汽喷管内产生凝结水和蒸汽管网内的凝结水流入喷管，目前多采用干式蒸汽加湿器（见图 3-44）进行加湿。

电加湿器是直接用电加热水产生蒸汽来加湿空气。电加湿器的加湿量易于控制，但是由于使用电能，运行费用高，通常仅用于加湿量小和房间相对湿度需要精确控制的场合。

喷水加湿设备是直接往空气中喷雾化水的加湿设备，有压缩空气喷水设备、电动喷雾机和超声波加湿器等。

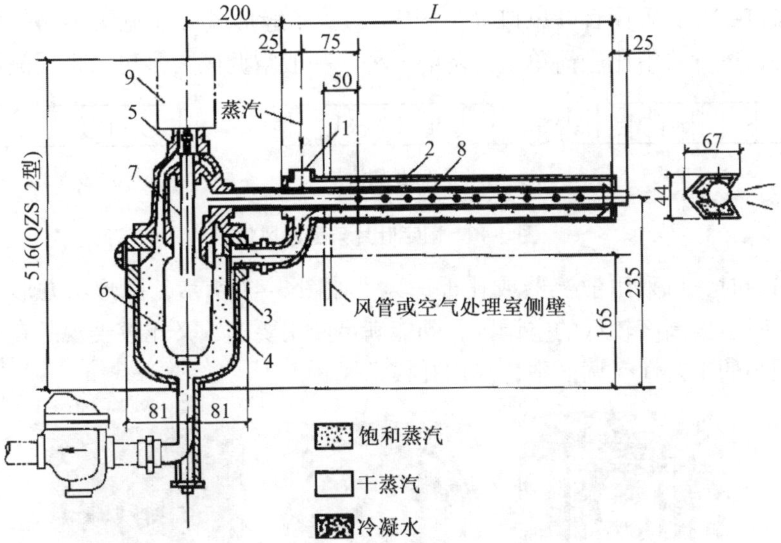

1—接管；2—外套；3—挡板；4—分离室；5—阀孔；6—干燥室；
7—消声腔；8—喷管；9—电动或气动执行机构

图 3-44　干蒸汽加湿器

② 空气减湿（除湿）设备

空气除湿除利用喷水室、表冷器外，还有专门的除湿设备，如固体吸湿剂减湿装置、转轮除湿机等。

空调工程中，常用的固体吸湿剂是硅胶和氯化钙。抽屉式硅胶吸湿器由外壳、抽屉式硅胶吸湿层及分风隔板等组成。湿空气在风机作用下，通过硅胶吸湿层，使空气干燥。

氯化锂转轮除湿机是以氯化锂为吸湿剂的一种干式动态吸湿设备，如图 3-45 所示。它利用一种特制的吸湿纸来吸收空气中的水分。转轮除湿机的主要特点是除湿量大，湿度可调，容易控制处理后空气的湿度；对低温低湿空气除湿效果显著，是冷冻除湿法难以企及的；吸湿转轮性能稳定，使用年限长；除湿机具有良好的控制功能，其运行可靠、易于操作、维护简便、设备体积小、安装简便。

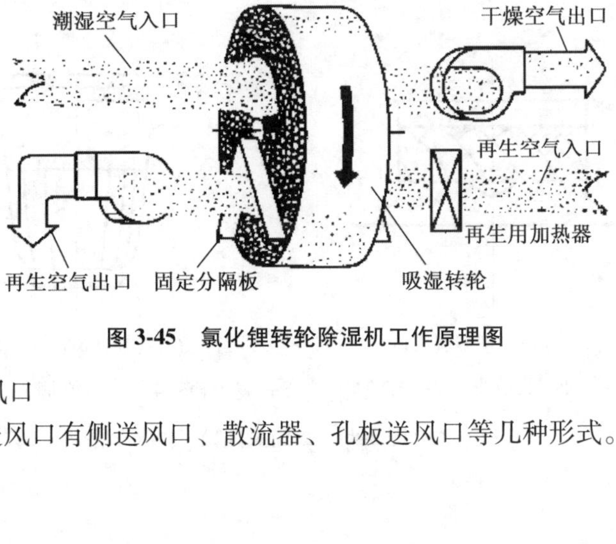

图 3-45　氯化锂转轮除湿机工作原理图

（4）送、排风口

空调房间的送风口有侧送风口、散流器、孔板送风口等几种形式。

侧送风口一般宜采用百叶风口（见图 3-18）、条缝形风口（见图 3-46）等。侧送是已有的几种送风方式中比较简单、经济的一种。一般空调区大多可以采用侧送。

(a) 直流式　　(b) 单侧流　　(c) 双侧流

图 3-46　固定叶片条缝送风口

设有吊顶时，可采用散流器或孔板送风。如图 3-47 所示，圆形、方形和条缝形散流器平送，对室内高度较低的空调区，既能满足使用要求，又比较美观。在一些室温允许波动范围小的工艺性空调区中，采用孔板送风较多。

(a) 方形散流器　　(b) 圆形散流器（流线型）　　(c) 圆盘形散流器

图 3-47　散流器

对于高大空间，建议采用喷口或旋流式风口送风方式。图 3-48、图 3-49 分别为喷口、旋流式风口。

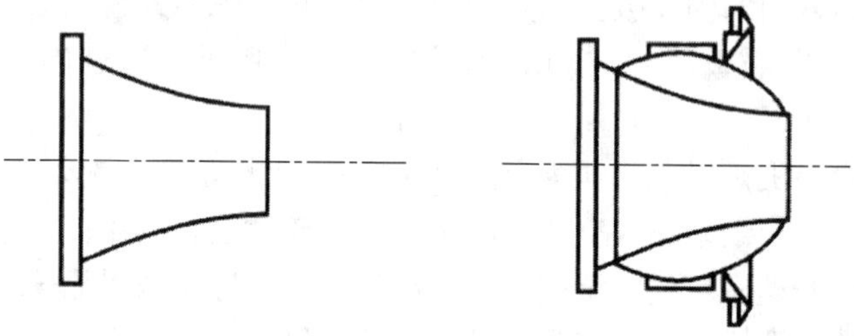

(a) 固定式喷口　　(b) 可调角度喷口

图 3-48　喷口

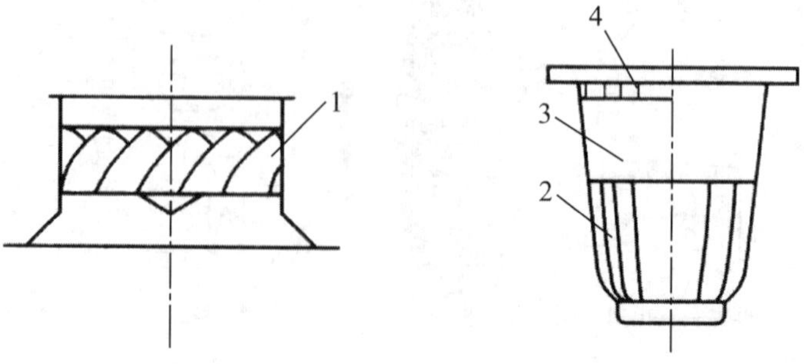

(a) 顶送型旋流风口　　(b) 地板送风旋流风口

1—起旋器；2—旋流叶片；3—集尘箱；4—出风格栅

图 3-49　旋流式风口

房间内的回风口形式比较简单。送风口中的百叶风口、固定叶片风口等都可以作为回风口；也可用铝网或钢网做成回风口。图 3-50a 为格栅式回风口，图 3-50b 为可开式百叶回风口。

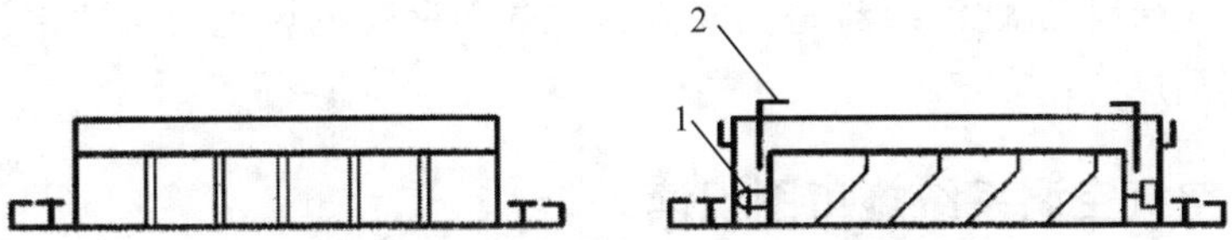

(a) 格栅式回风口　(b) 可开式百叶回风口

1—铰链；2—过滤器挂钩

图 3-50　回风口

（5）消声减振设备

消声措施包括减少噪声的产生和在系统中设置消声器两方面。

为减少噪声的产生，可采取选用低噪声风机、电机采用直接传动方式、控制空气流速、采用减振基础、风机进出口采用柔性连接等措施。

风机在运转时所产生的结构振动和噪声，对通风空调的效果不利。为消除或减少噪声和保护环境，应采取减振措施。一般在设备底座、支架与楼板或基础之间设置减振装置，减振装置支撑点一般不少于 4 个。减振装置有：弹簧减振器，常用的有 ZT 系列阻尼弹簧减振器、D 型和 T 型弹簧减振器等；JG 系列橡胶剪切减振器，用橡胶和金属部件组合而成；D 型橡胶减振垫。各种减振器的安装如图 3-51 所示。

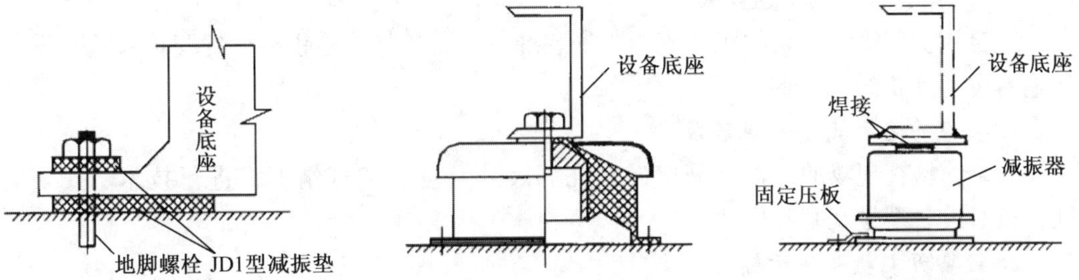

(a) 减振垫　(b) JG剪切减振器　(c) 弹簧减振器

图 3-51　减振器安装示意图

消声器的形式很多，按消声原理分为如图 3-52 所示的几种。

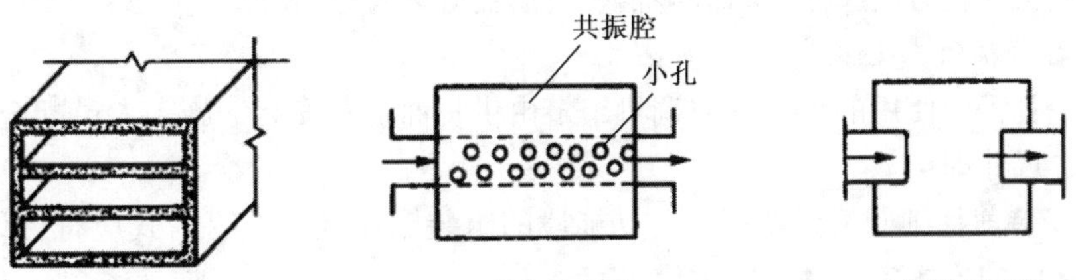

(a) 阻性消声器　(b) 共振消声器　(c) 抗性消声器

图 3-52　消声器的构造示意图

① 阻性消声器。阻性消声器由多孔松散吸声材料制成，靠微孔内空气的黏滞作用

吸收声能。

② 共振消声器。共振消声器靠外界噪声与弹性振动系统的固有频率相同时发生共振，而消耗声能，减小噪声。

③ 抗性消声器。抗性消声器是在气流通过截面突变的风道时，使声波向声源方向反射回去而起消声作用。

二 全空气空调系统施工图识读

图 3-53～图 3-55 为一多功能厅空调风管平面图、空调机房平面图和剖面图。

从图 3-54 平面图可知：该空调系统的组合式空调机组 ZK-15 设在 8～9 轴、A～B 轴之间的机房内，将新风和回风混合处理到送风状态，通过微穿孔板消声器、风管，利用支管末端 18 个 240×240 方形散流器将空气送入室内，与室内空气混合，吸收房间余热、余湿，使室内空气达到设计要求。送风管在机房与多功能厅的隔墙风管穿越处，设置了 70 ℃防火阀。

在回风管道上设置 240×240 的格栅将回风送到组合式空调机组进行处理，回风管上设置微穿孔板消声器，在机房与多功能厅的隔墙风管穿越处，设置了 70 ℃防火阀。

在空调机房 A 轴上设置 1300×500 防雨百叶窗吸入新风送至机组。

在靠近 D 轴处设置了 3 个 BLD650 排气扇，直接进行排风。

三 全空气空调系统安装

（一）组合式空调机组安装

组合式空调机组安装的工艺流程为安装准备→设备基础验收→设备开箱检验→设备运输→设备（机组）安装。

1. 安装准备、设备基础验收

安装前检查现场的运输空间、设备孔洞尺寸及场地清理情况，进行技术、安全交底，核对设备型号及基础尺寸。

2. 设备开箱检验及运输

设备开箱验收应有业主代表或监理在场，要检查外包装有无受损、受潮，设备名称、型号、技术条件是否与设计文件一致；产品说明书、合格证、装箱清单和设备技术文件是否齐全；设备表面有无缺损、锈蚀，随机附件、专用工具、备用配件是否齐全；用手盘动风机叶轮有无摩擦声，表冷器、过滤器等装置是否完好。

3. 设备（机组）安装

目前，工程中使用的组合式空调机组多由供货商负责安装，施工人员配合协调好连接口位置、尺寸即可。

（1）安装前仔细阅读说明书。各功能段的组装顺序及左式、右式应符合设计要求，各功能段之间的连接应严密，整体应平直。

（2）机组下部冷凝水管安装时要注意，其水封高度应符合设计要求，防止漏风。

（3）表面式换热器应清洁、完好，换热器与围护结构的缝隙以及换热器之间的缝隙应封堵严密。加热段与相邻段之间的密封垫片应为耐热材料。

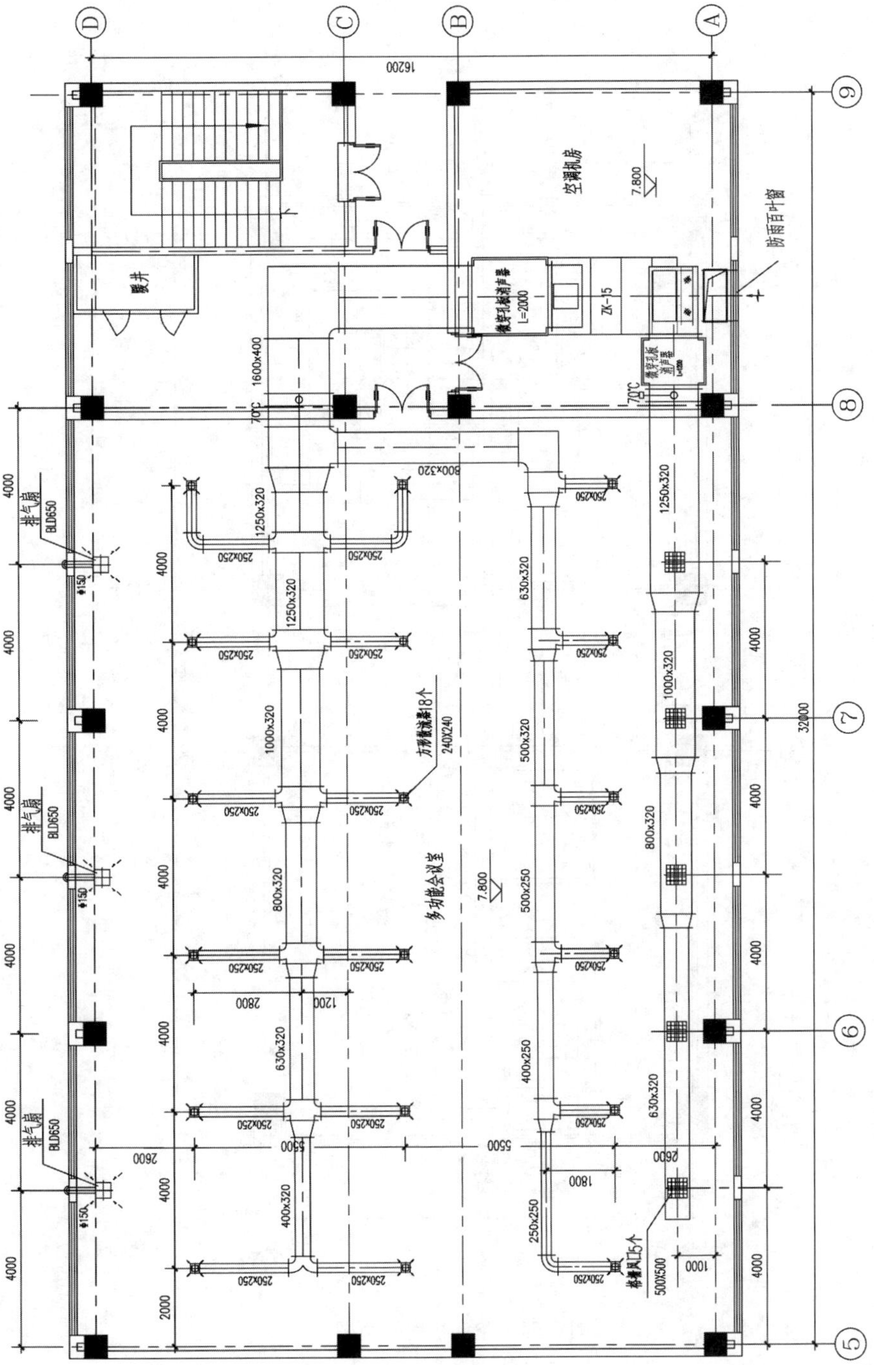

图3-53　多功能厅空调风管平面图

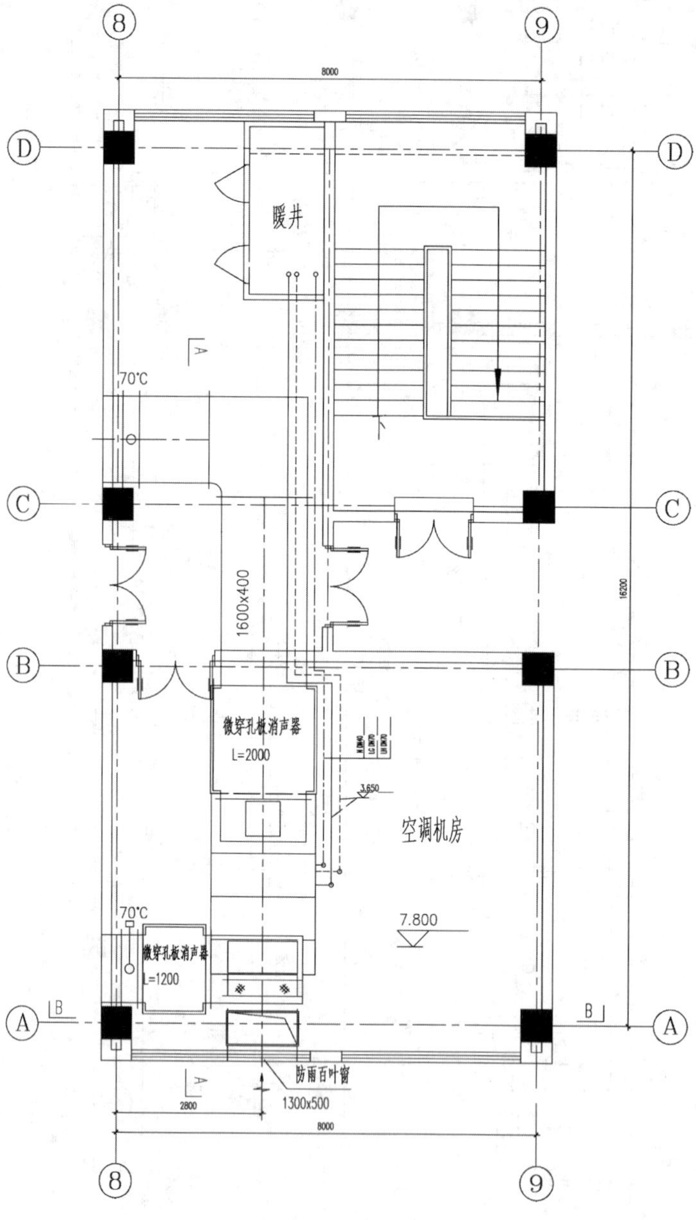

图 3-54　空调机房平面图

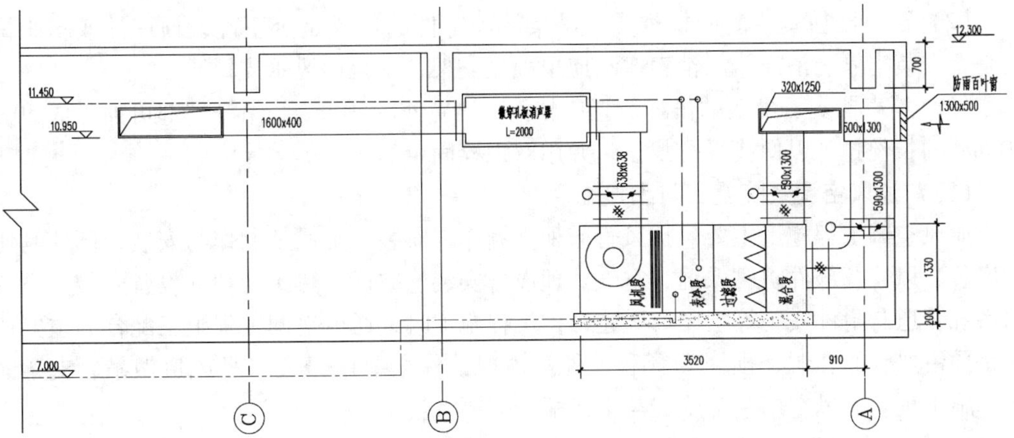

(a) *A*–*A*剖面

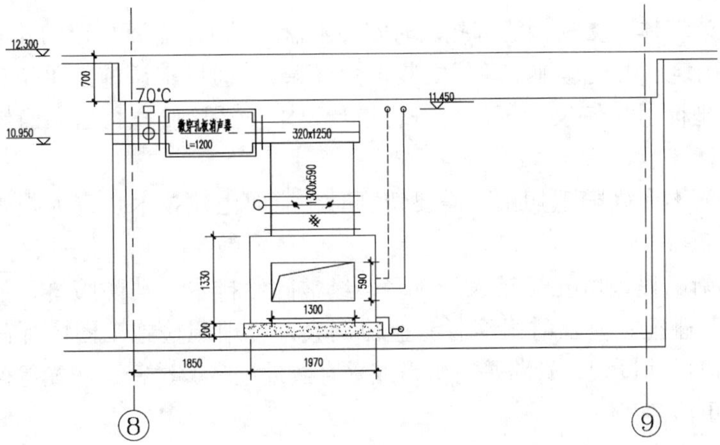

(b) *B*–*B*剖面

图 3-55 空调机房剖面图

（4）机组应清扫干净，箱体内不应有杂物、垃圾和积尘；机组内空气过滤器（网）和空气热交换器翅片应清洁、完好，安装位置应便于维护和清理。

（二）消声器安装

（1）大量使用的消声器、消声弯头、消声风管和消声静压箱应采用专业生产厂的产品，如需现场制作，可按设计要求或相关标准图集进行。

（2）消声器在安装前应检查支、吊架等固定件的位置是否正确，预埋件或膨胀螺栓是否安装牢靠。消声器、消声弯头应单独设支架，不得由风管支撑。

（3）消声器支、吊架的吊杆位置应较消声器宽 40~50 mm。吊杆端部可加工成 50~80 mm 的长丝扣，以便找平、找正，并用双螺栓固定。

（三）通风空调系统施工与土建配合

通风空调工程施工主要包括风管与配件制作与安装、支吊架制作与安装、部件制作与安装、风管及部件防腐保温、空气处理设备安装、空调冷热源与辅助设备安装、空调水系统管道与附件安装等工序。土建结构工程施工时，通风空调工程施工配合的主要任务是预留风管的孔洞、预埋套管和铁件。预埋铁件主要用于大口径风道做吊、支架固定。施工现场通风空调系统施工与土建配合的要点：

（1）预留孔洞、预埋套管与铁件，需配合土建施工进度及时确定标高、坐标位置、孔洞几何尺寸。

（2）应提前统计预留孔洞需做木盒（箱）的数量、规格尺寸，自行预制加工或委托土建协助加工制作。

（3）配合土建墙体、楼板钢筋绑扎及时安装木盒（箱），需要预留的孔洞应提前与土建技术负责人确定。由土建施工单位安装木盒（箱），通风空调施工单位负责检查木盒（箱）标高、坐标、几何尺寸等是否符合设计要求。经检验合格后，通知土建进行混凝土浇灌施工。

（4）结构钢筋不允许随意切割，需要切割时，应向土建技术负责人报告，经确定补救方案后再施工。

（5）通风空调工程预留孔洞较大、较多，经常同给排水、消防喷淋、消火栓、强弱电管线与线槽等碰撞。应及时组织各专业协调会，合理调整施工图中标高、坐标位置，解决孔洞几何尺寸过大，管路平行敷设或垂直敷设过多、过密、碰撞等问题，并应及时办理设计变更洽商。

（6）土建做屋面防水层之前，通风空调专业应把防排烟风机基础图、位于屋顶的风冷冷热水机组位置图、冷却塔等做法提供给土建专业，由其负责施工。

（7）防排烟用结构风道由土建施工完毕后，应及时进行检查，防止建筑垃圾遗留在结构风道内，同时要求土建砌筑人员用水泥砂浆把风道内壁抹平，把缝隙封堵严实，防止漏风。

（8）通风空调工程的风管及部件制作，应考虑所用材质，确定是现场加工还是向生产厂家订货。如现场制作，需考虑所用各种加工机械现场场地是否放置得下，放置不下时，还得考虑场外加工。如向生产厂家订货，应将管道材质确定，并提供管道几何尺寸、管道部件规格尺寸、连接管道方式等，确定加工周期、到场日期。

（9）空调系统设备机房内有各种大型设备，如水冷机组或风冷机组、冷却塔、大型风机、新风机组等，在建筑物结构施工和砌筑内隔墙及板孔封堵时，应预留出大型设备搬运通道。

（10）通风空调设备基础较多，机房多，管线多，需及时将各机房设备基础的几何尺寸和做法提供给土建，并协助施工。

（11）通风空调工程在设备、风道、管道安装之前，应对各机房的设备基础、风机基础、冷却水塔基础等进行核实，确认无误才允许进行设备安装。

（12）安装风机盘管、风口（包括送、回风口及新风入口等）及开设检修门时，注意对装饰装修工程的成品做保护。

四 技能点训练

1. 训练目的

（1）了解全空气空调系统的组成。

（2）熟悉识读全空气空调系统施工图的方法。

（3）会识读全空气空调系统施工图。

2. 训练内容

图 3-56 为某建筑一层通风空调平面图。根据平面图，进行训练：

（1）指出一层平面中包括几个空调系统，以及组合式空调机组的型号及安装方式。

（2）简述该系统送风口形式及规格。

（3）简述该系统中涉及的风管阀件、风管管件及附件。

（4）简述该空调系统的回风方式及特点。

一层通风空调平面图

任务三 多联机空调系统安装

一 知识点学习

（一）多联机空调系统的工作原理

多联机空调系统

多联机空调系统是一种变制冷剂流量多联分体式空调系统，是一台（组）室外空气（水）源制冷或热泵机组配置多台室内机，通过改变制冷剂流量适应各空调区负荷变化的直接膨胀式空气调节系统，如图 3-57 所示。一台室外机通过管路能够向若干台室内机输送制冷剂液体，通过控制压缩机的制冷剂循环量和进入室内各个换热器的制冷剂流量，适时地满足室内冷热负荷要求。该系统由日本大金工业株式会社首先研制推出，并将这种空调方式注册为 VRV（variable refrigerant volume）系统。

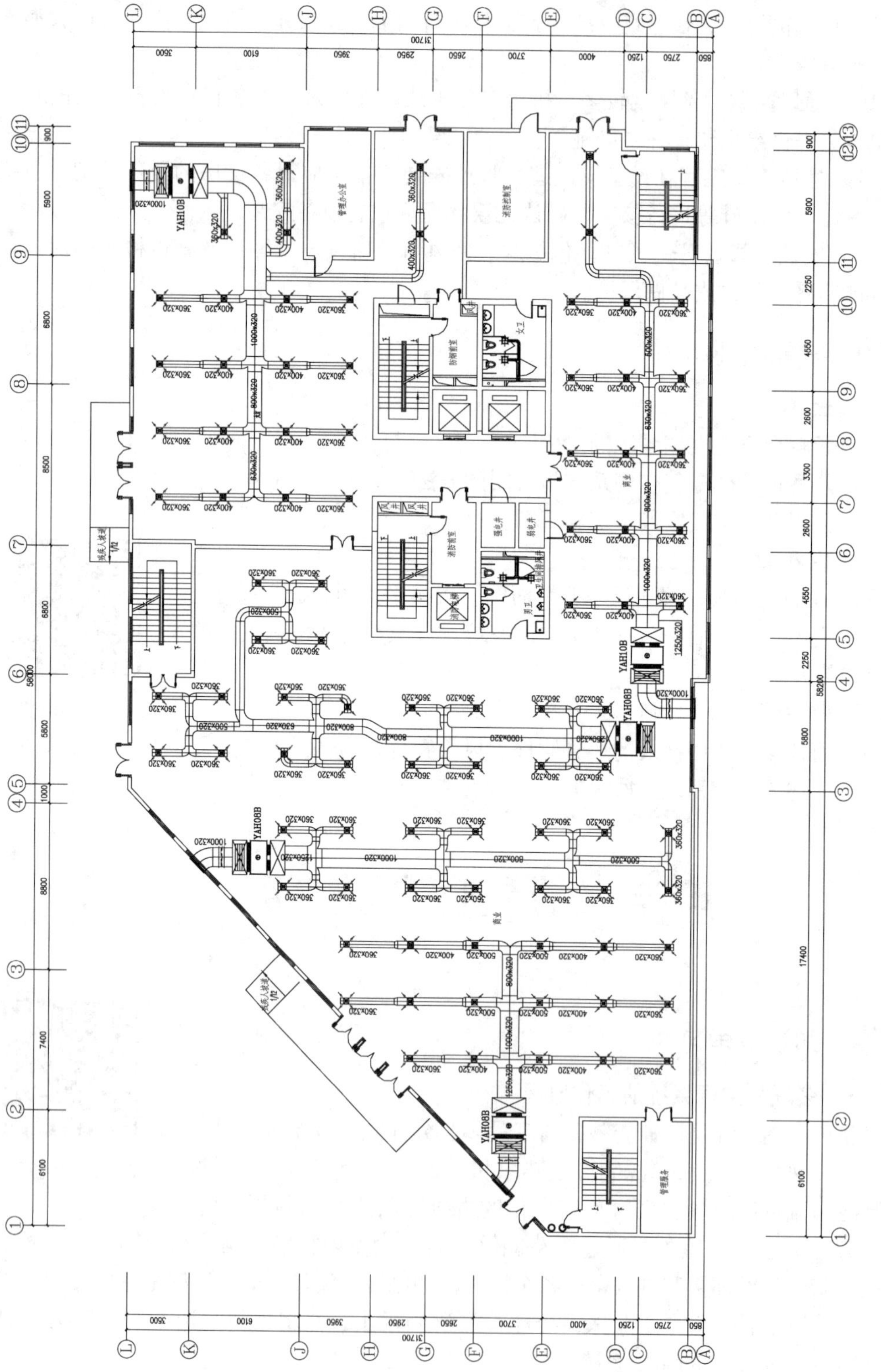

图3-56　一层通风空调平面图

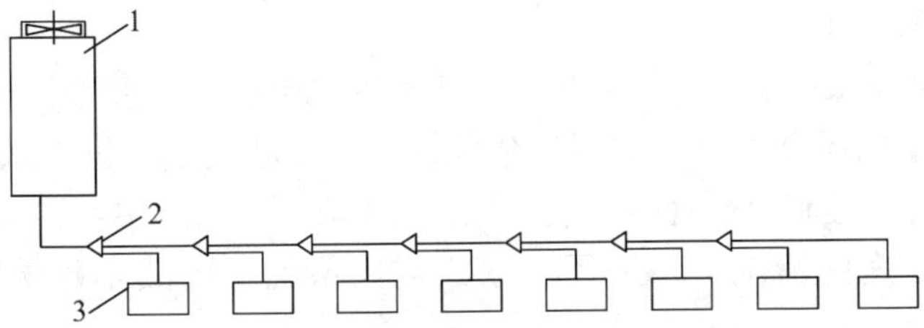

1—室外机；2—线支管；3—室内机

图 3-57　多联机空调系统

该系统由制冷剂管路连接的室外机和室内机组成，室外机由室外侧换热器、压缩机和其他制冷附件组成；室内机由风机和直接蒸发器等组成。

多联机空调系统是一台室外机连接多台室内机，每台室内机可以自由地运转/停止，或群组，或集中控制。在单台室外机运行的基础上，又发展出多台室外机并联系统，可以连接更多的室内机。

（二）多联机空调系统的分类及特点

1. 多联机空调系统的分类

多联机空调系统根据不同的分类方式有不同的类型：

（1）按功能可分为单冷型（代号省略）、热泵型（代号 R，有带辅助电热装置和不带辅助电热装置两种）、电热型（代号 D）。

（2）按机组的结构形式可分为室内机（落地式，代号 L；壁挂式，代号 G；吊顶式，代号 D；嵌入式，代号 Q；暗装式，代号 N；风管式，代号 F）、室外机（代号 W）。

（3）按使用气候环境可分为温带气候 T1 型（最高温度为 43 ℃）、低温气候 T2 型（最高温度为 35 ℃）、高温气候 T3 型（最高温度为 52 ℃）。

（4）按压缩机类型可分为变频式（当室内负荷发生变化时，可以通过改变压缩机频率来调节制冷剂流量）、定频式（当室内负荷发生变化时，通过压缩机输出旁通来调节制冷剂流量）。

（5）按室外机冷却方式可分为风冷式和水冷式。风冷式是指室外换热器换热介质是空气，与水冷式相比安装比较简单，但环境工况恶劣时，对系统性能影响比较大；水冷式是指室外换热器换热介质是水，与风冷式相比多一套水系统，设计安装比较复杂，但系统性能比较高，环境工况对其影响没有风冷式大。目前国内还没有水冷式系统的应用。

此外，还有热回收型多联机空调系统，它是指同一制冷系统中的不同室内机可以分别进行制冷和制热运转，系统性能好；冰蓄冷式多联机空调系统，其可以通过与小型冰蓄冷装置相连，在晚间低谷时进行蓄冷，在白天高峰时释放冷量，达到转移用电高峰的效果。

目前国内变制冷剂流量多联机空调系统的主流是风冷变频机组空调和数码涡旋机组空调。

2. 多联机空调系统的特点

（1）节能

多联机空调系统可以根据系统负荷变化自动调节压缩机转速，改变制冷剂流量，保证机组以较高的效率运行。部分负荷运行时能耗下降，全年运行费用降低。

（2）节省建筑空间

多联机空调系统采用的风冷式室外机一般设置在屋顶，不像集中式空调系统中冷水机组、冷（热）水循环泵等设备需占用建筑面积。多联式空调机组系统的接管只有制冷剂管和凝结水管，且制冷剂管路布置灵活、施工方便，与集中空调水系统相比，在满足相同室内吊顶高度的情况下，采用多联式空调系统可以减小建筑层高，降低建筑造价。

（3）施工安装方便、运行可靠

与集中式空调系统相比，多联机空调系统施工工作量小得多，施工周期短，尤其适用于改造工程；系统环节少，所有设备及控制装置均由设备供应商提供，系统运行管理安全可靠。

（4）满足不同工况房间的使用要求

多联机空调系统组合方便、灵活，可以根据不同的使用要求组织系统，满足不同工况房间的使用要求。对于热回收型多联机空调系统来说，一个系统内，在部分室内机制冷的同时，另一部分室内机可以供热运行。在冬季该系统可以实现内区供冷，外区供热，把内区的热量转移到外区，充分利用能源，降低能耗，满足不同区域的空调要求。

总之，多联机空调系统与传统集中式空调相比，安装管路简单、节省空间，设计简单、布置灵活，部分负荷情况下能效比高、节能性好、运行成本低，运行管理方便、维护简单，可分户计量、分期建设。但初投资较高，对建筑设计有要求，特别是对于高层建筑，在设计时必须考虑系统的安装范围、室外机的安装位置。此外，新风与湿度处理能力相对较差。

3. 多联机空调系统的应用场合

多联机空调系统主要适用于办公楼、饭店、学校、高档住宅等建筑，特别适合于房间数量多、区域划分细致的建筑。另外，对于同时使用率比较低（部分运转）的建筑物来说，其节能性更加显著。

根据相关规范，该系统适用于中、小型规模的建筑，但不宜用于振动较大、产生大量油污蒸汽及产生电磁波或高频波等的场所。空调系统全年运行时，宜采用热泵型机组。在同一空调系统中，当同时需要供冷和供热时，宜选择热回收型机组。

（三）多联机空调系统的选择

1. 室内机及室外机的选择

多联机空调系统的形式可按照建筑物所需冷热负荷情况进行选择。对于只需供冷而不需要供热的建筑，可采用单冷型多联机空调系统；对于既需要供冷又需要供热且冷热使用要求相同的建筑，可采用热泵型多联机空调系统；而对于分内、外区且各房间空调工况不同的建筑，可采用热回收型多联机空调系统。

多联机空调系统图片展示

2. 系统配管设计

系统管道布置方式常用的有三种：线式布管方式（见图 3-58）、集中式布管方式（见图 3-59）及线式和集中式组合布管方式（见图 3-60）。多台室外机线式布管方式如图 3-61 所示。

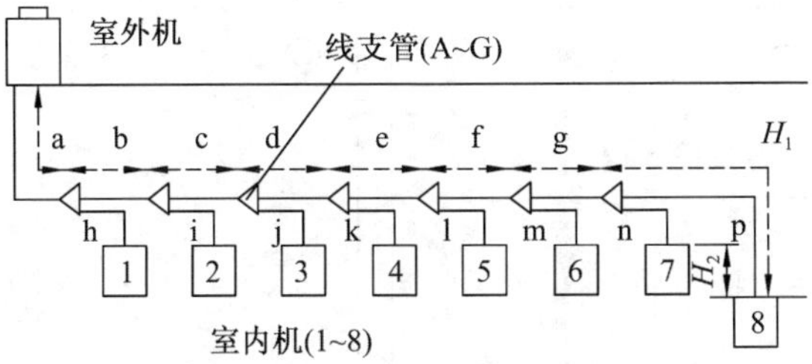

图 3-58 单台室外机线式布管

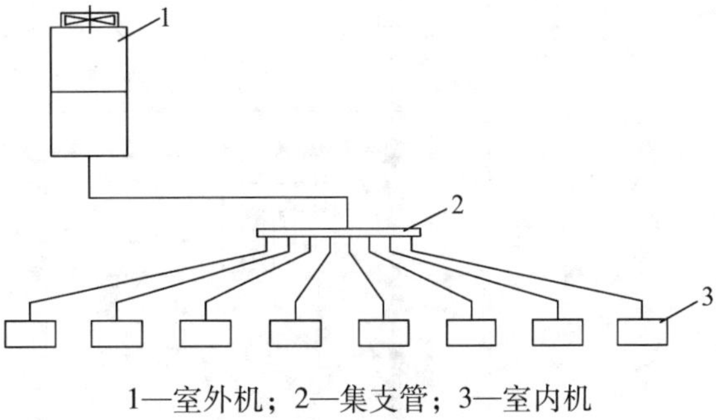

图 3-59 集中式布管

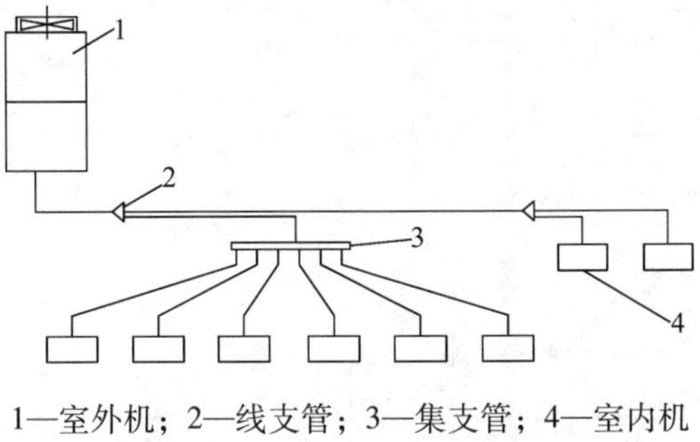

图 3-60 线式和集中式组合布管

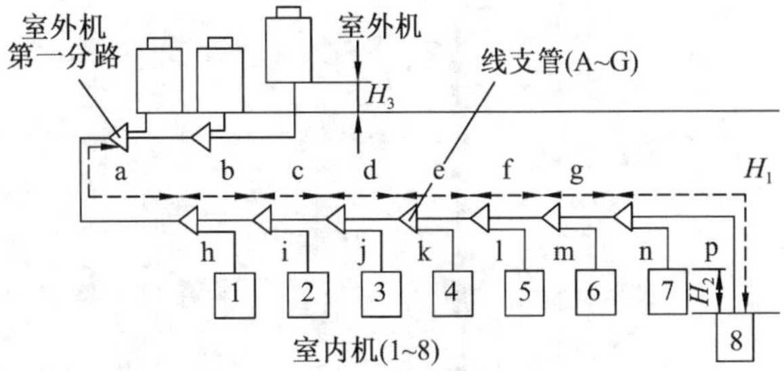

图 3-61 多台室外机线式布管

二 多联机空调系统施工图识读

图 3-62~图 3-67 为某综合办公楼空调工程设计施工图（部分）。该建筑物地下一层，地上四层，框架结构，建筑面积 3064 m^2。

本工程采用多联机空调系统，每层空调单独设立。空调室外机均为风冷热泵式，夏季供冷、冬季供热，室外机设于顶层屋面，室内机与室外机用冷媒管道连接。所有空调房间采用天花板嵌入式空调室内机，控制方式为线控。每层设置一台新风机，其中新风室内机置于各层走道顶棚内，各层新风室外机均置于顶层屋面。

管道上翻		管道坡度及坡向	i=0.01
管道下翻		固定支架	
氟利昂管		卫生间通风器	
空调凝结水管		止回阀	
氟利昂分配器		天花板嵌入式（四向气流）	

图 3-62 图例

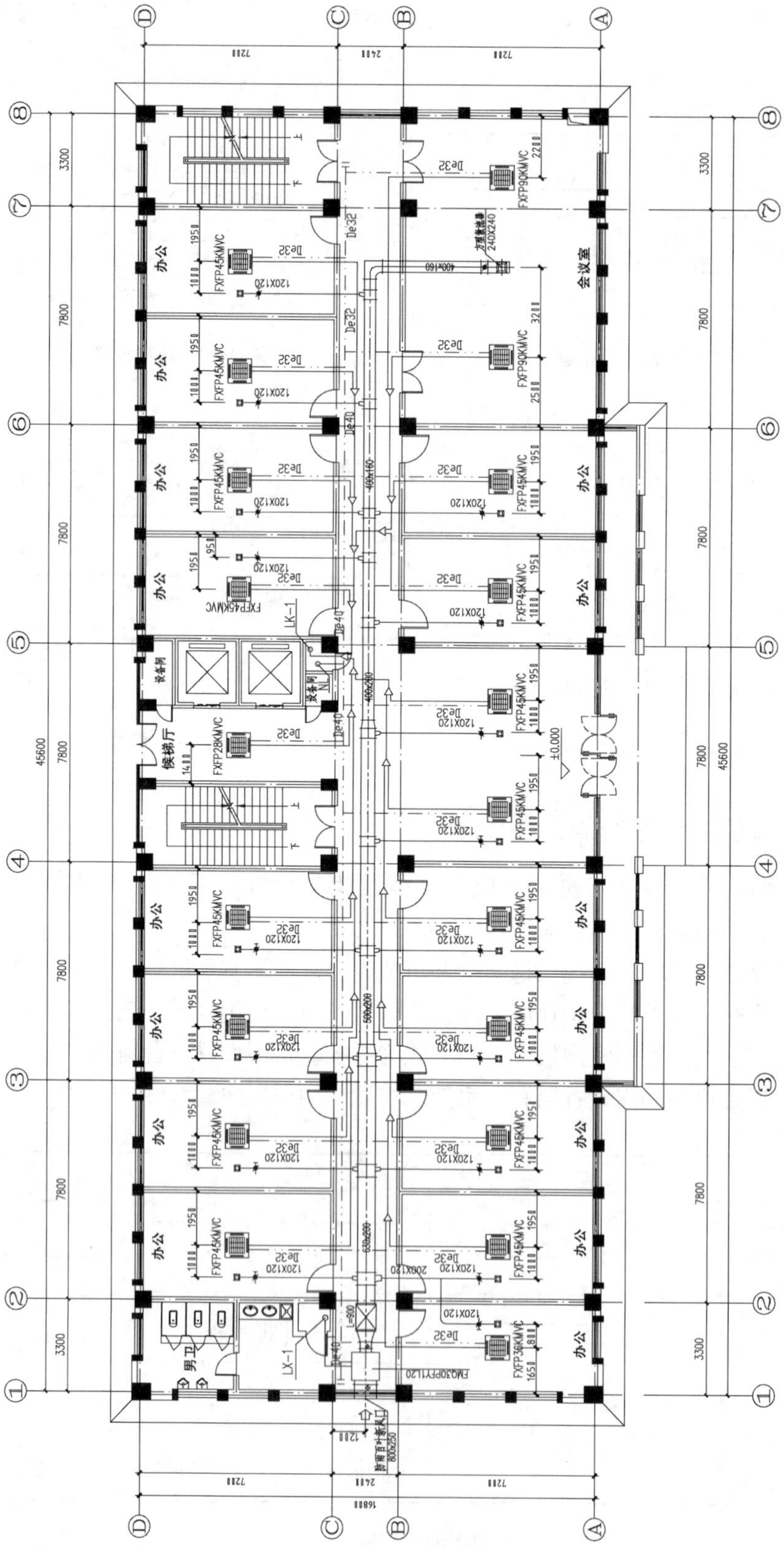

图3-63　一层空调平面图

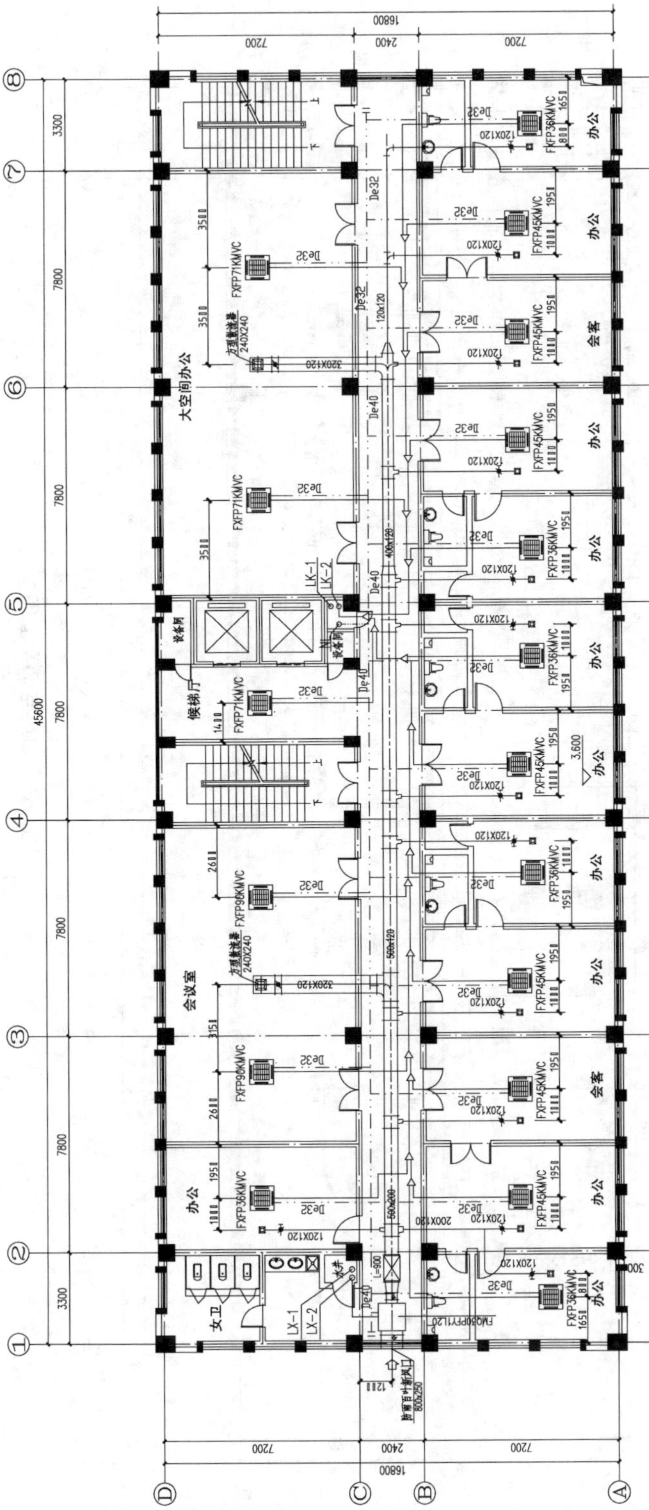

图3-64 二、三层空调平面图

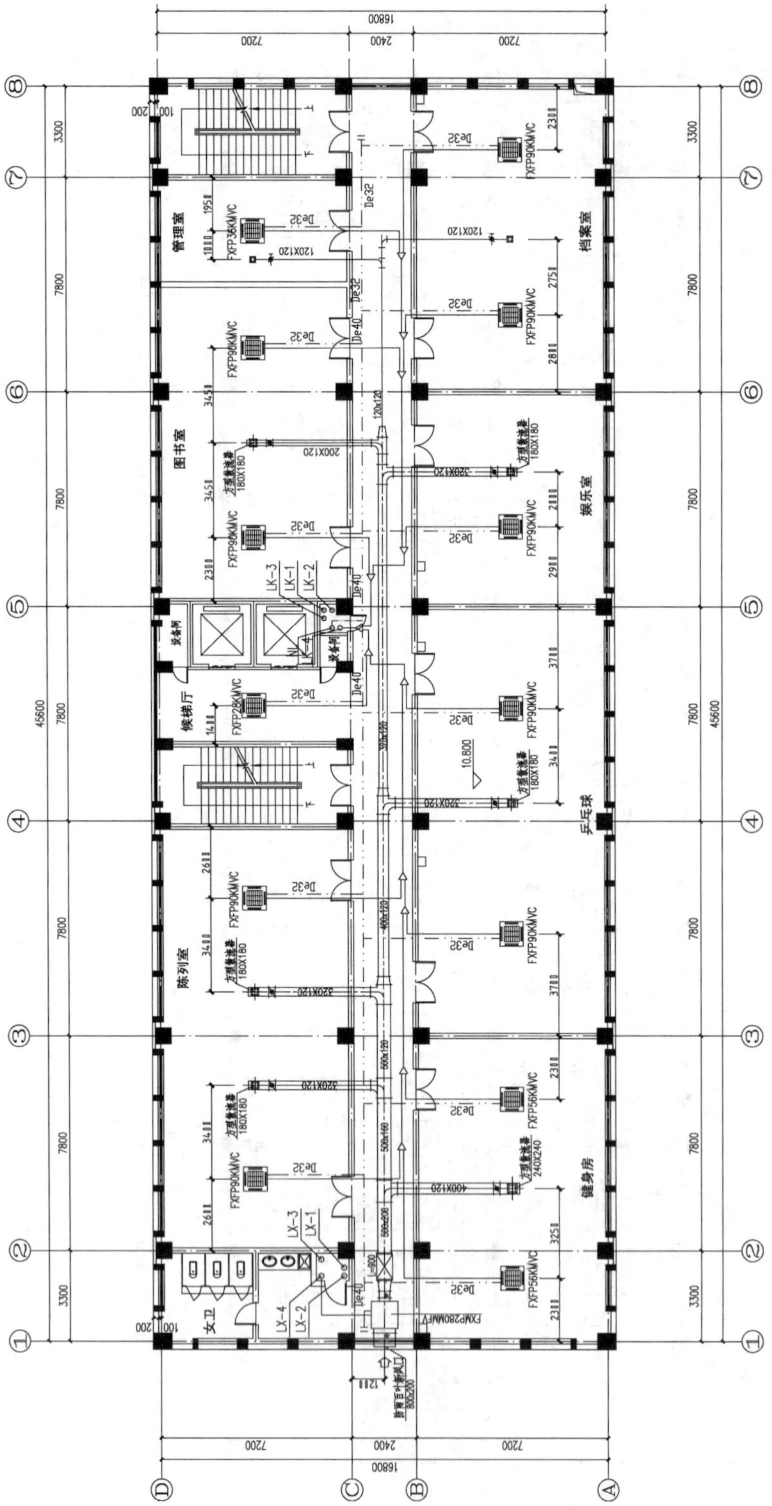

图3-65 四层空调平面图

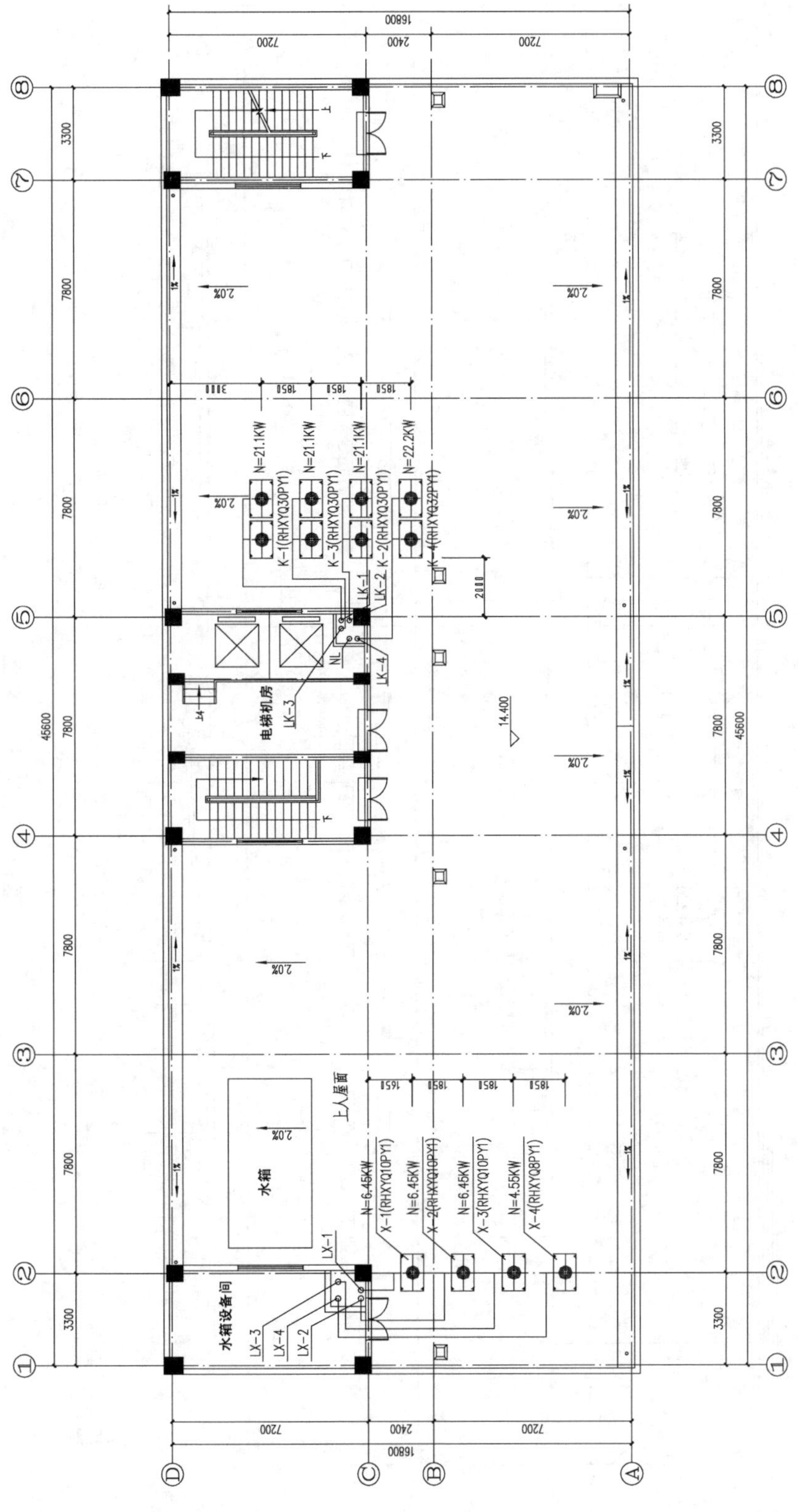

图3-66 屋顶空调室外机布置平面图

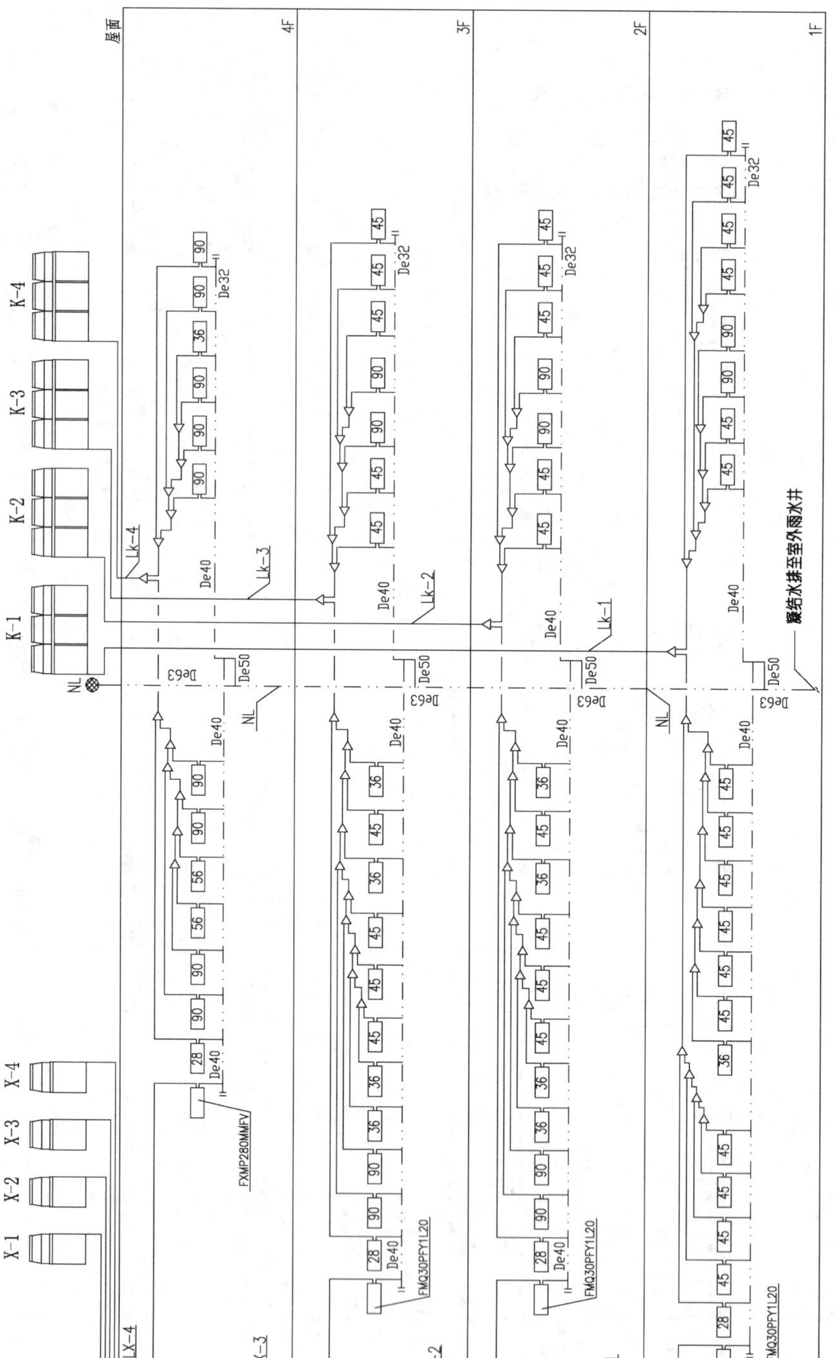

图3-67 空调系统流程图

三 多联机空调系统安装

（一）室内机安装

（1）室内机安装位置应能保证最佳的气流分布，进出口无障碍，保持空气良好循环。确保顶部挂件有足够的强度来承受机组的重量，保证冷凝水顺畅排出。

（2）室内机要确保如图 3-68 所示要求的安装距离，确保维修保养所需要的空间。

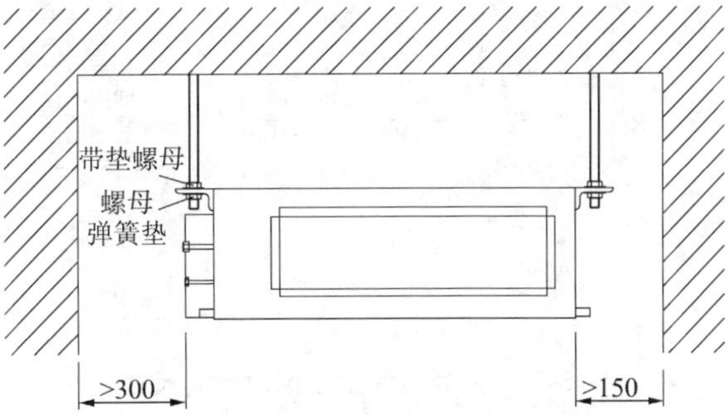

图 3-68　室内机安装位置的确定

（3）室内机应远离热源、有易燃气体泄漏和有烟雾的地方。

（4）室内机、室外机、电源线、通信线与电视机、收音机至少保持 1 m 的距离，这是为了防止上述家电出现图像干扰和噪音。

（5）室内机吊装后要注意防尘、防杂物，可以用随机的包装塑料袋进行保护。

（二）室外机安装

（1）室外机安装空间应防止回风短路，保证维修空间，避免气流短路。图 3-69 为室外机前出风时空间尺寸要求。图 3-70 为室外机上出风时空间尺寸要求。当机组安装在屋檐下或机组上方有水平障碍物时，机组的安装位置必须在通风良好的地方，否则容易发生气流短路，造成机组散热能力差。

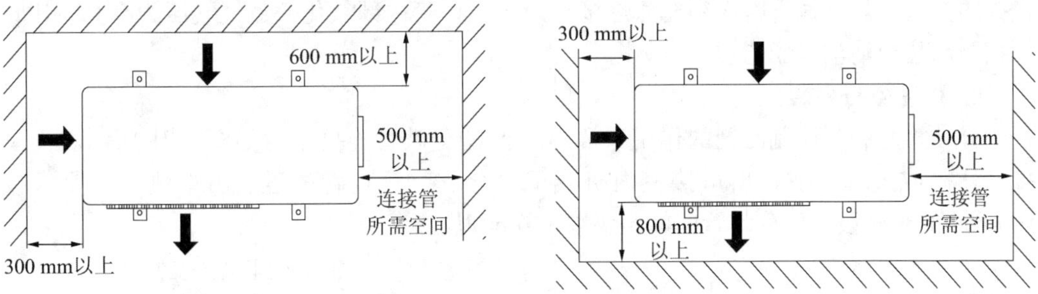

图 3-69　室外机为前出风时空间尺寸

（2）室外机的基础必须安装稳定以防止增大噪声或振动。室外机必须安装在混凝土或槽钢上，四角应安装减振垫。

（三）制冷剂连接管的安装

制冷剂管采用无缝紫铜管及铜管件。管道的材质、壁厚必须符合国家规范，最小厚度见表 3-1。总体安装要求是干燥、清洁、密封。

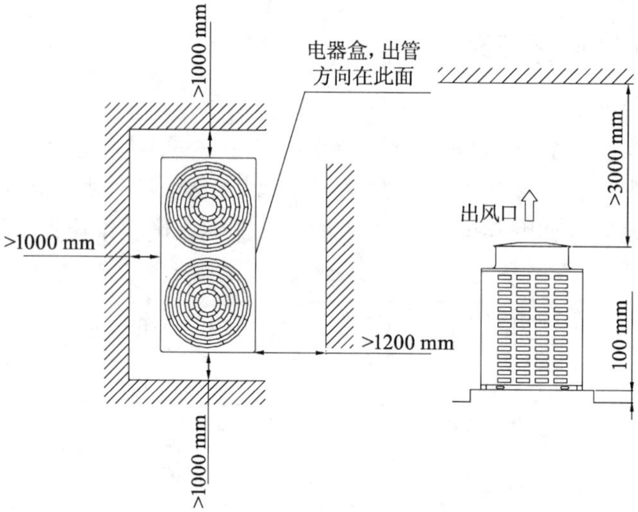

图 3-70 室外机为上出风时空间尺寸

表 3-1 配管规格及最小厚度

规格	材料热处理等级	最小壁厚/mm
φ19.1 及以下	O	1.0
φ44.5 及以下	1/2H	1.4
φ44.5 以上	1/2H	1.7

注：O 为盘管，1/2H 为直管。

1. 制冷剂管的焊接

制冷剂管道采用钎焊连接。钎焊是指用比母材熔点低的钎料和焊件一同加热，使钎料熔化（焊件不熔化）后润湿并填满母材连接的间隙，钎料与母材相互扩散形成牢固连接的方法。焊接铜管时必须充氮焊接，为防止铜管内部氧化，氮气气压为 0.02 MPa。焊接的部位应清洁、脱脂。

2. 分歧管的安装

分歧管起着分流制冷剂的作用，常用的 Y 型分歧管连接示意如图 3-71 所示。进口接室外机或上一分支，出口接室内机或下一分支。分歧管的进、出口侧，均要求接 500 mm 的直管段，两分歧管间间距要求 1.0 m 以上。

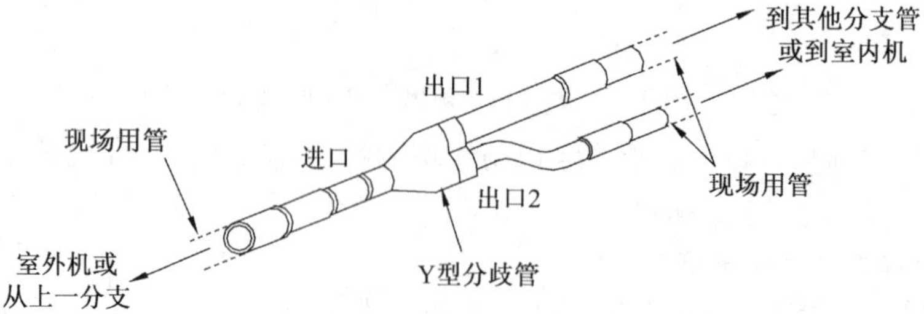

图 3-71 Y 型分歧管示意图

3. 制冷剂管道吹扫排污

多联机空调系统制冷剂管道安装过程会残留焊渣、金属屑、氧化皮等污物，如不从系统中排除，会影响系统正常运行，因此必须对管路进行吹扫排污。如图 3-72 所示，吹扫采用压力为 0.5～0.6 MPa（表压）的干燥压缩空气或氮气去除管内的污物（灰尘、水分、焊接造成的氧化皮等），以免污物进入压缩机，造成气缸或活塞表面划痕、拉毛甚至造成敲缸等事故，有时污物还会堵塞膨胀阀、毛细管、过滤器。

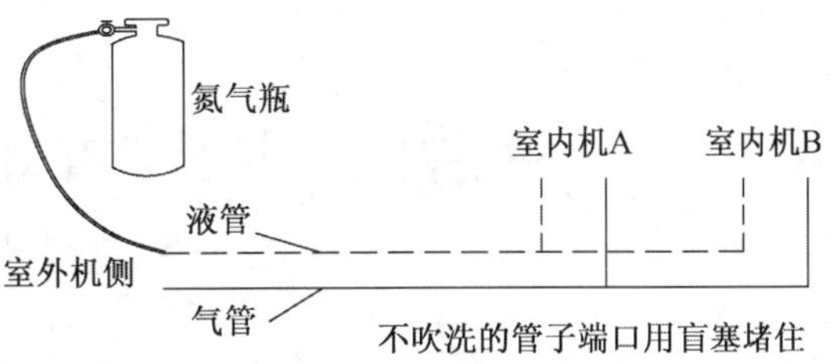

图 3-72 管路吹洗连接

4. 制冷剂管道的气密性试验

为了保证系统正常运行时制冷剂不泄漏，应在规定的试验压力下，将肥皂水或其他发泡剂刷抹在焊缝、喇叭口扩口连接处等进行检查，不得泄漏。

5. 保温

确认制冷剂连接管没有泄漏后，可对连接管进行保温。保温材料一般采用橡塑管。

（四）冷凝水管的安装

多联机空调系统的冷凝水应有组织地排放，冷凝水管道坡度不小于 0.01。排水就近排放，管道应尽可能短。室内机安装完成后，要从室内机注水口向积水盘注水，检查排水是否顺畅。

（五）电源线和通信线的连接

（1）室内机电源线需统一供电，室外机单独供电。电源线的截面积一定要满足要求。

（2）通信线的连接要求：

为了避免强电与弱电之间的相互干扰，施工过程中将电源线和通信线分开布线。电源线和通信线分别安装在套管内（可用 PVC 管），两套管之间间距在 0.3 m 以上。

（3）线控器的安装和地址拨码：

线控器的外形尺寸为 120 mm×120 mm×16 mm，用 2 个螺钉固定在墙上。将通信线插头插到线控器的通信线插座上，然后进行线控器地址拨码。

四 技能点训练

1. 训练目的

（1）了解多联机空调系统的组成。

（2）熟悉识读多联机空调系统施工图的方法。

（3）会识读多联机空调系统施工图。

2. 训练内容

扫描二维码，识读某空调系统施工图。根据施工图，进行训练：

（1）试列举该系统采用的室内机种类及型号。

（2）试列举该系统采用的室外机型号。

（3）写出每一层室外机与室内机连接处的分歧管型号。

（4）简述该空调系统的新风供给方式。

会所空调工程设计

任务四 风机盘管加新风空调系统安装

一 知识点学习

（一）风机盘管加新风空调系统的工作原理

风机盘管加新风空调系统

1. 风机盘管加新风空调系统的特点

风机盘管机组是用于空气处理的设备，在空调工程中大多是和单独处理的新风系统相结合，组成风机盘管加新风系统。该系统主要由风机盘管、新风机组及送风管道和送风口等组成，如图 3-73 所示。

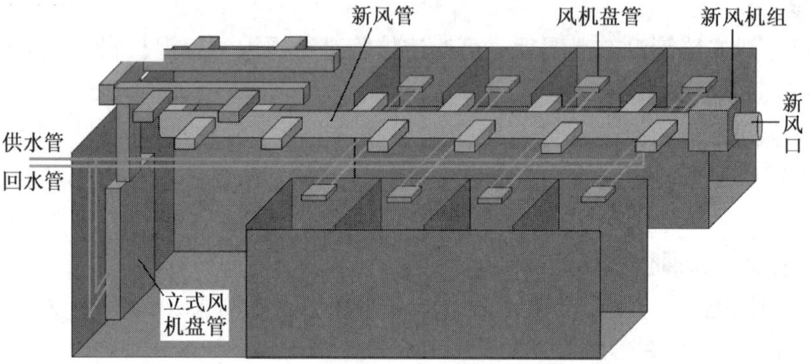

图 3-73　风机盘管加新风空调系统示意图

风机盘管直接设置在空调房间内，对室内回风进行处理。新风通常由新风机组集中处理后通过新风管道送入室内，系统的冷量或热量由空气和水共同承担，所以属于空气-水系统。

风机盘管加新风空调系统具有各空调区温度单独调节、使用灵活、节省运行费用等特点，与全空气空调系统相比可节省建筑空间，与变风量空调系统相比造价较低，因此，在空调区较多、建筑层高较低且各区温度要求独立控制时，宜采用风机盘管加新风空调系统，如宾馆客房、办公室等建筑。

普通风机盘管加新风空调系统存在不能严格控制室内温湿度的波动范围，常年使用时冷却盘管外部因冷凝水而滋生微生物和病菌，进而恶化室内空气等缺点。因此，对温湿度波动范围和卫生等要求较严格的空调区，应限制使用该空调系统。

由于风机盘管对空气进行循环处理，无特殊过滤装置，所以不宜安装在厨房等油烟较多的空调区，否则会增加盘管风阻力并影响其传热。

2. 风机盘管机组新风供给方式

风机盘管机组的新风供给方式有多种，一般采用独立新风系统引入，就是把新风集中处理到一定参数后，送入空调房间或风机盘管机组，使其与房间里的风机盘管共同负担空调房间的冷（热）、湿负荷。在过渡季节，可增大新风量，必要时可关掉风机盘管机组，而单独使用新风系统。

具体的做法有两种：

（1）新风管单独接入室内（见图 3-74a）

在这种方式下，送风口可以紧靠风机盘管的出风口，也可以不在同一地点，从气流组织的角度而言，是希望两者混合后再送入工作区。虽然这种系统在安装方面稍显复杂，但卫生条件好，应优先采用。

（2）新风接入风机盘管机组（见图 3-74b）

在这种处理方式下，新风直接送入风机盘管吸入端，与房间的回风混合后，再经风机盘管处理后送入房间。这种方式的优点是比较简单，缺点是由于新风经过风机盘管机组，增加了机组风量的负荷，运行费用增加且噪声增大。而且一旦风机盘管停机，新风将从回风口吹出，回风口一般都有过滤器，此时过滤器上的灰尘会被吹入房间。此外，由于受热湿比的限制，盘管只能在湿工况下运行。因此，一般不推荐采用这种送风方式。

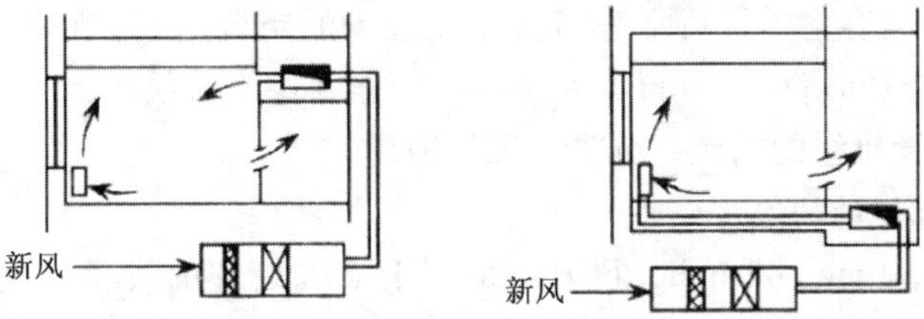

图 3-74　风机盘管系统的独立新风系统示意图

（二）风机盘管加新风空调系统的布置方式

风机盘管加新风空调系统的布置方式与风机盘管的结构形式、送风方向、空调房间使用性质及建筑形式有关。

1. 明装风机盘管机组

明装风机盘管机组多放置在室内可以看得到的地方，因而对其造型和表面油漆、装饰颜色要求比较高。立式明装风机盘管一般设置在室内地面上，卧式明装风机盘管多吊顶于天花板下方或门窗上方。机组的控制开关设置在机组的面板上，也可以将它引到床头柜等便于操作的地方。

2. 暗装风机盘管机组

暗装风机盘管机组无装饰板，因为它一般布置在室内看不到的地方，所以对外观装饰及颜色都无具体要求，其价格比明装风机盘管机组便宜得多。立式暗装风机盘管多设置在窗台下，卧式暗装风机盘管多吊顶于顶棚内，机组的控制开关可装在墙上或床头柜附近。

对于宾馆、饭店客房空调，多采用卧式暗装风机盘管，可布置在进门的过道顶棚内，如图 3-75 所示。这种布置形式美观，不占房间有效空间面积，噪声小。从室内气流组织和温度分布角度来看，这种布置方式特别适合以夏季供冷使用为主的南方地区。

对于办公室、医院病房、门诊部、写字间等，如无顶棚安装位置，宜选用立式暗装风机盘管机组，布置在外墙窗台下，如图 3-76 所示。这种布置方式对于空间较大的房间以及冬季需要供热的北方地区尤为适宜。

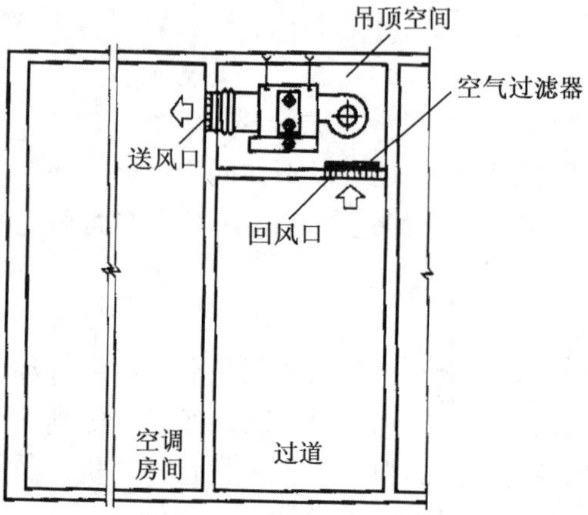

图 3-75　卧式暗装风机盘管的布置

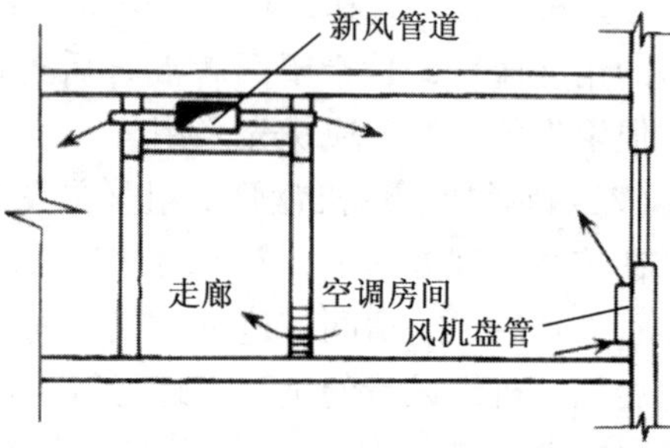

图 3-76　立式暗装风机盘管的布置

对于会议室、会客室、接待室等布置比较豪华的空调房间，宜采用明装风机盘管。根据风机盘管的重量和造型，可布置为落地式、挂墙式或吊顶式。

（三）风机盘管机组的构造、分类和工作原理

1. 风机盘管机组的构造

风机盘管机组（fan coil unit，FCU）是用于空气处理的设备，是空调系统的末端机组之一，外接冷水、热水，对房间直接送风，具有供冷、供热或分别供冷和供热功能。风机盘管机组主要由风机、盘管及空气过滤器、电动机、室温控制装置等组成，如图 3-77 所示。风机常采用前向多翼离心式风机或贯流式风机，风机的电动机多采用单相电容调速低噪声电动机，通过调节输入电压改变转速。盘管则为带肋片的盘管式换热器（一般为 2~3 排铜管串片式）。

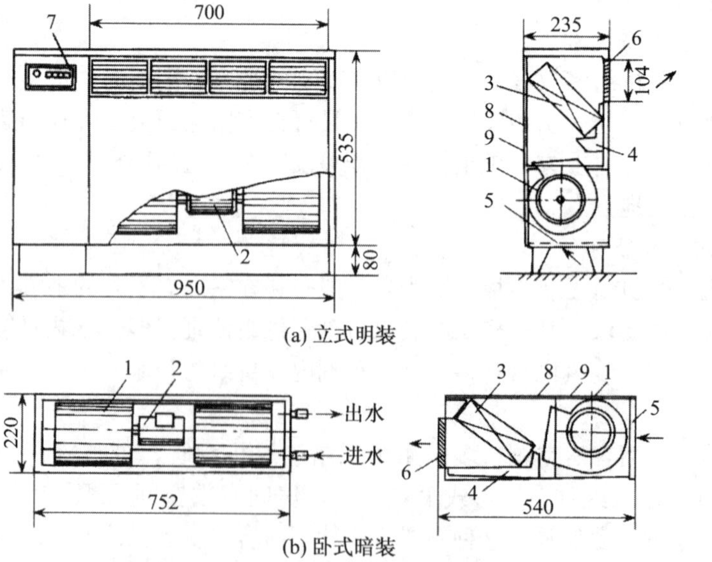

1—风机；2—电机；3—盘管；4—凝结水盘；5—循环风进口及过滤器；6—出风口格栅；7—控制器；8—吸声材料；9—箱体

图 3-77　风机盘管构造示意图

2. 风机盘管机组的分类

风机盘管机组的种类比较多，按结构形式可分为立式、卧式、卡式和壁挂式；按安装形式可分为暗装和明装；按出口静压可分为低静压型和高静压型（30 Pa 和 50 Pa）；按出风方向可分为顶出风、斜出风和前出风；按回风方式可分为下回风、后回风、带回风箱和不带回风箱式；按进水方式可分为左进水、右进水和后进水式。风机盘管机组不同，适用范围也不同，可结合建筑内部特点选择适合的类型。

3. 风机盘管机组的工作原理

风机盘管机组的工作原理，就是借助风机不断地循环室内空气，使之通过盘管被冷却或加热，以维持房间所要求的温度和一定的相对湿度。

风机盘管制冷时，由冷源为盘管提供 7 ℃左右的低温水，室内空气由低噪声风机吸入，通过滤尘网去掉灰尘，吹向盘管进行热量交换。空气通过换热器降温去湿后，冷空气从出风格栅吹向室内。空气中的水蒸气在盘管肋片上析出的凝结水汇集至凝水盘，然后通过泄水管排出。

风机盘管制热时，由热源为盘管提供 60 ℃左右的热水，室内空气由风机吸入，与盘管表面进行热量交换，再将热空气自出风格栅吹向室内。

风机盘管机组是靠冷热源来实现制冷或制热的，如果没有冷源或热源，就不能进行空气调节。

风机盘管机组一般有三挡（高、中、低）变速装置。通过三速开关调节输入电压，以调节风机转速，从而调节风机盘管的风量和冷（热）量。风机高挡运行时，风量最大，制冷（热）量也最大；风机中挡运行时，风量、制冷（热）量居中；风机低挡运行时，风量最小，制冷（热）量也最小。

（四）风机盘管水系统的形式

风机盘管水系统的功能是输配冷（热）流体，以满足末端设备或机组的负荷要求。其配置原则是具备足够的输送能力，经济合理地选定水泵、管材和管径，具有良好的水力工况稳定性，便于空调系统负荷变化时的运行调节，满足空调系统节能运行要求，并便于维修管理。

风机盘管水系统的形式通常有双水管、三水管和四水管等。

1. 双水管系统

具有一根供水管、一根回水管的风机盘管水系统称为双水管系统，它和机械循环的热水供暖系统相似，夏季供冷水、冬季供热水都是用相同的管路。这种系统形式简单，布置方便，投资省，是目前最常用的一种空调水系统。

对于要求全年空调且建筑物内负荷差别很大的场合，如过渡季节有些房间要求供冷，而有些房间要求供热，双水管系统显然不能满足系统需要，这时可以采取分区供水的方式，或采用三水管系统满足不同空调房间的不同要求。

2. 三水管系统

三水管系统采用两根供水管分别供冷水和热水，一根回水管冷、热水共用，如图 3-78 所示。在盘管进口处，由室内温控器控制三通阀是进热水还是冷水，能同时满足供冷、供热的要求。但由于共用回水管会造成冷量和热量的混合损失，同时调节控制也较复杂，故实际工程中很少采用。

3. 四水管系统

四水管系统采用两根供水管、两根回水管，供冷、供热分别由供、回水管承担，构成供冷与供热彼此独立的水系统，如图 3-79 所示。该系统能同时满足供冷、供热的要求，且没有冷、热混合损失，但初投资较高，管路系统复杂且占用空间大。四水管系统一般在舒适性要求高的建筑物内采用。

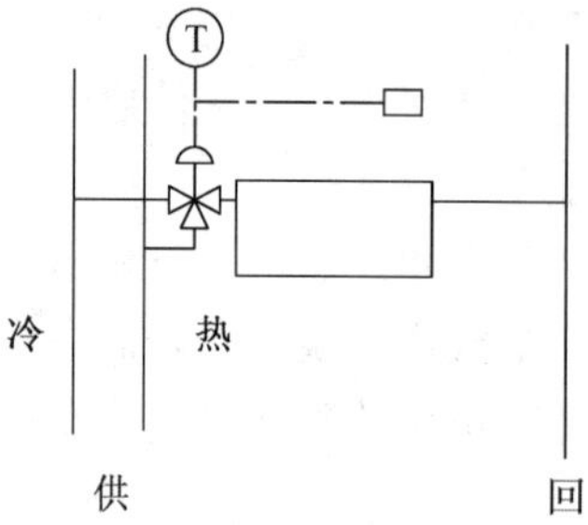

图 3-78　三水管系统

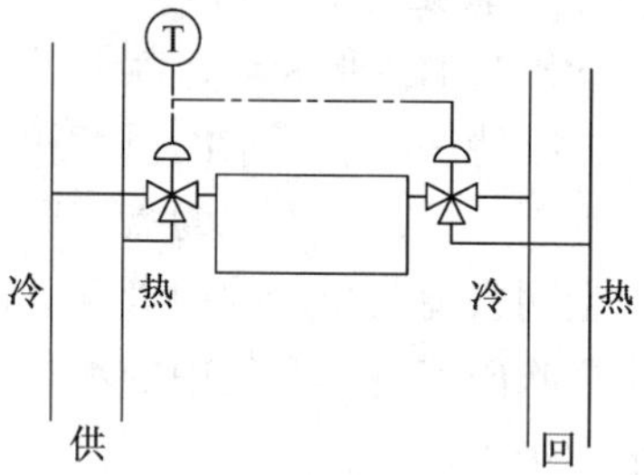

图 3-79　四水管系统

二　风机盘管加新风空调系统施工图识读

图 3-80~图 3-86 为某三层办公楼空调工程施工图（部分）。该办公楼采用的空调系统为风机盘管加新风空调系统。

（一）设计与施工说明部分

1. 主要内容

某办公楼，3 层，建筑面积 2984 m^2，一层层高为 4.2 m，二、三层层高均为 3.9 m，建筑高度为 12.0 m。设计范围包括所有的办公室、会议室等房间。

2. 空调系统形式

采用风机盘管加新风的半集中式空调形式，新风和风机盘管并联，每层设一台新风机组。风机盘管暗装于局部侧吊顶内，气流组织采用侧送风、上回风的方式。夏季空调供/回水温度为 7/12 ℃，冬季空调供/回水温度为 55/45 ℃，空调冷（热）水由设于屋顶的风冷冷（热）水机组提供。

3. 风系统施工说明

（1）空调风管采用镀锌钢板材料制作。所有风管必须设置必要的支、吊架或托架。

（2）风管支、吊架或托架应设置在保温层的外面，并在吊、托架之间镶以垫木，同时应避免在法兰、阀门等零部件处设置支架。

（3）安装调节阀等调节配件时必须将操作手柄配制在便于操作的部位。

（4）所有风管均需保温，保温层采用离心玻璃棉。保温厚度 $\delta = 30$ mm，安装时缝封严，保温层外包铝箔，做法参见国标 GB/T 613—2007。

（5）风管吊杆采用直径为 10 mm 的圆钢，吊装空调器吊杆采用直径为 18 mm 的圆钢。

（6）空调器与管道连接时，均安装柔性接头，吊装风机盘管、空调器均设弹簧减振垫；吊装新风机组，均设减振器以减少振动。

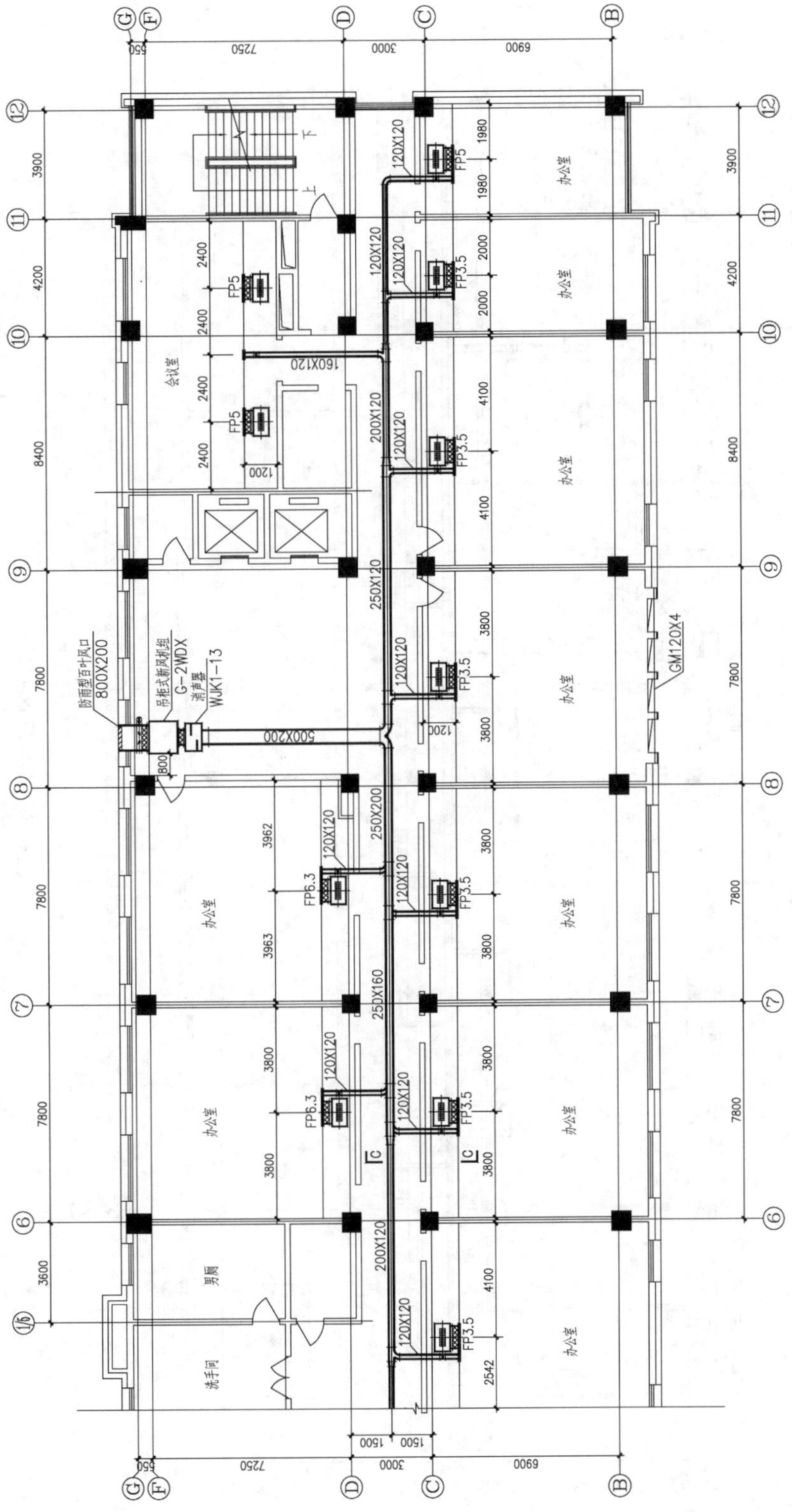

图3-80 一层风管平面图

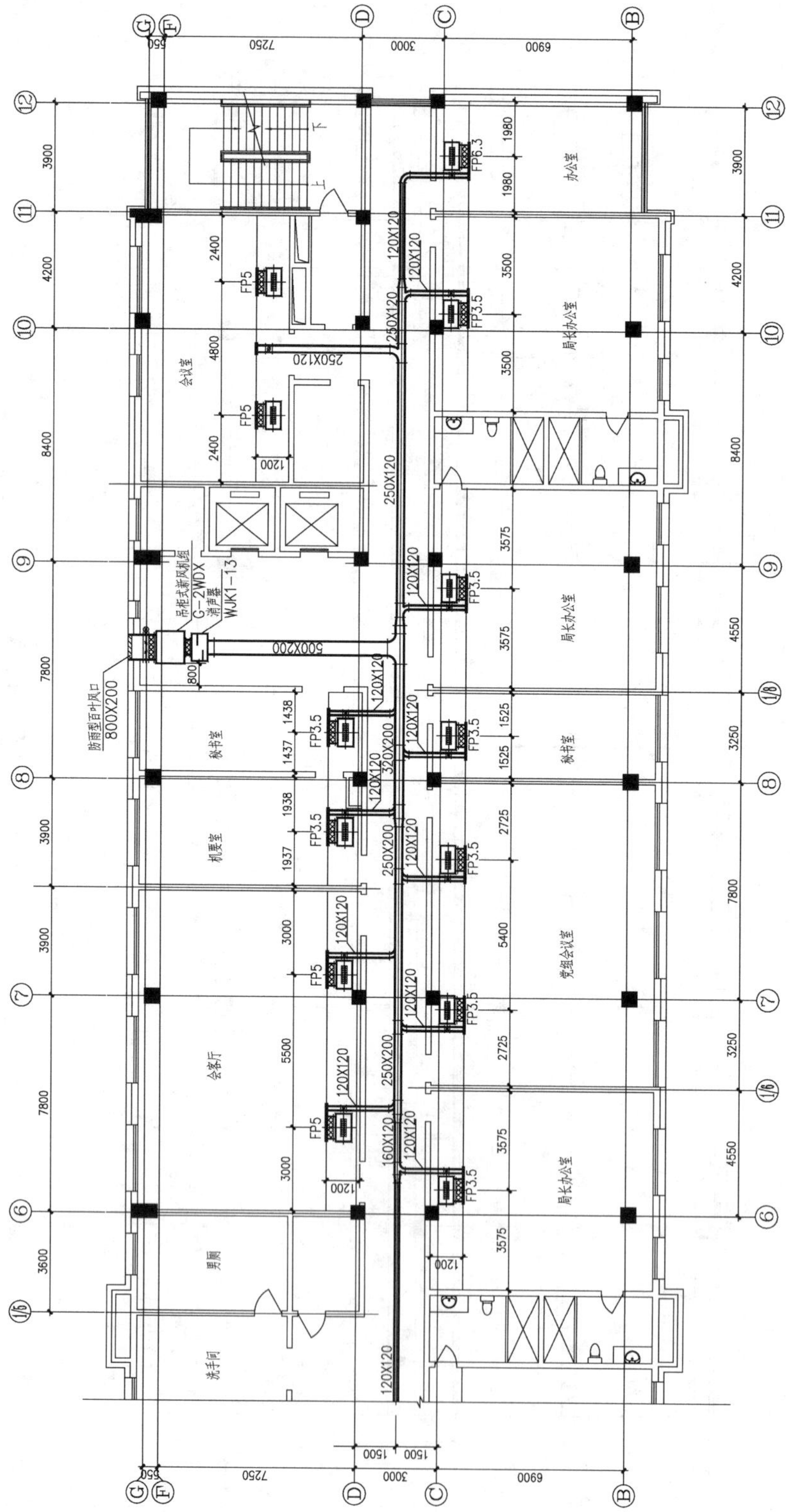

图3-81　二层风管平面图

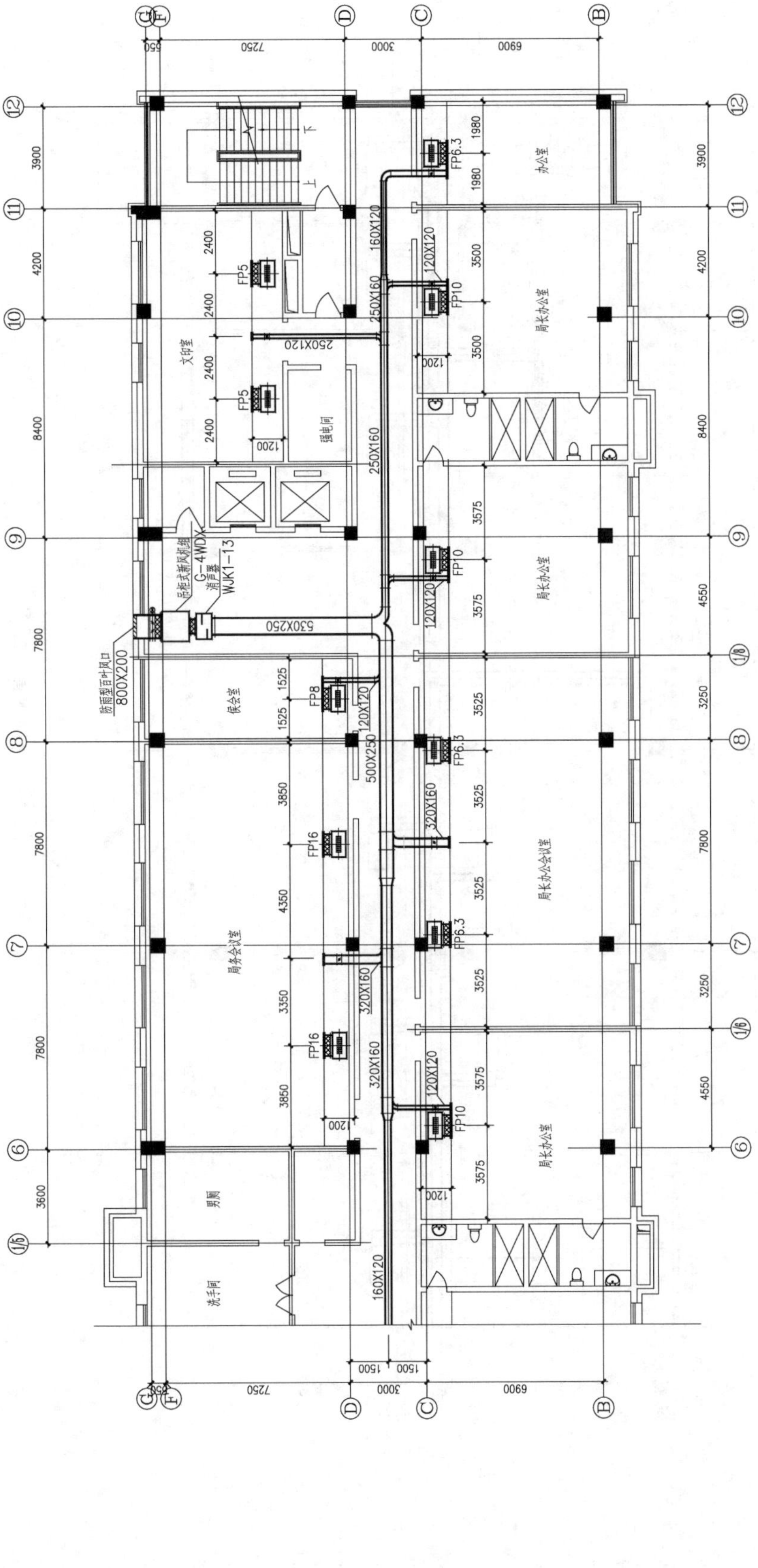

图3-82 三层风管平面图

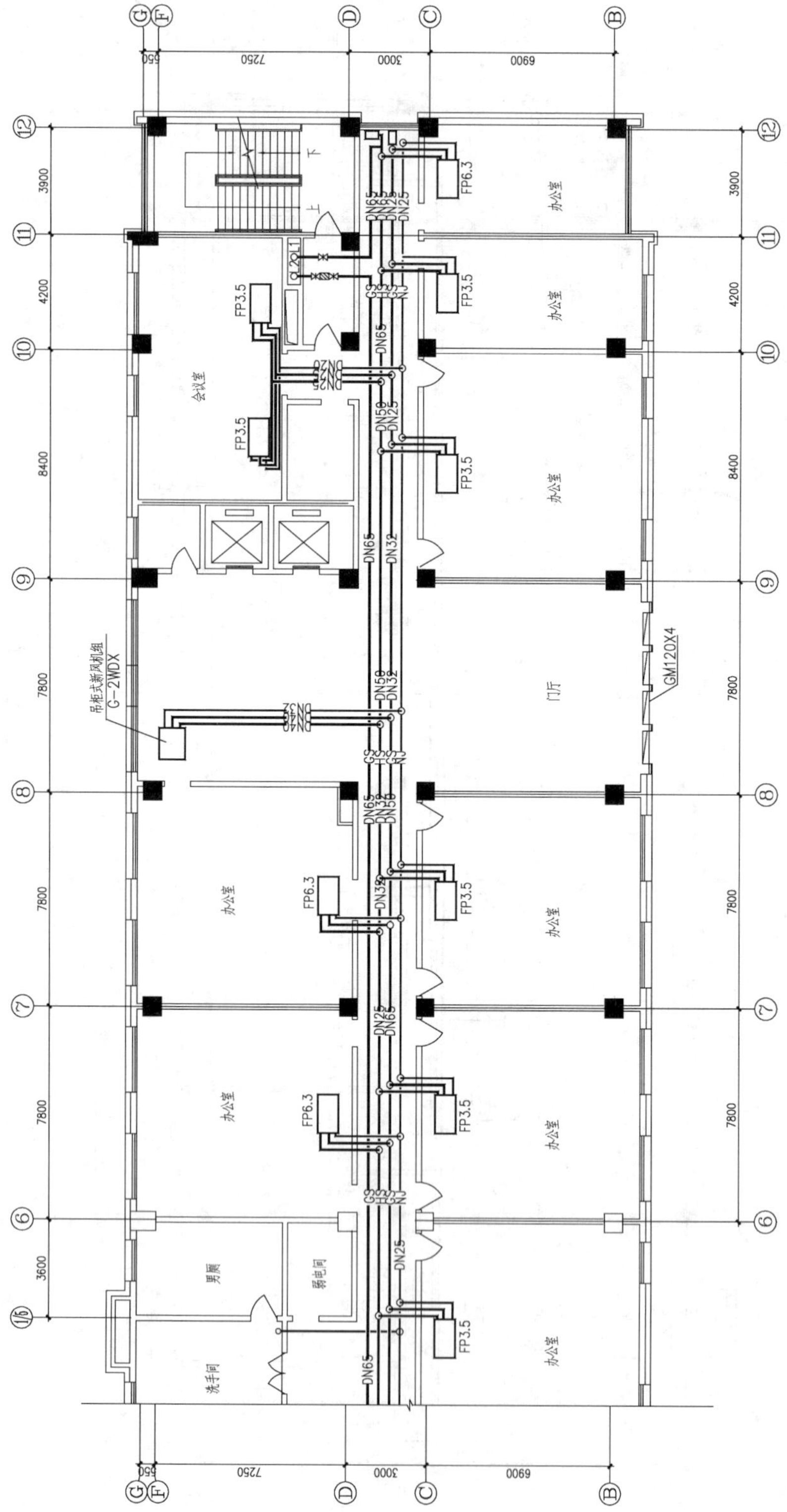

图3-83　一层水管平面图

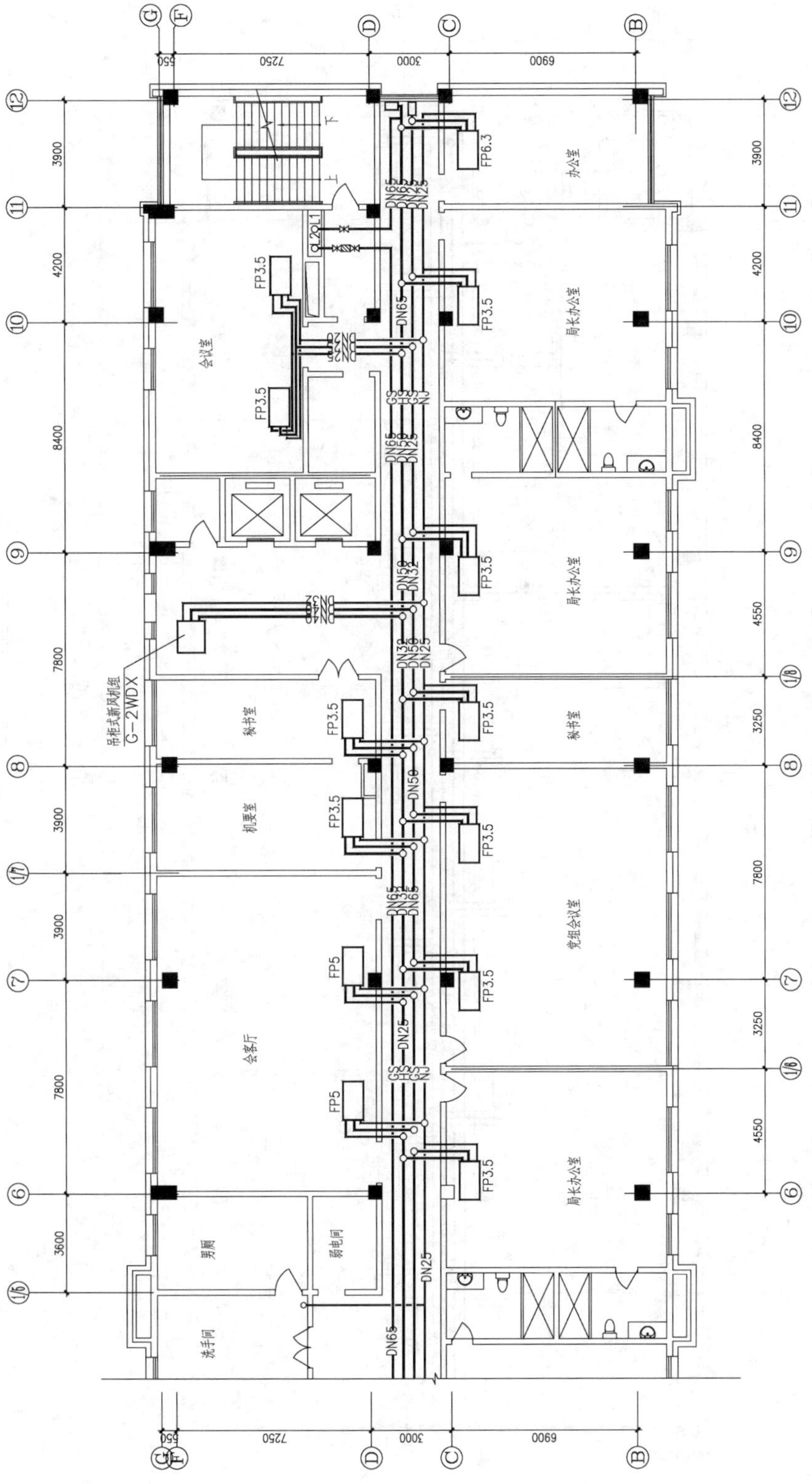

图3-84 二层水管平面图

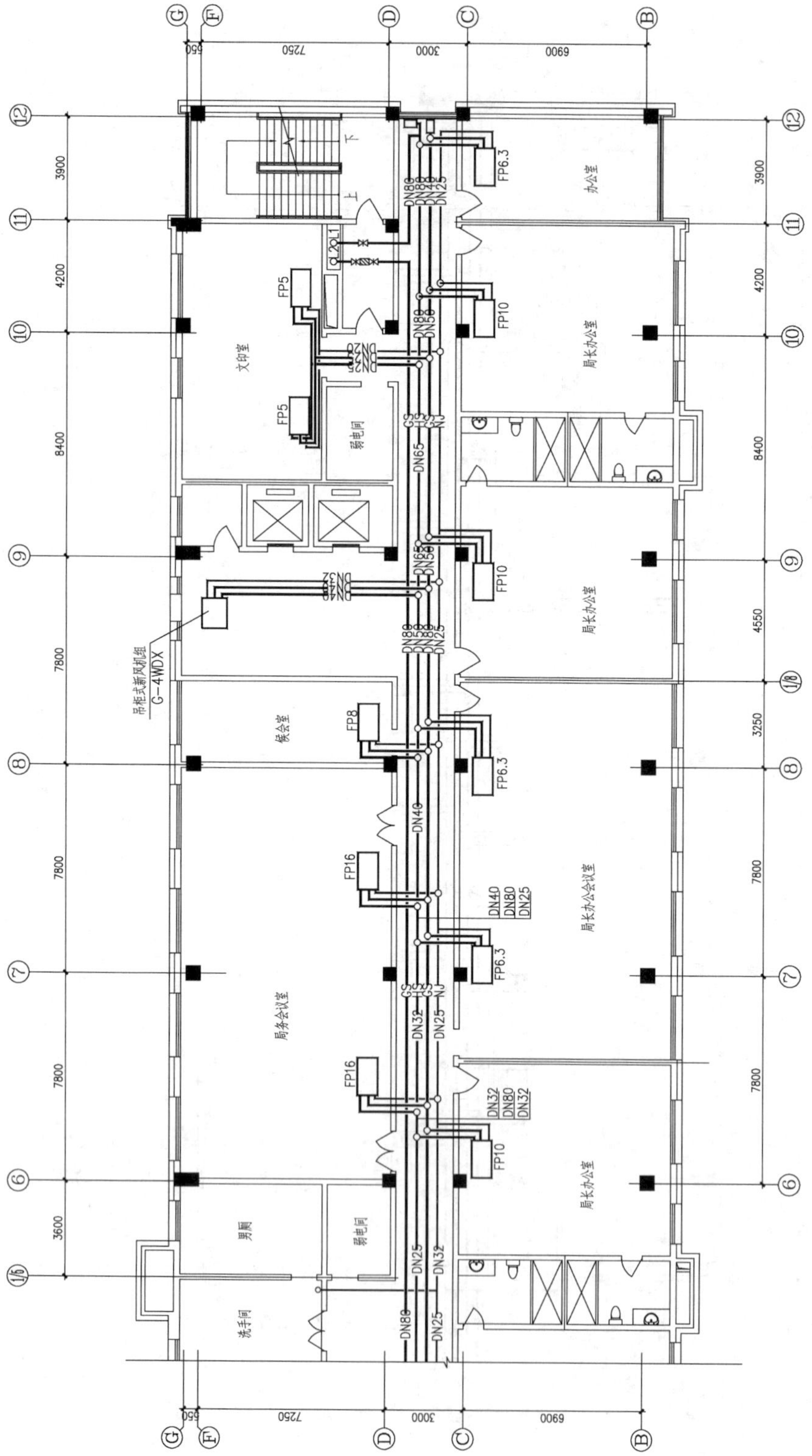

图3-85　三层水管平面图

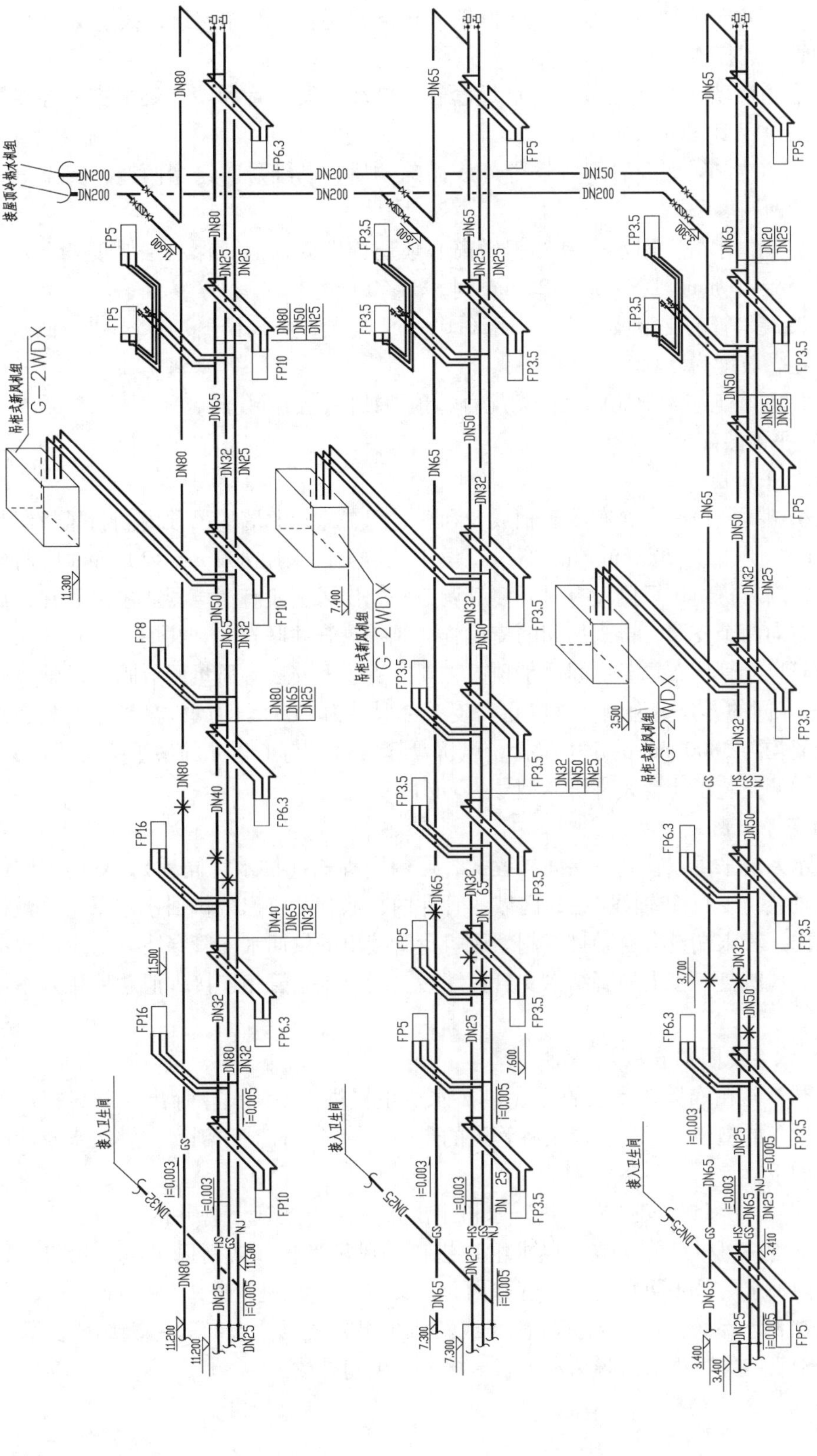
接屋顶冷热水机组
吊柜式新风机组
G－2WDX
接入卫生间
DN200
DN150
DN80
DN65
DN50
DN40
DN32
DN25
DN20
GS
HS
NJ
i=0.003
i=0.005
FP3.5
FP5
FP6.3
FP8
FP10
FP16
11.200
11.300
11.500
11.600
7.300
7.400
7.600
3.400
3.410
3.500
3.700

图3-86 空调水系统图

4. 水系统施工说明

(1) 空调水管管径小于等于 DN100 时采用镀锌钢管，丝扣连接；大于 DN100 时采用无缝钢管，焊接连接。

(2) 管道穿墙、梁及楼板时应预埋套管，穿墙、梁套管和墙、梁平齐。穿楼板套管高于室内地坪 20 mm。

(3) 管道支、吊架及管卡等铁件外表面除锈后，刷红丹防锈漆两遍，支架等铁件再刷银粉漆两遍。

(4) 空调供水管、回水管及阀门做离心玻璃棉管壳保温。保温层厚度如下：DN<50 mm 时，$\delta=40$ mm；DN=50~125 mm 时，$\delta=50$ mm。

(5) 冷凝水管的支管坡度应不小于 0.01，干管坡度应不小于 0.005；供、回水干管均为抬头走，坡度为 0.003。

(6) 空调施工应与土建施工密切配合，预埋铁件，预留孔洞。

(二) 平面图部分

1. 风管平面图

新风机组每层设一台，布置于轴线 8 和 9 之间，靠近北墙的吊顶内。新风机组型号为 G-2WDX，风量为 2000 m^3/h。新风口设于北墙上，采用 800 mm×200 mm 的防雨型百叶风口，新风机组进风侧设有对开多叶调节阀，出风侧设有消声器。主风管在走廊分成东、西方向两个支路，接入房间的支风管与风机盘管并联安装，共用一个送风口。风机盘管和新风支管均布置于房间侧吊顶内，新风支管上安装有风量调节阀。以轴线 8~9 和轴线 B~C 间的办公室为例，该房间安装一台型号为 FP3.5 的风机盘管，安装在距两侧墙的距离均为 3800 mm 的正中位置，风机盘管出风口与 1.2 m 的吊顶线齐平。另外，一层大门内侧安装了 4 台风幕机，型号为 GM120。

2. 水管平面图

空调水系统采用双管制，层间异程式，层内同程式（供水管同程）。空调供回水主立管设于轴线 10~11 和轴线 D~F 区域的管井内，从管井接出的供回水水平干管敷设于走廊吊顶内，其末端设有自动排气阀。风机盘管接出的供回水支管穿墙后与走廊内的干管相连接。风机盘管接出的凝结水支管穿墙后与凝结水干管相连接，汇总后排入本层洗手间。

(三) 水系统图部分

冷（热）源由布置在屋顶的冷（热）水机组提供。系统图中标出了新风机组、风机盘管等设备的型号、标高，以及各管道的走向、管径、标高和剖度。供回水及冷凝水系统走向如下：

(1) 供回水系统走向：冷（热）水机组出口→供水立管（管井内）→层内供水干管→供水支管→风机盘管（或新风机组）进口→风机盘管（或新风机组）出口→回水支管→层内回水干管→回水立管（管井内）→冷（热）水机组进口。

(2) 凝结水系统走向：风机盘管（或新风机组）凝结水盘接口→凝结水支管→层内凝结水干管→集中排出内凝结水干管→接入卫生间排放。

三 风机盘管加新风空调系统安装

（一）风机盘管机组安装的准备工作

1. 材料要求

（1）风机盘管应具有出厂合格证或质量鉴定文件。

（2）风机盘管的结构形式、安装形式、出口方向、进水位置应符合设计安装要求。

（3）设备安装所使用的主料和辅助材料规格、型号应符合设计规定，并具有产品质量出厂合格证。

2. 主要机具

（1）电锤、手锤、台虎钳、套丝板、手压泵、压力案子、气焊工具等。

（2）活扳手、套筒扳手、钢锯、管钳子、丝锥、水平尺、线坠。

3. 作业条件

（1）风机盘管和主、辅材料已运抵现场，安装所需工具已准备齐全，且有安装前检测用的场地、水源、电源。

（2）建筑结构工程施工完毕，屋顶做完防水层，室内墙面、地面抹完。

（3）安装位置尺寸符合设计要求，空调系统干管安装完毕，接往风机盘管的支管预留管口位置标高符合要求。

（二）风机盘管机组安装

1. 安装工艺流程

开箱检查→电机检查试运转→表冷器水压试验→吊架安装→风机盘管安装→连接配管→检验。

2. 安装方法

（1）开箱检查

① 风机盘管应有装箱单、设备说明书、质量合格证书与产品性能检测报告等随机文件，进口设备还应具有商检合格的证明文件。

② 检查每台风机盘管电机壳体及表面交换器有无损伤、锈蚀等缺陷。

（2）电机检查试运转和表冷器水压试验

① 风机盘管应逐台进行通电试验检查和电机三速试运转，机械部分不得有摩擦，电气部分不得漏电。

② 风机盘管应逐台进行水压试验，试验强度应为工作压力的 1.5 倍，定压后观察 2~3 min，不渗不漏为合格。

（3）吊架和风机盘管安装

① 根据设计图纸和现场实际情况确定风机盘管机组的安装位置。

② 在机组安装时应特别注意机组的进出风方向、进出水方向是否与设计图纸相对应。风机盘管安装过程中注意对风机壳体的保护，避免碰撞变形。

③ 卧式风机盘管应设置独立的支、吊架固定，用角钢短节垂直焊制在圆钢上，并在角钢上打孔用膨胀螺栓穿孔固定，在吊杆另一头套丝，用螺母与风机盘管连接固定。膨胀螺栓规格为 M8，吊杆规格为ϕ8 钢筋。支、吊架安装的高度、位置应正确，且固定

牢靠，吊杆不应摆动，并应便于拆卸和维修。吊杆与托盘相连应用双螺母紧固找平整。

（4）连接配管

① 设备供、回水配管必须采用弹性连接（金属软管和非金属软管）。供、回水管坡度应正确，凝结水应畅通地流到指定位置，并应按设备说明书的要求设置水封。水盘应无积水现象，严禁渗漏。阀门及过滤器应靠近风机盘管机组安装。风机盘管水管接管示意图见图 3-87。

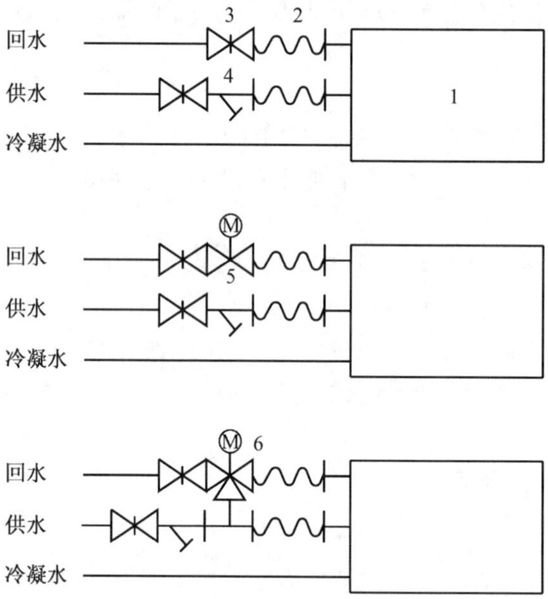

1—风机盘管；2—软接头；3—截止阀；4—过滤器；5—电动二通阀；6—电动三通阀

图 3-87　风机盘管水管接管示意图

② 风机盘管与冷热媒管应在管道系统冲洗排污后再连接，以防堵塞换热器。

③ 风管、回风箱及风口与风机盘管机组连接处应严密、牢固，回风管应加帆布软接。

④ 暗装的卧式风机盘管吊顶上应留有活动检查门，以便于机组整体拆卸和维修。

⑤ 在安装过程中，对明装风机盘管机组还应做外观保护。

（5）检验

① 风机盘管水平度应用水平尺测量，通过调节吊杆上的螺帽找平。

② 风机盘管安装完成后应再次检查电机轴架是否松脱、风机叶轮转动是否灵活、风机风筒是否有凹陷损伤等，若有问题，应及时修复。

四　技能点训练

1. 训练目的

（1）了解风机盘管加新风空调系统的组成。

（2）熟悉识读风机盘管加新风空调系统施工图的方法。

（3）会识读风机盘管加新风空调系统施工图。

2. 训练内容

扫描二维码，识读某教学楼二层空调系统施工图。根据施工图，进行训练：

某教学楼二层空调系统施工图

（1）简述该系统新风引入口处包含的设备、风管管件及附件，以及它们的作用。

（2）指出轴线 7~8 和轴线 A~B 间的计算机房中风机盘管的个数、型号及型号表示的含义，并说明该房间风机盘管的安装位置。

（3）简述该空调系统水系统的形式及特点。

（4）试说明空调水系统干管的安装注意事项（安装高度、安装坡度、保温层材料及厚度等）。

项目四

建筑电气系统安装

项目描述

建筑电气是以电气技术为手段，在建筑内创造人性化生活环境的一门应用学科。现代建筑要求电气设备防火、防潮、防爆、防污染、节能及小型化。建筑照明设计要求与建筑师密切配合，以期达到使用功能和建筑效果的统一。建筑智能化、绿色照明等都由于新材料、新技术、新方法的广泛采用，达到了前所未有的高度。下面一起来学习建筑电气相关知识。

知识目标

1. 认知建筑电气系统常用设备、导线。
2. 熟悉建筑供配电系统、弱电系统、防雷接地的基本知识。
3. 了解建筑电气系统施工图的基本组成及识读施工图的方法。
4. 熟悉建筑电气系统施工安装工艺流程。

技能目标

1. 能正确识读建筑电气系统施工图。
2. 能进行建筑电气系统与建筑结构、装饰施工安装的配合。

素质目标

1. 提升诚信意识、安全意识，工程施工中电缆电线切勿“以次充好”“偷工减料”。

2. 养成辩证唯物主义世界观，认识安装工程部分与建筑工程整体的辩证关系，在学习中不断成长。

任务一 建筑供配电及照明系统安装

一 知识点学习

建筑电气是以电能、电气设备和电气技术为手段，创造、维持与改善室内空间的电、光、热、声环境的一门科学。建筑电气是现代建筑不可缺少的重要组成部分。从某种意义上讲，建筑电气系统的优劣标志着建筑物现代化的程度，而且电气设施设置合理与否还直接影响建筑物功能的实现。

（一）建筑电气系统的分类与组成

1. 建筑电气系统的分类

建筑电气系统按其作用可分为两大部分，传输能源（电力）部分称为“强电系统”，处理信息部分称为“弱电系统”。通常情况下，把电力、照明用的电能称为强电，而把传播信息、进行信息交换的电信号称为弱电。强电的处理对象是能源（电力），其特点是电压高、电流大、功率大、频率低，主要考虑的问题是减少损耗、提高效率；弱电的处理对象主要是信息，即信息的传送与控制，其特点是电压低、电流小、功率小、频率高，主要考虑的问题是信息传输的效果问题，诸如信息传输的保真度、速度、广度和可靠性等。

2. 建筑电气系统的基本组成

现代建筑中的电气系统主要有供配电系统、电气照明系统、建筑动力系统、信息设施系统、信息化应用系统、建筑设备管理系统、公共安全系统及火灾自动报警与消防联动控制系统等。

各类建筑电气系统一般都是由用电设备、配电线路、控制和保护设备三大部分组成。

用电设备如照明灯具、家用电器、电动机、电视机、电话、喇叭等，种类繁多，作用各异，分别体现出各类系统的功能特点。

配电线路用于传输电能或电信号。各类系统的线路均为各种型号的导线、电缆、光缆及其他传输介质，其安装和敷设方式也都大致相同。

控制和保护设备是对相应系统实现控制和保护等作用的设备。这些设备常集中安装在一起，组成配电盘、柜等。若干盘、柜集中安装在同一房间中，即形成各种建筑电气专用房间，如变配电室、共用天线电视系统前端控制室、消防控制室、保安监控室等。这些房间均需结合具体功能及相关规范与标准的要求，在建筑设计中统一安排布置。

（二）建筑供配电系统

1. 电力系统的组成

电力系统是由发电、变电、输电、配电和用电等环节组成的电能生产与消费系统，是由发电厂、电力网、变配电所及电力用户组成的统一整体。图 4-1 为电力系统的组成示意图。

建筑供配电系统

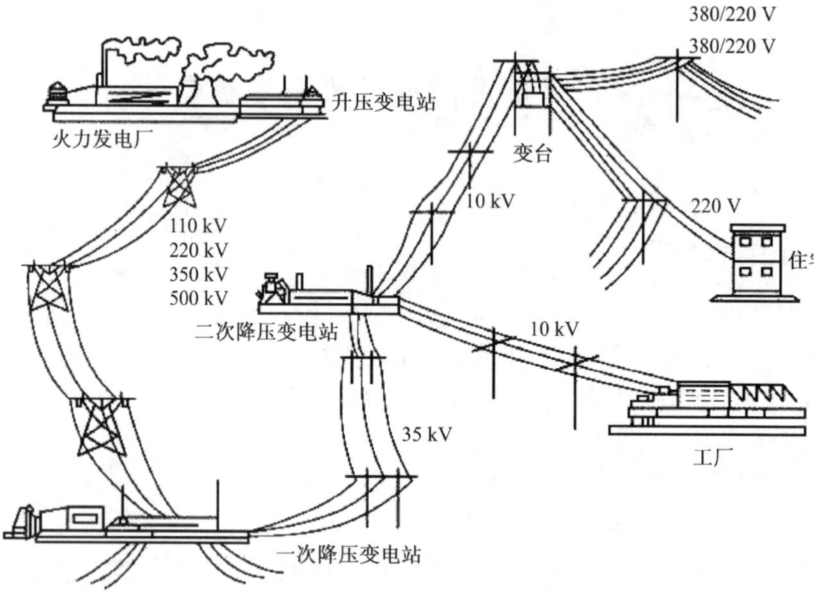

图 4-1　电力系统组成示意图

（1）发电厂

根据所转换能源的不同，发电厂可分为水力发电厂、火力发电厂、核能发电厂、太阳能发电厂、风力发电厂、地热发电厂和潮汐发电厂等。

（2）电力网

电力网的任务是输送、分配电能，常分为输电网和配电网两类。35 kV 及以上的输电线路称为输电网，用作远距离输电；10 kV 及以下的配电线路称为配电网，其作用是将电能分配给用户。

（3）变配电所

变配电所是接受电能、变换电压和分配电能的场所，变配电工程采用变压器把 10 kV 电压降为 380/220 V。

2. 负荷分级

建筑电气中往往采用不同级别的电力负荷。电力负荷是根据对供电可靠性要求的界限分级的，以便恰当地选择符合我国实际水平的供电方式，提高投资的效益。区分电力负荷对供电可靠性的要求，在于判断停电在政治或经济上造成损失或影响的程度：损失越大，对供电可靠性的要求就越高；损失越小，对供电可靠性的要求就越低。工业和民用建筑的供电负荷可分为三级：

（1）一级负荷

适用于中断供电将造成人身伤亡，中断供电将在政治、经济上造成重大损失，中断供电将影响有重大政治、经济意义的用电单位正常工作的建筑或场所。一级负荷要求有两个或两个以上独立电源供电。例如，重要交通枢纽、重要通信枢纽、重要宾馆、大型体育场馆、经常用于国际活动的大量人员集中的公共场所等。在一级负荷中，当中断供电将发生中毒、爆炸和火灾等情况的负荷，以及特别重要场所不允许中断供电的负荷应视为特别重要的负荷，其供电除上述两个电源外，还必须增设应急电源。

（2）二级负荷

适用于中断供电将在政治、经济上造成较大损失，中断供电将影响重要用电单位正常工作的建筑或场所。例如，地、市级办公建筑，甲等电影院的照明用电，博物馆、展览馆的展览用电，大型商场及超市自动扶梯和空调用电等。对二级负荷宜采用两回线路供电，供电变压器亦宜选两台（两台变压器不一定在同一变电所）。

（3）三级负荷

不属于一、二级负荷的称为三级负荷。三级负荷一般由单电源供电。

3. 电源引入方式

电源向建筑物内的引入方式应根据建筑物内的用电量大小和用电设备的额定电压数值等因素确定，一般有如下几种方式：

（1）建筑物较小或用电设备负荷容量较小，且均为单相、低压用电设备时，一般引入单相 220 V 的电源（如居住建筑中面积较小的用电户）。

（2）建筑物较大或用电设备容量较大，但全部为单相、三相用电设备时，一般引入三相 380/220 V 的电源。

（3）建筑物很大或用电设备容量很大，虽全部为单相、三相低压用电设备，但综合考虑技术和经济因素，一般由区域变电所引入三相高压 6 kV 或 10 kV 的电源经降压后供用电设备使用。此时，在建筑物内应装置变压器，布置变配电室。若建筑物内有高压用电设备，应引入高压电源供其使用，同时布置变压器及变配电装置，满足低压用电设备的电压要求。

4. 低压配电方式

低压配电的方式有放射式、树干式及混合式三种。

（1）放射式配电是指由总配电盘直接供给分配电盘或负荷。其优点是各负荷独立受电，一旦发生故障，只局限于本身而不影响其他回路，但消耗材料较多，如图 4-2a 所示。放射式配电适用于重要负荷和电动机配电回路。

（2）树干式配电是指各分配电箱的电源由一条公用干线供电，如图 4-2b 所示。其优点是节省材料，经济性较好，但电源的可靠性差。

（3）在大型配电系统中，大多采用放射式与树干式的混合方式，称为混合式。如大型商场的照明配电系统，其变电所配出为放射式，分支为树干式，如图 4-2c 所示。

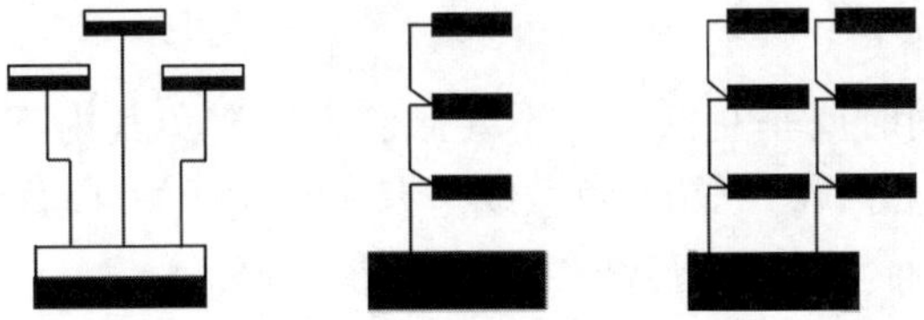

(a) 放射式　(b) 树干式　(c) 混合式

图 4-2　低压配电方式

（三）常用低压电气设备与导线

1. 低压刀开关

低压刀开关（符号为 QK）是一种简单的手动操作电器，可用于不频繁接通和切断小容量低压供配电线路，也可作为电源隔离开关。

低压刀开关的分类方式很多，按其操作方式分，有单投和双投；按其极数分，有单极、双极和三极；按其灭弧结构分，有不带灭弧罩的和带有灭弧罩的。

不带灭弧罩的刀开关一般只能在无负荷下操作，作隔离开关使用。带有灭弧罩的刀开关（见图 4-3）能通断一定的负荷电流，其钢栅片灭弧罩能使负荷电流产生的电弧有效地熄灭。

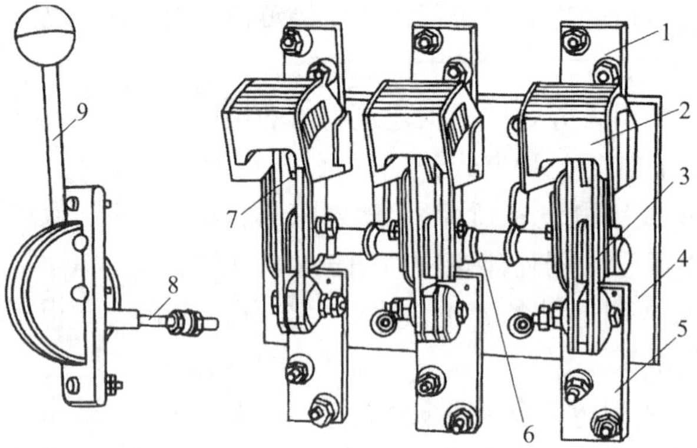

1—上接线端子；2—灭弧罩；3—闸刀；4—底座；5—下接线端子；
6—主轴；7—静触头；8—连杆；9—操作手柄

图 4-3　带有灭弧罩的刀开关

2. 低压断路器

低压断路器（符号为 QF），旧称低压自动开关，如图 4-4 所示。它既能带负荷通断电路，又能在短路、过负荷和低电压（或失压）时自动跳闸。

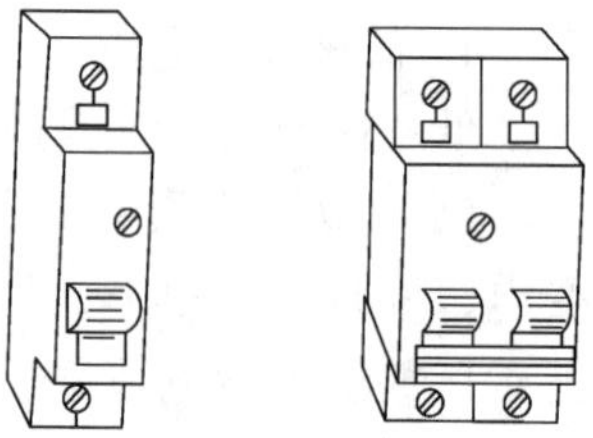

图 4-4　低压断路器

低压断路器按灭弧介质分类，有空气断路器和真空断路器等；按用途分类，有配电用断路器、电动机保护用断路器、照明用断路器和漏电保护断路器等。配电用低压断路器按结构形式分，有塑料外壳式和万能式两大类。

低压空气断路器也称为自动空气开关，具有较好的灭弧性能，除具有全负荷分断能力外，还具有短路保护、过载保护和失压（欠压）保护等功能，可作为低压供配电系统中的总开关和分路开关。

低压断路器在使用时要垂直安装，不要倾斜，以避免其内部机械部件运动不够灵活，接线时要上端接电源线，下端接负载线。有些空气开关自动跳闸后，须将手柄向下扳，然后再向上推才能合闸，若直接向上推则不能合闸。

3. 漏电保护器

漏电保护器装有检漏元件联动执行元件自动分断发生故障的线路，也称为剩余电流动作保护装置（RCD），一般安装在建筑物内或施工现场的临时用电设施上。漏电保护器按照结构分为电磁式和电子式两种类型。电磁式漏电保护器具有可靠性高、受外界温度和磁场的影响小、寿命长、无需辅助电源等优点，而电子式漏电保护器的性能易受外界因素的影响且需有工作电源。因此，目前各类建筑电气工程中均倾向于采用电磁式漏电保护器。

4. 熔断器

在低压供配电系统中，熔断器一般用于电气设备和线路的短路和过载保护。当电流超过规定值并经过足够的时间后，熔断器熔体熔化，将其所接入的电路断开，对电路和设备起短路和过负载保护作用。

低压熔断器的类型很多，如插入式（RC）、螺旋式（RL）、无填料密封管式（RM）、有填料封闭管式（RT），以及引进技术生产的有填料管式 gF 和 aM 系列、高分断能力的 NT 型等。

自复式熔断器通常与低压断路器配合使用，甚至组合为一种电器，利用自复式熔断器来切断短路电流，利用低压断路器来保护过负荷和操作电路，既能有效地切断短路电流，又能减轻低压断路器的工作负荷，提高供电可靠性。

5. 电力变压器

电力变压器又称变压器，主要由两个或两个以上绕组（线圈）绕在一个公共铁芯柱上所构成，铁芯和绕组构成变压器的主体，称为器身。变压器是用来将某一数值的交流电压（电流）变成频率相同的另一种或几种数值不同的电压（电流）的设备。变压器基本结构可分为两部分，一是电路部分，主要是一次绕组和二次绕组；二是磁路部分，即由硅钢片叠成的铁芯。

6. 配电箱

配电箱是接受和分配电能的装置，可对电器设备进行直接控制。低压配电箱按电气接线要求将开关设备、测量仪表、保护电器和辅助设备组装在封闭或半封闭金属柜中或屏幅上，正常运行时可借助手动或自动开关接通或分断电路，故障或不正常运行时借助保护电器切断电路或报警。配电箱借测量仪表可显示运行中的各种参数，还可对某些电气参数进行调整，对偏离正常工作状态进行提示或发出信号。

配电箱安装有明装、暗装、半暗装（部分裸露在墙体外）、落地安装等。建筑工程室内的配电箱一般采用嵌墙暗装，如图 4-5 所示。照明配电板底边距地面高度不宜小于 1.8 m。配电箱应安装在靠近电源的进口处，以使得电源进户线尽可能短，并且应在尽量接近负荷中心的位置上，配电箱的供电半径一般为 30 m 左右。

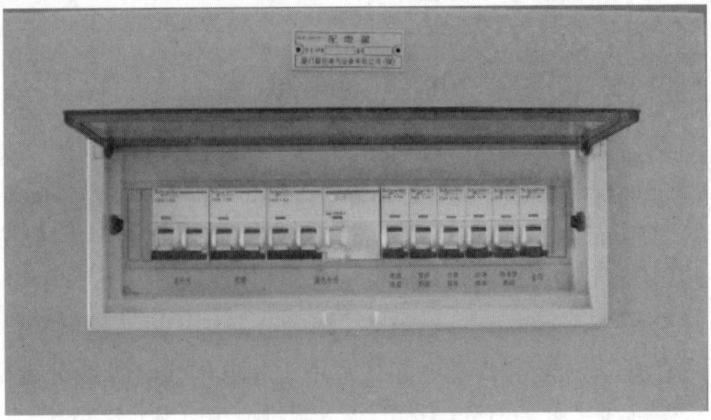

图 4-5 配电箱

7. 常用线缆

建筑电气工程中，常采用绝缘导线、电力电缆、控制电缆、密闭母线槽，架空线路常采用裸电缆（铝包钢绞线），配电室内工厂车间配电也采用裸母线。

（1）绝缘导线

绝缘导线主要分为塑料绝缘导线和橡胶绝缘导线。塑料绝缘导线的绝缘层主要是氯化聚氯乙烯，有铝芯塑料绝缘线（BLV）、铜芯塑料绝缘线（BV）、铝芯塑料绝缘护套线（BLVV）、铜芯塑料绝缘护套线（BVV）、复合物平行软线（RFB）、铜芯玻璃丝织橡胶绝缘导线（BBX）等。橡胶绝缘导线的绝缘材料是天然橡胶，有铝芯橡胶绝缘导线（BLX）和铜芯橡胶绝缘导线（BX）。绝缘导线字母代号的意义见表 4-1。

表 4-1　绝缘导线字母代号的意义

字母代号	表示意义
B	在第一位表示布线用，在第二位表示外护层为玻璃丝编织，在第三位表示线外型为扁平型
L	表示铝芯，没有 L 表示铜芯
V	表示塑料材质，前一位表示塑料绝缘，后一位表示塑料护套
R	表示软线
X	表示橡胶绝缘

绝缘导线及配电箱里的绝缘导线接线如图 4-6 所示。

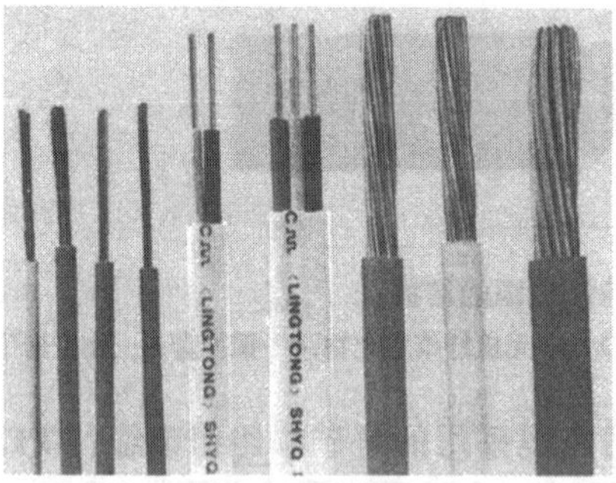

(a) 绝缘导线

(b) 配电箱里的绝缘导线接线

图 4-6　绝缘导线

线芯截面积称为标称（额定）截面积，其单位用符号 mm^2 表示。常用的电线电缆标称截面积有 0.5 mm^2，1.0 mm^2，1.5 mm^2，2.5 mm^2，4.0 mm^2，6.0 mm^2，10 mm^2，16 mm^2，25 mm^2，35 mm^2，50 mm^2，70 mm^2，95 mm^2，120 mm^2，185 mm^2，240 mm^2，300 mm^2。

（2）母线

母线的作用是汇集、分配和传送电能，常用于配电干线。母线分为裸母线和密闭母线槽（母线槽）。裸母线主要有 TMY 铜母线（铜排）和 LMY 铝母线（铝排），分别如图 4-7 和图 4-8 所示。

图 4-7　TMY 铜母线

图 4-8　LMY 铝母线

（3）电力电缆

图 4-9　电力电缆

电力电缆主要作为输电线路使用。电力电缆有单芯、双芯、三芯及多芯之分，如图 4-9 所示。电力电缆根据线芯的不同，常见的有铝芯电缆（VLV）和铜芯电缆［VV，YJV，YJV22（钢带铠装，能承受机械外力，通常用于埋地），YJV32（钢丝铠装，能承受机械外力和拉力，可用于竖井）］。其中，VLV 和 VV 的第一个“V”表示聚氯乙烯绝缘，第二个“V”表示聚氯乙烯护套；YJV 表示交联聚氯乙烯绝缘、聚氯乙烯护套。例如，VV-3×35+2×16-WC 表示聚氯乙烯绝缘、聚氯乙烯护套，3 根 35 mm^2、2 根 16 mm^2 的铜芯电缆，墙内暗敷。

（4）控制电缆

控制电缆是主要用于传送控制、信号测量等的电缆。控制电缆既可供交流 500 V 或直流 1000 V 及以下配电装置中的仪表、电器、电路控制之用，也可连接电路信号，作为信号电缆用。控制电缆的芯数为 2~40 芯。控制电缆的截面如图 4-10 所示。控制电缆常见的有 KVLV，KVV 塑料控制电缆（铝芯、铜芯）和 KXV 橡胶绝缘控制电缆（铜芯）。其中，符号 K 表示控制电缆。

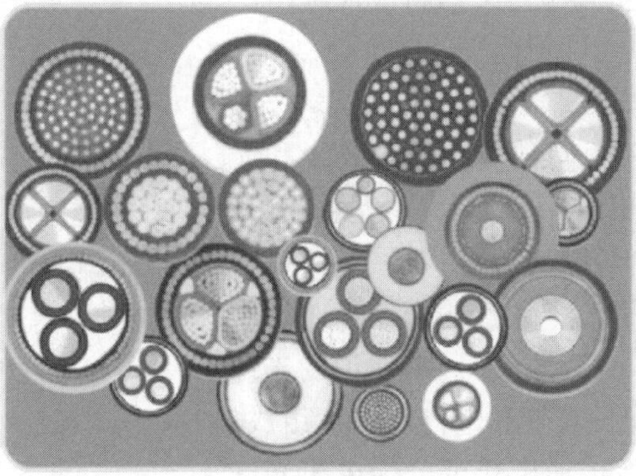

图 4-10　控制电缆的截面

（5）综合布线电缆

综合布线电缆是用于传输语音、数据、影像和其他信息的结构化布线系统。综合布线系统使用的线缆主要有大对数铜缆（见图 4-11）、各类非屏蔽双绞线和屏蔽双绞线。

图 4-11　大对数铜缆

双绞线是由两根绝缘的导体扭绞封装在一个绝缘外套中传输信号的线缆，如图 4-12 所示。扭绞的目的是使对外的电磁辐射和遭受的外部电磁干扰降到最小。

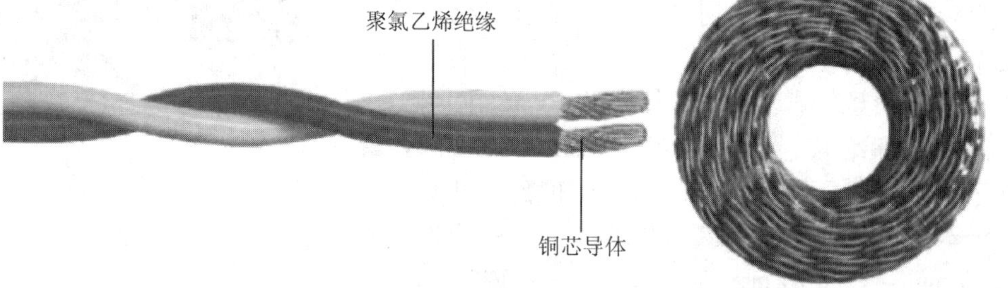

图 4-12　双绞线的结构与实物

双绞线可分为屏蔽双绞线（shielded twisted pair，STP）和非屏蔽双绞线（unshielded twisted pair，UTP）。屏蔽双绞线电缆的外层由铝铂包裹，以减小辐射，但并不能完全消除辐射。屏蔽双绞线电缆的价格相对较高，安装时要比非屏蔽双绞线电缆困难。非屏蔽双绞线电缆具有直径小、重量轻、易弯曲、易安装、串扰少等优点，因此得到广泛应用。

（6）有线通信电缆

有线通信电缆常采用同轴线缆、双绞线和光纤。同轴线缆的结构如图 4-13 所示。电缆线芯越粗，耗损越小，越适合长距离传输。

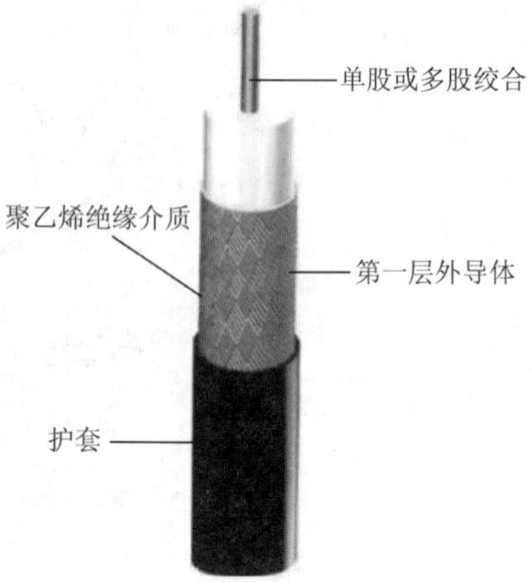

图 4-13　同轴线缆的结构

光纤是比人的头发丝稍粗的玻璃丝，通信用光纤的外径一般为 125~140 μm。一般所说的光纤由纤芯和包层（塑料保护套管和塑料外皮）组成，如图 4-14 所示。光纤按传输模式可分为单模光纤（single mode fiber）和多模光纤（multi mode fiber)。多模光纤较粗(50 μm),传输频带较单模窄,传输距离较近(几千米);单模光纤特别细(10 μm),适用于远程通信。

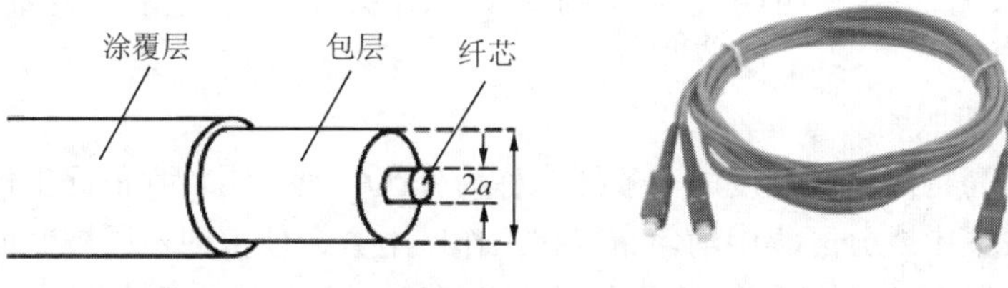

图 4-14　光纤的结构及实物

(四)建筑电气照明系统

照明系统是指光能产生、传播、分配(反射、折射和透射)和消耗吸收的系统,由光源、控制器、室内空间、建筑内表面、建筑形状和工作面等组成。照明系统应满足国家标准所对应的照度标准、照度均匀度、空间照度、统一眩光值、光色、照明功率密度值、能效指标等相关标准值的综合要求。图 4-15 所示为某宿舍灯具平面布置图。

与建筑照明配合的电气系统是指电能的输送、分配、控制和消耗使用的系统,由电源、导线、控制及保护设备(开关、熔断器)、用电设备(各种电光源照明灯具)所组成。

建筑电气和照明两套系统紧密关联,连接点就是照明灯具,照明灯具是电气系统的末端,又是照明系统的始端。电气系统应满足照明系统的要求,而照明系统应和建筑电气设计紧密配合。图 4-16 所示为宿舍电气照明平面图。

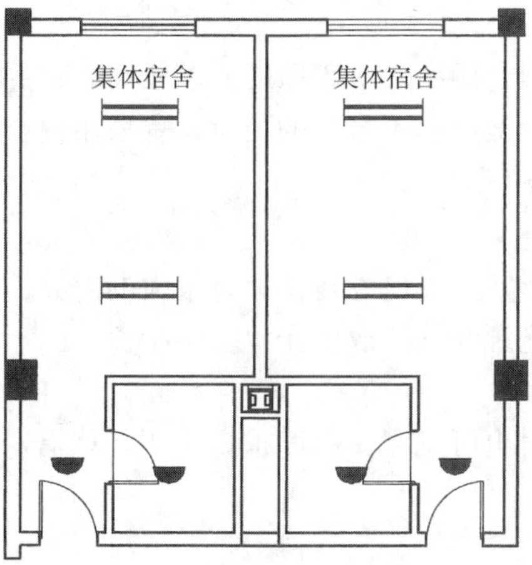

图 4-15　灯具平面布置图

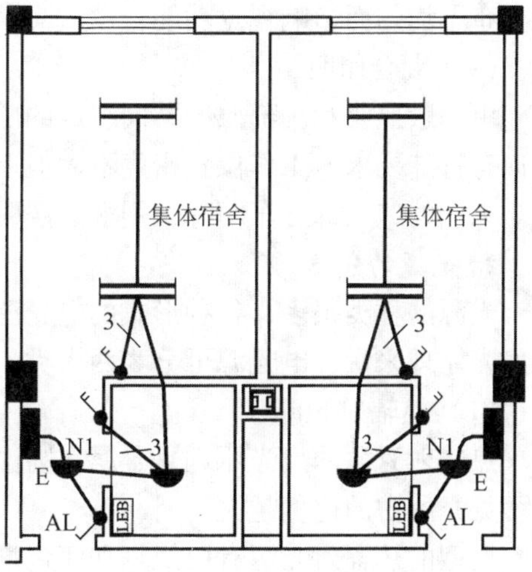

图 4-16　电气照明平面图

1. 照明方式的选择

照明器按其安装部位或使用功能构成的基本形式称为照明方式。照明方式分为以下四种:

(1)一般照明

为照亮整个场地而均匀设置,使整个场地水平照度基本均匀的照明方式称为一般照明。它不考虑特殊局部的需要。下列情况宜单独装设一般照明：当受生产技术条件限制，不适宜装设局部照明或采用混合照明不合理时；工作位置密度很大，而对光照方向无特殊要求时。一般照明在工厂的车间、办公室、体育馆、教室等场所广泛采用。

（2）分区一般照明

根据需要提高特定区域照度的一般照明称为分区一般照明。它根据工作面布置的实际情况，将灯具集中或分区集中均匀布置在工作区上方，使室内不同被照面上产生不同的照度，从而可以有效地节约电能。此种照明常以工作对象为重点，按工作区布置灯具。如车间的组装线、运输带、检验场地、纺织厂的纺机上方、轧钢设备及传送带等照明均属此类。

（3）局部照明

为满足某些部位（仅限于工作面上某个局部）的特殊需要而设置的照明称为局部照明。其优点是灵活、方便、节电，并能有效地突出对象。下列情况宜采用局部照明：

① 局部地点需要高照度或照射方向有要求时；

② 由于遮挡而使一般照明照射不到的某些范围；

③ 需要消除工作区及其附近的光幕反射时；

④ 需要削弱气体放电光源所产生的频闪效应影响时；

⑤ 视觉功能降低的人需要有较高照度时；

⑥ 为加强某方向的光线以增强实体感时。

在整个工作场所或一个房间中，不应只装局部照明而无一般照明，因为这样会因亮度分布不均匀而影响视觉功能。

（4）混合照明

由一般照明和局部照明共同组成的照明称为混合照明。对于照度要求较高、对照射方向有特殊要求、工作位置密度不大但单独设置一般照明不合理的场所，宜采用混合照明。工厂的绝大部分车间都采用混合照明。

2. 光源的分类

光源的种类很多，各种形式的电光源的外观形状及光电性能指标有很大的差异，但从发光原理来看，电光源可分为两大类：热辐射光源和气体放电光源。

（1）热辐射光源

热辐射光源的发光原理是金属在高温下会辐射出可见光，温度越高，在其总辐射量中可见光所占的比例越大。

典型的热辐射光源有白炽灯和卤钨灯等。

（2）气体放电光源

气体放电光源的发光原理是利用蒸气的弧光放电或非金属电离激发而发出可见光。气体放电光源的种类很多，如荧光灯、荧光高压汞灯、钠灯、金属卤化物灯等，其共同的特点是发光效率高、寿命长、耐振性好，代表着新型电光源的发展方向。正确合理地选用气体放电光源，对于节能和美化室内外环境有着重要意义。

二 建筑电气施工图识读

(一) 建筑电气施工图的主要内容

建筑电气
施工图识读

建筑电气施工图是描述建筑电气系统的基本原理，反映建筑电气产品的构成和功能，指导各种电气设备、电气线路的安装、运行、维护和管理的图纸。要看懂建筑电气施工图，必须掌握有关电气图的基本知识，了解各种电气图形符号，了解电气图的组成、种类、特点及其在建筑工程中的作用，还要了解电气图的基本规定和常用术语，以及看图的基本步骤和方法。

一套完整的建筑电气施工图，内容以图纸为主，一般包括：

1. 图纸目录

图纸目录主要列出新绘制的图纸、所选用的标准图纸或重复利用的图纸等的编号及名称。图纸目录以表格形式出现，表头标明建设单位、工程名称、分部工程名称、设计日期等，表中将全部施工图统一编号（电施-X），按图纸序号排列顺序填入。先列新绘制的图纸，后列选用的重复利用图和标准图，其作用是便于核对图纸数量和查找图纸。

2. 设计说明

设计说明一般包括：施工图的设计依据；设计指导思想；本工程项目的设计规模和工程概况；电气材料的用料和施工要求说明；主要设备的规格、型号；采用新材料、新技术或者特殊要求的做法说明；系统图和平面图中没有交代清楚的内容，如进户线的距地标高、配电箱的安装高度、部分干线和支线的敷设方式和部位、导线种类和规格及截面积大小等内容。对于简单的工程，可在电气图纸上写成文字说明。

3. 设备材料表

为了便于施工单位计算材料、采购电气设备、编制工程概（预）算和编制施工组织计划等，电气工程图纸上要列出主要设备材料表。表中应列出主要电气设备材料的规格、型号、数量及有关的重要数据，要求与图纸一致，而且要按照序号编号。设备材料表是电气施工图中不可缺少的内容。

4. 配电系统图

配电系统图能表示整体电力系统的配电关系或配电方案。从配电系统图中，能够看到该工程配电的规格、各级控制关系、各级控制设备和保护设备的规格容量、各路负荷用电容量及导线规格等。

5. 平面图

平面图表征了建筑各层的照明、动力、电话等电气设备的平面位置和线路走向。它是安装电器和敷设支路管线的依据。建筑电气平面图的比例与建筑专业一致。在平面图中用细实线表示建筑门窗、墙体、轴线、主要尺寸等建筑条件，并标明房间名称和楼层标高；粗线表示电气管线。电气平面图包括配电平面图、照明平面图、防雷平面图和接地平面图等。

(1) 配电平面图。图中除建筑条件外，主要表示线路始、终端位置（包括控制线路），标注线路的导线规格、编号、敷设方式；布置配电箱、控制箱，并标注编号、型号和规格。

（2）照明平面图。图中除建筑条件外，主要表示配电箱、灯具、开关、插座、线路等平面布置，标注配电箱编号，干线、分支线回路编号；有二次装修的部位，照明平面图上应标注预留的照明配电箱和容量，具体内容由二次装修照明平面图确定。

另外，根据节能设计要求，有代表性的场所，图中会标注照明设计的主要参数、照度和功率密度值。

（3）建筑顶层防雷平面图。图中除建筑条件外，应标注避雷针、避雷带、导线引下线等的平面位置，注明材料型号、规格和所涉及的标准图编号、页次。当利用建筑物钢筋混凝土柱内的钢筋作为防雷闪电器、引下线、接地装置时，图上标注连接点、接地电阻测试点、预埋件位置及敷设方式，并注明所涉及的标准图编号、页次。

（4）接地平面图。图中除建筑结构条件外，应标注接地线、接地极、测试点、断接卡、预埋件平面位置及敷设方式等，并注明材料型号、规格和所涉及的标准图编号、页次。

6. 详图与大样图

详图是用来详细表示用电设备、设施及线路安装方法的图纸。大样图表示电气安装工程中的局部作法明晰图，如舞台聚光灯安装大样图、灯头盒安装大样图等。在《电气设备安装施工图册》中有大量的标准作法大样图。

（二）建筑电气施工图识读方法

阅读建筑电气施工图，除了要了解建筑电气施工图的图形符号和文字符号外，还要按照一定的顺序阅读，这样才能迅速全面地读懂图纸。

在读图时，可以采取先粗读、后细读、再精读的方法。

首先是粗读，就是将施工图从头到尾大概浏览一遍，主要了解工程的概况，做到心中有数。

其次是细读，就是按照读图程序和要点仔细阅读每一张施工图，有时一张图纸需反复阅读多遍。为更好地利用图纸指导施工，使安装质量符合要求，阅读图纸时，还应该配合阅读有关施工及检验规范、质量检验评定标准及全国通用电气装置标准图集，以详细了解安装技术要求及具体安装方法等。

最后是精读，即再次仔细阅读施工图中的关键部位及设备、贵重设备及元件、电力变压器、大型电机及机房设施、复杂控制装置的施工图，系统掌握中心作业内容和施工图要求，不但要做到了如指掌，还应做到胸有成竹。

识图之前首先要了解图例，电气施工图的常用符号如表 4-2 所示。关于电气技术领域的图形符号、文字符号和项目代号，可分别参见《电气图用图形符号》《电气技术中的文字符号制订通则》和《电气技术中的项目代号》。

读懂电气施工图，应掌握以下要领：

（1）在阅读的过程中，应结合电气施工图、电气标准图和相关资料一起反复对照阅读，弄清楚配电系统图和电气平面图的内容。只有这样才能真正了解设计意图和工程整个情况。因此，阅读时，首先看设计说明，然后阅读配电系统图，再阅读电气平面图，最后阅读电气工程详图、加工图及主要材料设备图。

（2）读图时，一般按“进线→变、配电所→开关柜、配电屏→各配电线路→车间或住宅配电箱（盘）→室内干线→支线及各路用电设备”的顺序识读。

表 4-2　电气施工图的常用符号

序号	图形符号	说明	序号	图形符号	说明
1		普通吸顶灯	9		三孔防水插座
2	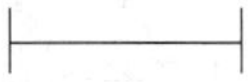	单管荧光灯	10		空调插座
3		天棚灯	11		单极暗开关
4		防水防尘灯	12	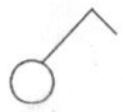	单极明开关
5		单相暗插座	13		双极暗开关
6		单相明插座	14	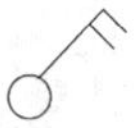	双极明开关
7		三孔暗插座	15		三极暗开关
8	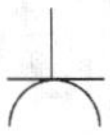	三孔明插座	16		三极明开关

当然，在阅读的过程中，应对建筑施工图、结构施工图有充分的认识，确保工种之间的有效协作。只有这样才能提高施工效率，保证工程质量。

（三）建筑电气施工图识读

1. 办公楼电气照明图识读示例

图 4-17、图 4-18、图 4-19 是某办公楼的电气照明工程图。该工程为砖混结构，建筑面积 320 m^2。一层为营业厅；二层为办公室，有一双开间会议室。由于底层为大开间，二层分隔墙采用轻钢龙骨石膏板隔断。

从图 4-17～图 4-19 中可以看出，电源电压为单相 220 V，电源从 1 轴墙上引入，进户标高为 3. 80 m。进户电源线选用塑料铜芯线（BV 型），3 根 10 mm^2 铜芯线，一根相线，一根零线，一根保护接地线（单相三线），室内用 BV 塑料铜芯线穿电线管敷设，沿地板、沿墙或沿屋顶暗敷。一层配电箱为 M1，嵌入墙内暗装，离地 1. 4 m。配电箱内有一总开关（40 A）和两个分支开关（20 A），一路控制照明，一路控制插座。营业厅有 8 套双管的日光灯吸顶安装，用一个单控四联开关控制。值班室和金库也有两套双管日光灯（2×40 W），吸顶安装。浴室采用防水防尘灯，离地 2. 5 m，管吊。门厅用半圆罩吸顶灯。插座回路有墙插座和地插座两种。

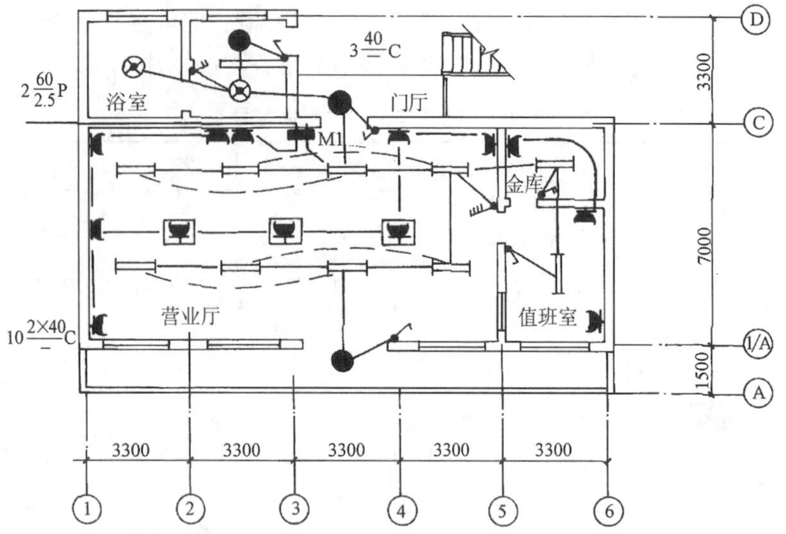

图 4-17　一层照明平面图

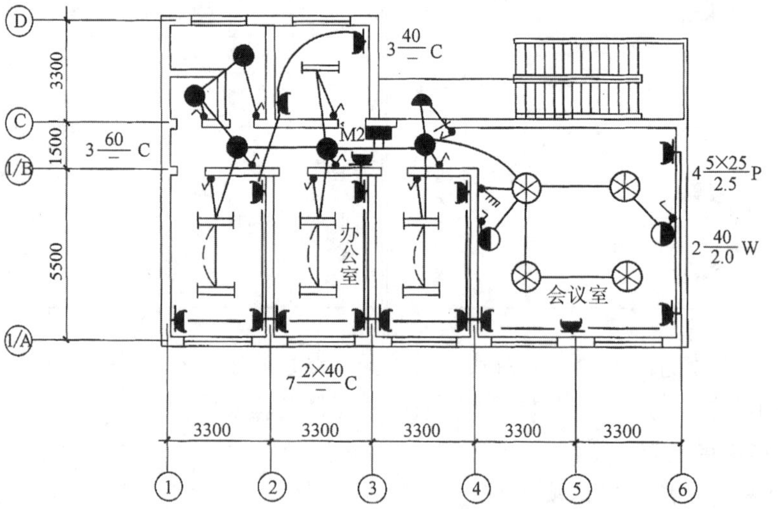

图 4-18　二层照明平面图

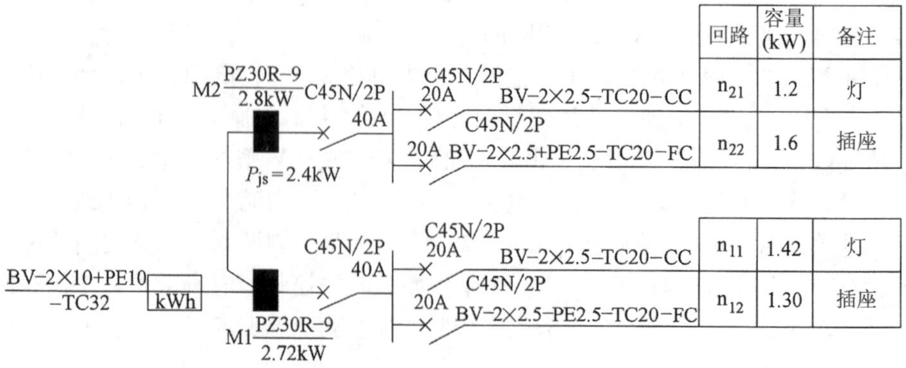

图 4-19　电气系统图

二层电力配电箱为 M2，离地 1.4 m，电源从一层配电箱计量电表下端子处接出。M2 配电箱有一个总开关（40 A）和两个分支开关（20 A）。每个办公室有两套双管日光灯（40 W），吸顶安装，分别用单控单联开关控制。会议室有 4 套花灯，每个灯中有 5 个 25 W 的白炽灯，离地 2.5 m，管吊。两套壁灯，40 W，离地 2 m。走廊和厕所都是圆球形吸顶灯，40 W，分别用单控开关（暗）控制。

2. 住宅电气照明图识读示例

图 4-20~图 4~23 为住宅电气照明施工图。该住宅每层共有 6 户，一层干线及电力平面图如图 4-20 所示。图 4-21 为平面图中左上角的用户干线及电力平面图。

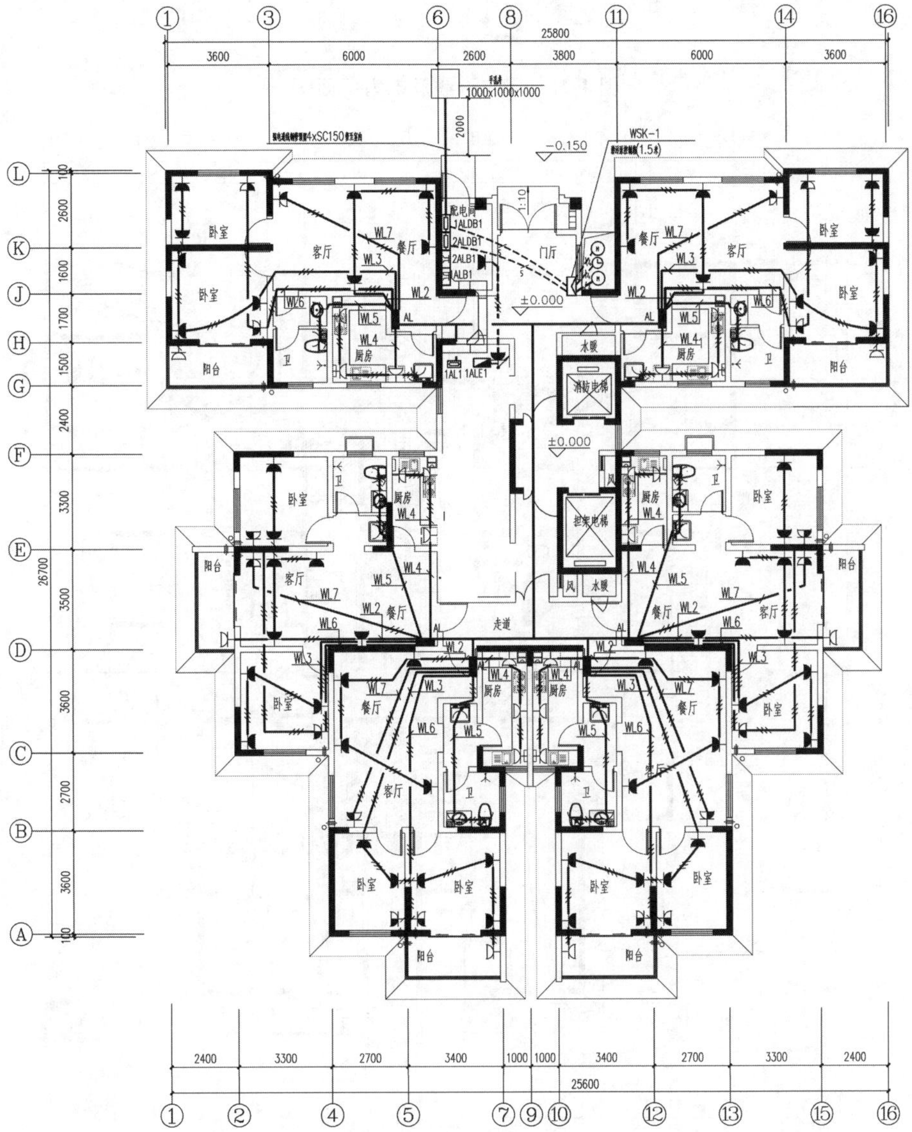

图 4-20 一层干线及电力平面图

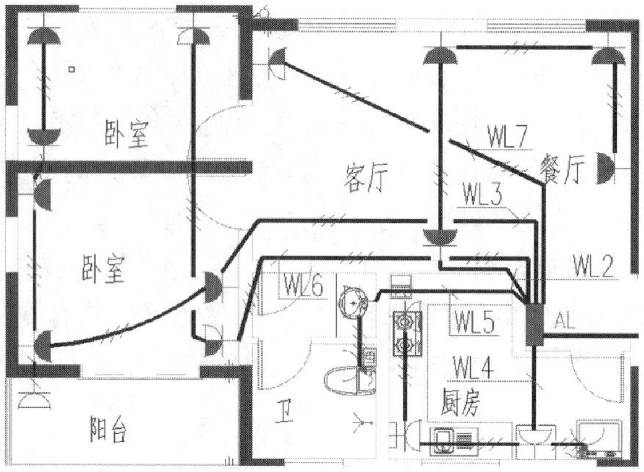

图 4-21　用户干线及电力平面图

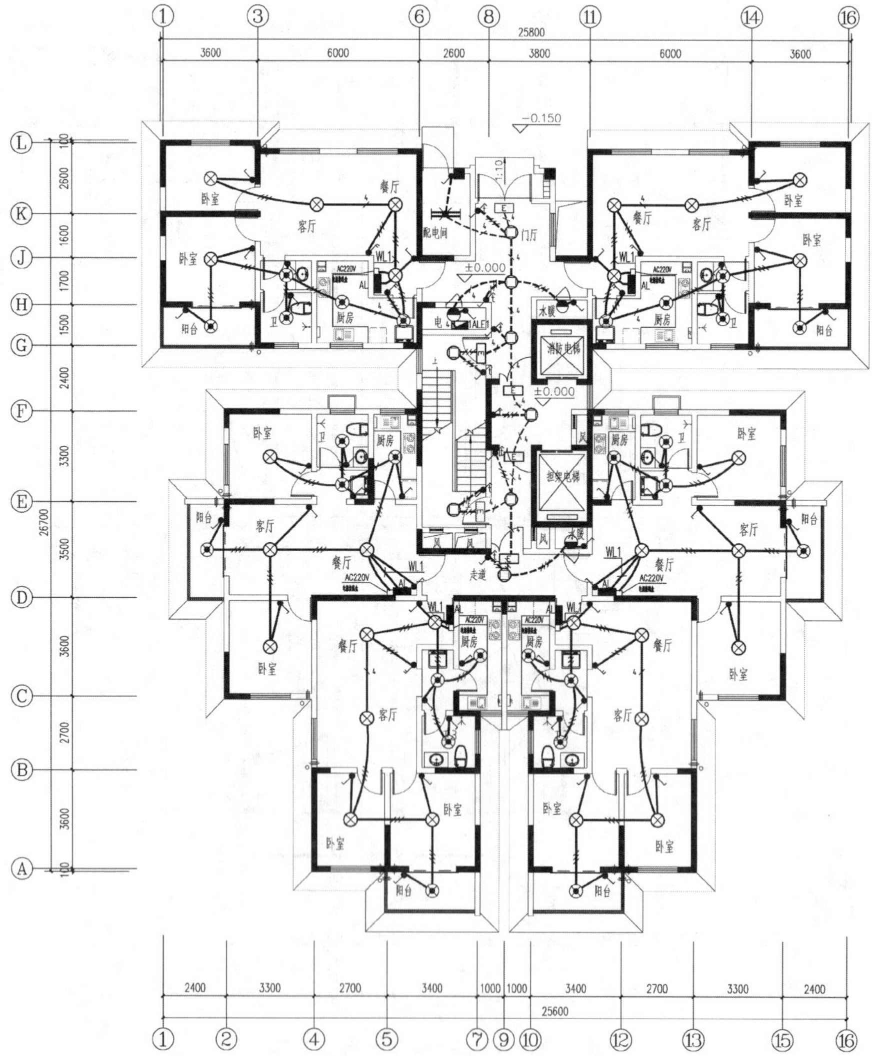

图 4-22　住宅照明平面图

由图 4-21 可以看到，从配电箱 AL 引出 6 路线 WL2，WL3，WL4，WL5，WL6，WL7，其中 WL2 在餐厅连接 4 个三孔暗插座，这 4 个插座看起来像在一根线上“串联”，但实际上都是并联，每个插座的电压都是 220 V，图示的一根线是简化表示，实际上是两根线或者三根线甚至更多。WL3 回路穿过客厅连接卧室的 5 个插座（一个卧室 3 个插座，另外一个卧室 2 个插座），同理，这 5 个插座并联 220 V。WL4 回路连接厨房的 4 个插座，由于厨房经常用水，所以这 4 个插座采用防水插座。WL5 回路连接卫生间的 2 个插座，因为卫生间经常用水，所以采用防水插座。WL6 回路连接两个卧室的空调插座，考虑到空调室外机的安放，这 2 个插座布置在靠窗户的位置。WL7 回路连接客厅的空调插座，同理，考虑到室外机的安放，插座布置在窗户附近。

照明平面图如图 4-22 所示，图 4-23 为照明平面图中左上角的用户照明平面图，以此为例进行识读。

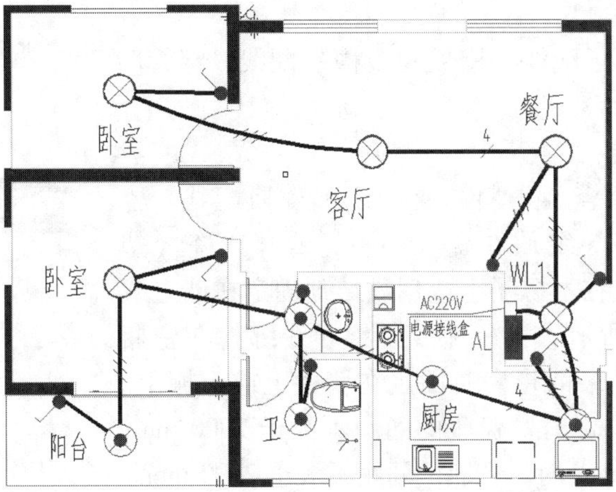

图 4-23　用户照明平面图

从配电箱 AL 引出照明电线连接门口的吸顶灯和开关，两者串联，再与其他的灯和开关组成的整体并联，总共 10 盏灯即 10 个支路并联，开关尽量设置在门口以方便使用，用户从外面进入房间时，在门口即可控制照明，而不用走到房间内部。除了门口吸顶灯，其他灯具分为两路：

上边回路连接 3 盏灯，即餐厅吸顶灯、客厅吸顶灯和卧室吸顶灯，其中卧室吸顶灯有独立开关，餐厅吸顶灯和客厅吸顶灯的开关在相同位置。

下边回路连接 6 盏灯，其中卧室采用普通吸顶灯，厨房、卫生间和阳台采用 5 盏防水灯。卧室、阳台和卫生间都有独立开关，而厨房 2 盏灯的开关在相同位置。

从这 4 幅图中可以看出，所有的插座和灯具都从配电箱 AL 引出，同时这一户还要均摊公用照明和公共电梯等设施的用电。

三　建筑电气系统安装

（一）导线敷设

1. 导线敷设技术要求

（1）穿线前，先将管子用布进行清扫，避免管内的脏物污染导线；穿线前应先穿好带线，带好护口。

（2）导线在管内不得扭结、接头、断线、背扣，严禁出现死弯。

（3）接线盒、开关盒、插座盒及灯头盒内导线预留长度应为 150 mm。配电箱内导线的预留长度为配电箱体周长的 1/2。出户线的预留长度为 1.5 m。

（4）为保证载流导体良好的散热性，导线外径总截面积不应超过管内面积的 40%，线槽内导线的截面积不应超过线槽面积的 20%，且不宜超过 30 根。

（5）导线在变形缝、伸缩缝处，补偿装置应灵活自如，导线应留有一定的余度。

（6）同一交流回路的导线必须穿在同一管内；不同回路、不同电压和交流与直流的导线，不得穿入同一管内。

（7）在任何情况下，导线均不得明露（金属软管的保护地线除外），箱盒须用盖板封闭，盖板螺丝齐全紧固。

2. 导线明敷

明敷导线有绝缘子配线、槽板（线槽）配线、穿管明配线、塑料护套线配线和钢索配线等。

（1）绝缘子配线

绝缘子配线包括瓷（塑料）夹配线和瓷瓶配线。瓷（塑料）夹配线是将导线放在瓷（塑料）夹中，瓷（塑料）夹用木螺钉固定在木榧子上或用黏结剂固定在墙上或天棚上，如图 4-24 所示。瓷瓶配线是将导线绑扎在瓷瓶上，再用木螺钉或黏结剂将瓷瓶固定在墙壁上或天棚上。当导线截面为 1~4 mm^2时，瓷瓶的间距不大于 2000 mm；当导线截面为 6~10 mm^2时，瓷瓶的间距不大于 2500 mm。

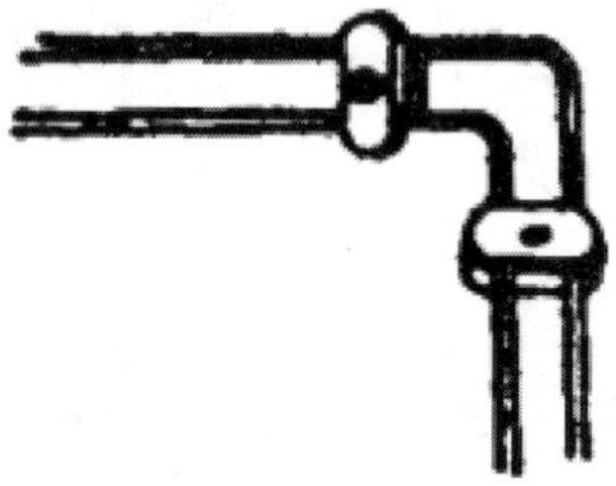

图 4-24　瓷夹配线

（2）槽板（线槽）配线

槽板（线槽）配线是将导线放在槽板的槽中，底板用铁钉或木螺钉固定在建筑的墙上，上面再加上盖板，如图 4-25 所示。槽板（线槽）配线适用于办公、住宅建筑的明装线路。

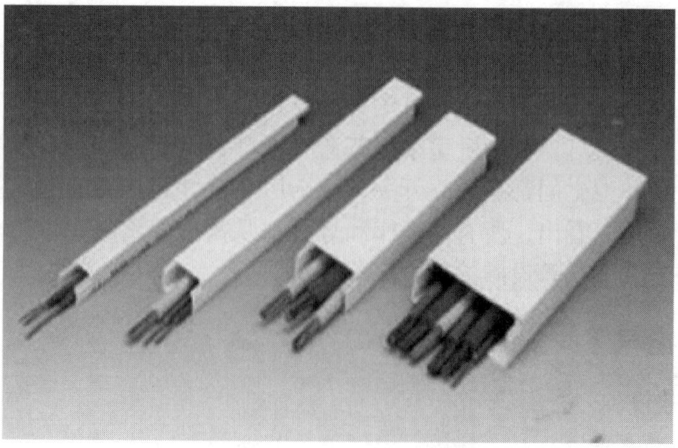

图 4-25　槽板（线槽）配线

（3）穿管明配线

穿管明配线是将钢管或塑料管固定在建筑的表面或支架上，导线穿在管中。穿管明配线多用于工厂车间或实验室。交流单芯电缆或分相后的每相电缆不得单根独穿于钢导管内，固定用的夹具和支架不应形成闭合磁路。

（4）塑料护套线配线

塑料护套线是指两根或三根导线用塑料绝缘层包在一起的一种导线。施工时，用铝皮卡钉或塑料卡钉将塑料护套线直接固定在墙上或天棚上。塑料护套线配线现一般用于改建、扩建、修缮工程或局部临时线路等的敷设。

（5）钢索配线

采用钢绞线作为钢索，其截面积应根据实际跨距、荷重及机械强度选择，最小截面积不小于10 mm^2，如采用镀锌圆钢作为钢索，其直径不应小于10 mm。钢索的固定件应刷防锈漆或采用镀锌件，钢索的两端应拉紧，当跨距较大时应在中间增加支持点，中间支持点的间距不应大于12 m。

3. 导线暗敷

暗敷的施工工艺是先将线管预埋在墙、柱、梁、楼板或地板内，等墙面抹灰完成后再将电线穿入管中。线路敷设方式及代号见表4-3，常用的穿线管有电线管、焊接钢管、硬质塑料管、半硬质塑料管等。

表4-3 线路敷设方式及代号

线路敷设方式	英文代号	线路敷设方式	英文代号
沿钢索敷设	SR	塑料线槽敷设	PR
沿柱明敷	CLE	硬质塑料管敷设	PC
沿墙明敷	WE	半硬质塑料管敷设	FVC
暗敷在顶板内	CC	电线管敷设	KBG或JDG
暗敷在地板内	FC	焊接钢管敷设	SC
暗敷在梁内	BC	金属线槽敷设	SR
暗敷在柱内	CLC	电缆桥架（或托盘）敷设	CT
暗敷在不能进人的吊顶内	AC	金属软管敷设	CP
暗敷在墙内	WC		

穿管配线时线管管径选择的基本原则：当多根导线穿于同一根线管内时，线管内截面不小于导线截面积（含绝缘层和保护层）总和的2.5倍；当单根导线穿管时，线管内径不小于导线直径的1.4~1.5倍；4根截面积为2.5 mm^2的橡胶绝缘线穿电线管敷设，穿管管径应不小于25 mm。常用绝缘电线与线管的配合见表4-4。电缆穿管时，线管内径不小于电缆外径的1.5倍。

表 4-4　常用绝缘电线与线管的配合

导线截面积/mm²	最小管径/mm								
	JDG/KBG	SC	PC	JDG/KBG	SC	PC	JDG/KBG	SC	PC
	2 根			3 根			4 根		
1. 5	15	15	15	20	15	20	25	20	20
2. 5	15	15	15	20	15	20	25	20	25
4. 0	20	15	20	25	20	20	25	20	25
6. 0	20	15	20	25	20	25	25	25	25
10	25	20	25	32	25	32	40	32	40
16	32	25	32	40	32	40	40	32	40
25	40	32	32	50	32	40	50	40	50
35	40	32	40	50	40	50	50	50	50
50	50	40	50	50	40	50	70	50	70
70	70	50	70	80	70	70	80	80	80

4. 导线的连接

（1）涮锡缠头法连接

缠绕时应保证接触面积和机械强度，至少缠绕 5 圈。

焊锡要饱满，表面光滑，不得有虚焊、夹渣，涮锡要均匀，接头部位清洁，要控制涮锡的湿度，尽量减少烧坏导线绝缘层，之间的间隙要缠绝缘带。

涮锡后要马上包扎，内缠橡胶（或粘塑料）绝缘带，外用黑胶布包扎严密。

多股软线和硬导线相连接处，潮湿、多尘场所如卫生间、厨房、机房、室外等处的接线，必须采用涮锡缠头法接线。

（2）压线帽压接法

要根据导线线径压接根数选择适当的压线帽规格。

导线剥削后，要清除氧化膜，将线芯插入压线帽内，若填不实，可将线芯折回头，填满为止，线芯必须插到底，导线绝缘层与压线帽平齐。

必须用专用的压线钳压接，要依据压接根数和压线帽规格选择适当的咬齿模数，以防止不到位虚接或受力过大线芯受损、变形。

（3）套管压接

连接导线要从两端插入，各插入到一半处，用压接钳和压模压实，压接模数的深度应与套管的尺寸相对应。

（4）导线与平压式接线柱连接

① 单股导线压接在螺丝上，可不涮锡，根据螺丝的大小煨圈，一定要做满圈，不应反圈压接，不能开口，压接牢固，盘圈开口不得大于 2 mm。建议一根接线柱压接一根导线，同一接线柱上不得压接 2 根以上的导线。多根单芯导线压接在同一根接线柱上时，导线之间必须用平垫隔离开或在接线柱正反面分别压接，并应采用涮接线鼻子法

压接。

② 多股导线可采用压接或涮接线鼻子与接线柱连接，要保证接线柱与线鼻子匹配，弹簧垫、平垫齐全。

（5）线路检查及绝缘摇测

照明线路的绝缘摇测一般选用500 V，量程为1~500 MΩ的兆欧表，线路的绝缘阻值不小于0.5 MΩ。动力线路的绝缘电阻值不小于1 MΩ。

（二）电缆敷设

1. 电缆管敷设

（1）电缆管明敷时应安装牢固，电缆管支持点间的距离，当设计无规定时，金属管不宜超过3 m；当穿塑料管时，直线段长度超过30 m时建议加装伸缩节。

（2）金属电缆管连接应两管对准并密封良好，套接的短套管或带螺纹的管接头长度不应小于电缆管外径的2.2倍，金属电缆管不宜直接对焊。

（3）引至设备的电缆管管口位置，应便于与设备连接并且不妨碍设备拆装和进出。并列敷设的电缆管管口应排列整齐。利用电缆的保护钢管做接地线时，应先焊好接地线，丝扣连接的也需焊好跨接地线，焊完后再敷设电缆。

（4）敷设混凝土、陶土、石棉水泥等材质的电缆管时，其地基应坚实平整，不应有沉陷。

2. 电缆敷设技术要求

（1）在电缆端头、电缆接头、拐弯处及夹层内、隧道、竖井两端等地，应装设标志牌，标志牌上应注明线路编号，当无编号时，应写明电缆型号、规格及起止地点；并联的电缆应有顺序号。标志牌的字迹要清晰，不易脱落；标志牌的规格必须统一，材质要能防腐，挂装应牢固。

（2）在线槽内敷设电缆时，敷设电缆的截面积不应超过线槽截面积的40%，在线槽内敷设应排列整齐，不应交叉、重叠、扭曲，不应有接头，每隔1.5 m应进行绑扎，绑扎应牢固。

（3）强、弱电电缆不应敷设在同一线槽内，敷设在一起时，应有隔板。

（4）在敷设前，应摇测电缆绝缘，500 V时绝缘电阻值不小于0.5 MΩ，在送电前需再摇测一次。

（5）电缆各支点间的距离应符合设计规定。

（6）电缆的弯曲半径要符合规范要求，铠装、铅包为20倍电缆外径，其他为10倍电缆外径。

（7）敷设时，电缆应从盘的上端引出，应避免电缆在支架上及地面摩擦拖拉。电缆上不得有未消除的机械损伤（如铠装压扁、电缆拧绞、护层断裂等）。

（8）油浸纸绝缘电力电缆在切断后，应将端头立即铅封；塑料绝缘电力电缆应有可靠的防潮封端。

（9）电力电缆接头盒的布置应符合下列要求：

并列敷设电缆，其接头盒的位置应相互错开；电缆明敷时的接头盒须用托板（如石棉板等）托置并用耐电弧隔板与其他电缆隔开，托板及隔板伸出接头两端的长度应各不小于0.6 m；直埋电缆接头盒外面应有防机械损伤的保护盒（环氧树脂接头盒除外）。位于冻土层内的保护盒，盒内宜注以沥青，以防水分进入盒内因冻胀而损坏电缆接头。

（10）装有避雷针和避雷线的构架上的照明电源线，必须采用直埋于地下的带金属护层的电缆或穿入金属管的导线。电缆护层或金属线必须接地，埋地长度应在10 m以上，方可与配电装置的接地网相连或与电源线、低压配电装置相连接。

3. 桥架内电缆敷设

电缆沿桥架敷设时，应单层敷设，电缆之间可以无间距敷设；电缆在桥架内应排列整齐，不应交叉，每敷设一根，整理一根，卡固一根；1 kV以下的电力电缆和控制电缆可以同层敷设，但1 kV以上和1 kV以下的电缆、同一路径向一级负荷供电的双路电源电缆、应急照明和其他照明的电缆、强电和弱电电缆等不宜敷设在同一层桥架上，如果受条件限制需要安装在同一层桥架上，则应用隔板隔开。

电缆水平敷设时，应在首尾两端、转弯及每隔5~10 m处进行固定；垂直敷设时，应在电缆的上端及每隔1.5~2 m处进行固定；大于45°倾斜敷设的电缆，应每隔2 m设一固定点。电缆桥架内敷设的电缆，在拐弯处电缆的弯曲半径应以最大截面电缆允许弯曲半径为准，电缆最小允许弯曲半径应符合表4-5的规定，其中D为电缆外径。

表4-5 电缆最小允许弯曲半径

电缆形式		最小允许弯曲半径	
		单芯电缆	多芯电缆
塑料绝缘电缆	无铠装	15D	20D
	有铠装	12D	15D
橡皮绝缘电缆		10D	
控制电缆	非铠装型、屏蔽型软电缆	6D	—
	铠装型、铜屏蔽型	12D	
	其他	10D	

电缆桥架内敷设的电缆应在首端、尾端、转弯及每隔50 m处设有编号、型号及起止点等标记。电缆在桥架内的填充率，电力电缆不应大于40%，控制电缆不应大于50%。电缆出桥架时应用金属软管保护，如图4-26所示。

图4-26 电缆出桥架用金属软管保护（与设备连接的CP长度不超过1.2 m）

4. 电缆敷设的质量控制要点

（1）电缆的排列，当设计无规定时，应符合下列要求：

① 电力电缆和控制电缆应分开排列。

② 并列敷设的电力电缆和控制电缆敷设在同一侧支架上时，应将控制电缆放在电力电缆下面，1 kV 以下的电力电缆应放在 1 kV 以上的电力电缆下面。充油电缆可例外。

（2）并列敷设的电力电缆，其相互间的净距应符合设计要求。

（3）电缆与热力管道、热力设备之间的净距：平行时应不小于 1 m；交叉时应不小于 0.5 m。如无法达到，应采取隔热措施。电缆不宜平行敷设于热力管道的上部。

（4）明设在室内及电缆沟、隧道、竖井内的电缆应剥除麻护层，并应对其铠装加以防腐。

（5）电缆敷设完毕后，应及时清除杂物，盖好盖板，必要时，还应将盖板缝隙密封，以免水、汽、油、灰等侵入。

（三）灯具和其他电器安装

1. 灯具的安装

灯具常采用的安装方式有吸顶式（将照明灯具直接安装在天棚上）、嵌入式（将照明灯具嵌入天棚内）、悬挂式（用软导线、链子等将灯具悬吊在天棚上）和壁装式（将照明灯具直接安装在墙壁上）。照明灯具安装方式标注的文字代号见表 4-6。

表 4-6 照明灯具安装方式标注的文字代号

安装方式	标注代号对照	
	英文代号	汉语拼音代号
链吊式	Ch	L
管吊式	P	G
吸顶式或直附式	S	D
壁装式	W	B
柱上安装	CL	Z

例如，某住宅楼灯具标注为 6-YG2-1 $\frac{1\times20}{2.5}$-L 表示 6 个 YG2-1 日光灯、20 W、链装、高度为 2.5 m；3-ZD99362 $\frac{1\times60}{-}$D 表示 3 个吸顶灯、60 W、厂家灯具编号为 ZD99362。某教学楼灯具标注为 72-WE057C $\frac{2\times40}{2.5}$L 表示 72 套 40 W 双管日光灯、链装、高度为2.5 m、厂家灯具编号为 WE057C；7-WMB329 $\frac{60}{2.5}$W 表示 7 组 329 型 60 W 壁灯、墙上安装、高度为 2.5 m。

灯具固定应符合下列规定：

（1）当悬吊灯具的质量大于 3 kg 时，应固定在螺栓或预埋吊钩上。花灯吊钩圆钢直径不应小于灯具挂销直径，且不应小于 6 mm。当用钢管做灯杆时，钢管内径不应小于 10 mm，钢管厚度不应小于 1.5 mm。质量大于 10 kg 的灯具，固定装置及悬吊装置应按灯具重量的5倍恒定均布载荷做强度试验，且持续时间不得少于15 min。

（2）当软线吊灯的质量在0.5 kg及以下时，采用软电线自身吊装；当质量大于0.5 kg时，采用吊链，且软电线编叉在吊链内，使灯具的电源线不受力。灯具导线线芯最小截面积为铜芯0.5 mm^2，引向单个灯具的绝缘铜芯导线的线芯截面积不应小于1 mm^2。

（3）灯具固定应牢固可靠，在砌体和混凝土结构上严禁使用木楔、尼龙塞或塑料塞固定。吸顶或墙面上安装的灯具，其固定用的螺栓或螺钉不应少于2个，灯具应紧贴饰面。

（4）危险性较大及特殊危险场所，当灯具距地面高度小于2.4 m时，使用额定电压为36 V及以下的照明灯具，或采取专用保护措施。当灯具距地面高度小于2.4 m时，灯具的可接近裸露导体必须接地（PE）或接零（PEN）可靠，并应有专用接地螺栓，且有标识。当设计无要求时，一般敞开式灯具的灯头对地面的距离为：室外2.5 m（室外墙上安装），厂房2.5 m，室内2 m。

2. 开关、插座的安装

（1）开关的安装

① 灯具的开关一般有以下两种：

a. 单联单控。一只开关控制一盏（路）灯，零线进入灯头，火线经开关控制后再进入灯头，开关处的两根线实质上是一根火线经开关折回后变为两根。

b. 单联双控。如图4-27所示，两只开关控制一盏（路）灯，零线进入灯头，火线经开关控制后再进入灯头，两只开关互联。

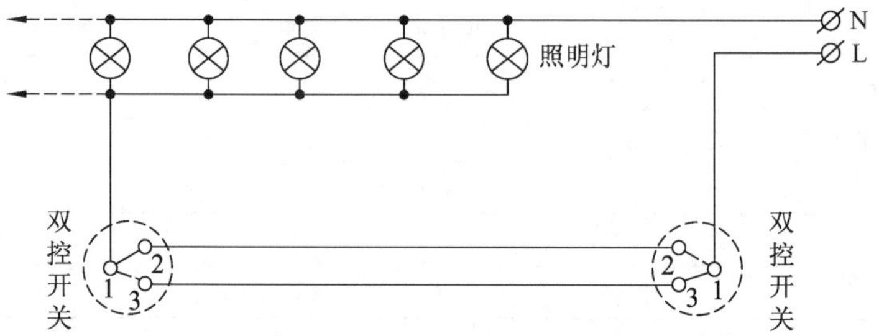

图4-27　单联双控控制开关线路图

② 照明开关安装应符合下列规定：

a. 开关安装位置应便于操作，开关边缘距门框边缘的距离宜为0.15~0.20 m，开关距地面高度为1.3 m。

b. 相同型号并列安装高度宜一致，并列安装的拉线开关的相邻间距不宜小于20 mm。

c. 暗装的开关面板应紧贴墙面，四周无缝隙，安装牢固，表面光滑整洁，无碎裂、划伤，装饰帽齐全。

（2）插座的安装

① 插座接线应符合下列规定：

如图4-28a所示，对于单相两孔插座，面对插座的右孔或上孔应与相线（火线）连接，左孔或下孔应与零线（地线）连接。

如图 4-28b 所示，对于单相三孔插座，面对插座的右孔应与相线（火线）连接，左孔应与零线（地线）连接，上孔应与地线连接。

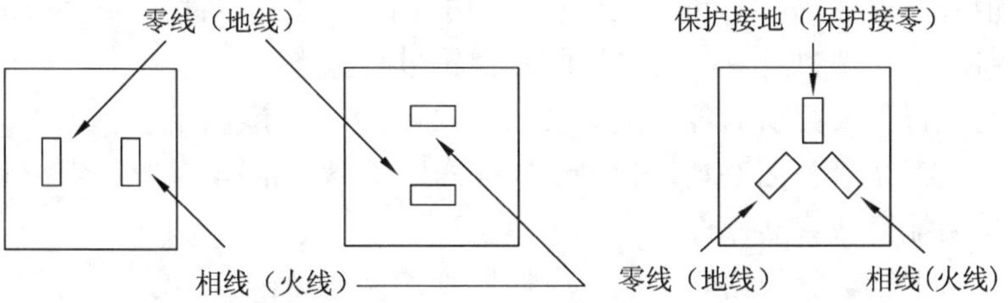

(a) 单相两孔插座　　(b) 单相三孔插座

图 4-28　单相两孔和三孔插座接线

三相四孔插座的保护接地导体（PE）或接零（PEN）线应接在上孔，如图 4-29 所示。

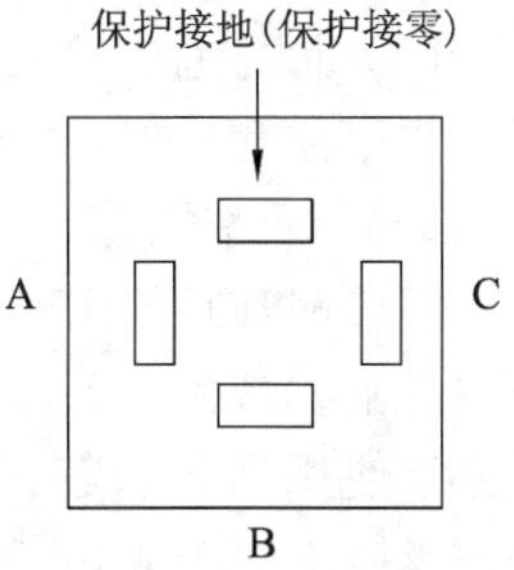

图 4-29　三相四孔插座接线

② 插座安装应符合下列规定：

当不采用安全型插座时，托儿所、幼儿园及小学等儿童活动场所的安装高度不小于 1.8 m。

车间及试（实）验室的插座安装高度距地面不小于 0.3 m，特殊场所安装的插座距地高度不小于 0.15 m，同一室内插座安装高度一致。

（四）电气配管

现浇混凝土结构的电气配管主要采用预埋的方式。预埋在混凝土内的管子外径不能超过混凝土厚度的 1/2，并列敷设的管子间距不应小于 25 mm，使管子周围均有混凝土包裹。管子与盒的连接应一管一孔，镀锌钢管与盒（箱）连接应采用锁紧螺母或护圈帽固定的方式。配管时，应先将墙（或梁）上有弯的预埋管进行连接，然后再连接与盒相连接的管子，最后连接剩余的中间直管段部分，金属管应与接地跨接线连接（或焊接）。空心砖隔墙的电气配管也应采用预埋的方式，加气浇混凝土砌块隔墙应在墙体砌筑后剔槽配管。在墙体上，剔槽宽度不宜大于管外径加 15 mm，槽深不应小于管外径加 15 mm，用强度等级不小于 M10 的水泥砂浆抹面保护。

1. 电气配管的施工流程

暗管敷设的施工流程：施工准备→预制加工→测定盒、箱位置→固定盒、箱→管路连接→变形缝处理→接地处理。

明管敷设的施工流程：施工准备→预制加工管煨弯、支架、吊架→确定盒、箱及固定点的位置→支架、吊架固定→盒、箱固定→管线敷设与连接→变形缝处理→接地处理。

管内穿线施工流程：施工准备→选择导线→穿带线→清扫管路→放线及断线→导线与带线的绑扎→管内穿线→导线连接→导线焊接→导线包扎→线路检查及绝缘摇测。

2. 电气配管的主要施工方法和技术措施

（1）暗管敷设

暗管敷设的基本要求：敷设于多尘和潮湿场所的电线管路、管口、管子连接处应做密封处理；电线管路应沿最近的路线敷设并尽量减少弯曲，埋入墙或混凝土内的管子离表面的净距离不应小于 15 mm；埋入地下的电线管路不宜穿过设备基础。

（2）预制加工

当镀锌钢管的管径为 20 mm 及以下时，用拗棒弯管；当管径为 25 mm 及以上时，用液压煨弯器弯管。塑料管弯制应采用配套弹簧进行操作。

管子切断：将需要切断的管子量好尺寸，放在钳口内卡牢固进行切割，切割断口处应平齐，管口刮锉光滑、无毛刺，管内铁屑除净。钢管用钢锯、割管器、砂轮锯进行切管，塑料管采用配套截管器操作。

钢管套丝：钢管套丝采用套丝板，应根据管外径选择相应板牙。

（3）测定盒、箱位置

根据设计要求确定盒、箱轴线位置，以土建弹出的水平线为基准，挂线找正，标出盒、箱实际尺寸、位置。

（4）固定盒、箱

先稳住盒、箱，然后灌浆，要求砂浆饱满、平整牢固、位置正确。

（5）管路连接

镀锌钢管必须用管箍丝扣连接，套丝不得有乱扣现象，管口锉平光滑平整，管箍必须使用通丝管箍，接头应牢固紧密，外露丝应不多于 2 扣；塑料管连接应使用配套的管件和黏结剂。如图 4-30 所示，电气配管通常是为了贯通灯位盒、开关盒、插座盒等接线盒。常用的接线盒如图 4-31 所示。应注意的是，塑料管用塑料盒，钢管用金属盒。为了便于穿线，当管路过长或弯数过多时，应适当加装接线盒。

图 4-30　暗敷在现浇板内的线管和线盒

(a) 塑料材质灯位盒　　(b) 金属材质灯位盒　　(c) 塑料材质开关盒、插座盒

图 4-31　常用的接线盒

水平敷设的管路遇下列情况之一时，中间应增设接线盒（拉线盒），且接线盒的安装位置应便于穿线（不含管子入盒处的 90°曲弯或鸭脖弯），如不增设接线盒，也可以增大管径：

① 管子长度每超过 30 m，无弯曲；

② 管子长度每超过 20 m，有 1 个弯曲；

③ 管子长度每超过 15 m，有 2 个弯曲；

④ 管子长度每超过 8 m，有 3 个弯曲。

垂直敷设的管路遇下列情况之一时，应增设固定导线用的接线盒：

① 导线截面为 50 mm^2 及以下，长度每超过 30 m；

② 导线截面为 70~95 mm^2，长度每超过 20 m；

③ 导线截面为 120~240 mm^2，长度每超过 18 m。

管进盒、箱时，盒、箱的开孔应整齐并与管径吻合，盒、箱上的开孔用开孔器开孔，保证无毛刺，要求一管一孔，不得开长孔。铁制盒、箱严禁用电焊、气焊开孔。两根以上管进入盒、箱时要长短一致、间距均匀、排列整齐。当多根管线进箱时，管口应平齐，入箱长度小于 5 mm；进入落地式柜、台、箱、盘内的导管管口，应高出基础面 50~80 mm。管进入盒子的长度要适宜，线管每隔 1 m 左右应用铅丝绑扎固定。镀锌钢管与盒（箱）连接应采用锁紧螺母或护圈帽固定。钢管进入盒、箱时，其管口应用螺母锁紧，露出锁紧螺母的丝扣 2~3 扣。

（6）接地处理

金属线管、线槽在连接处应做接地跨接。接地跨接常用做法如图 4-32、图 4-33 所示。

图 4-32　焊接钢管连接接线盒时接地跨接

图 4-33　非镀锌桥架的接地跨接

（7）管内穿线

穿管配线时，管内导线不得有接头。有接头时（如分支）应设接线盒，在接线盒内接头。实际施工中，应尽量将接头设置在开关盒、插座盒、灯头盒和定位盒内。导线电缆在敷设前应检查其绝缘电阻，如图4-34所示。

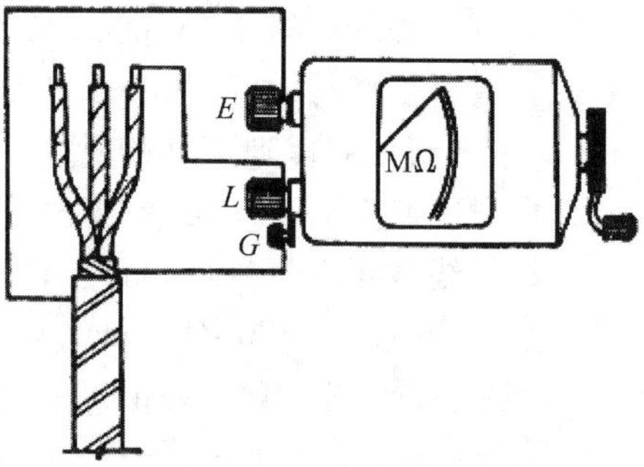

图4-34　测量电缆绝缘电阻接线图

四　技能点训练

1. 训练目的

（1）了解建筑电气系统的组成。

（2）熟悉识读建筑电气系统施工图的方法。

（3）会识读建筑电气系统施工图。

2. 训练内容

扫描二维码，识读某建筑电气施工图。根据施工图，进行训练：

建筑电气施工图

（1）指出总配电箱的进线材质和横截面积为多少。

（2）说明总配电箱的计算功率如何推导。

（3）说明总配电箱和次级配电箱的功率有什么关系。

（4）识读照明平面图最上方的配电箱。画出连接的灯具、插座、开关的实际接线图。

（5）识读照明平面图最下方的房间。指出配电箱引出的支路和每条支路的作用。

任务二　建筑弱电系统安装

一　知识点学习

综合布线系统

（一）共用天线有线电视系统

共用天线有线电视系统英文名称为community antenna television，缩写为CATV，是现代建筑应用最普遍的一项弱电工程。该系统中多台电视机共用一套天线、前端装置、传输分配网络，由于系统各部件之间主要采用同轴电缆作为信号传输线，因而CATV系统也称为有线电视系统、电缆电视系统（cable television）。有线电视系统是一个有线分配网络，除可收看当地电视台的电视节目，还可通过卫星天线接收卫星传播的电视节目，甚至可自编节目，用录像机等设备向系统内各用户传播，还能与区域有线电视网络联网，形成城市有线电视系统。一个城市共用一个CATV系统，可以提高电视图像的质量，减少雪花干扰，消除图像重影，还能节省费用、美化市容。下面介绍共用天线有线电视系统的组成。

CATV系统一般由前端、干线传输和用户分配网三个部分组成，如图4-35所示。

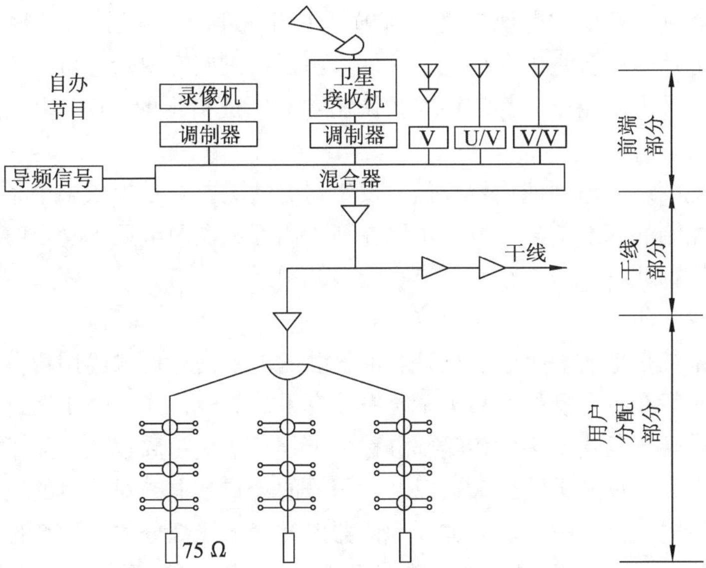

图 4-35 CATV 系统的组成

1. 前端部分

前端部分主要包括电视接收天线、频道放大器、频率变换器、自播节目设备、卫星电视接收设备、导频信号发生器、调制器、混合器及连接线缆等部件。前端信号的来源一般有三种：接收无线电视台的信号；卫星地面接收的信号；各种自办节目信号。CATV 系统前端的主要作用：

（1）将天线接收的各频道电视信号分别调整到一定电平，然后经混合器混合后送入干线。

（2）必要时将电视信号变换成另一频道的信号，然后按这一频道信号进行处理。

（3）将卫星电视接收设备输出的信号通过调制器变换成某一频道的电视信号送入混合器。

（4）自办节目信号通过调制器变换成某一频道的电视信号送入混合器。

（5）若干线传输距离长（如大型系统），由于电缆对不同频道信号衰减不同等原因，故加设导频信号发生器，用以进行自动增益控制（ACC）和自动斜率控制。

对于接收无线电视频道的强信号，一般是在前端使用 V/V 频率变换器，将此频道的节目转换到另一频道上去，这样空中的强信号即使直接串入用户电视机也不会造成重影干扰，因为频道已经转换。如果要转换 UHF 频段的电视信号，一般采用 U/V 频率变换器将它转换到 VHF 频段的某个空闲频道上。但对于全频段的 CATV 系统，则不需要 U/V 变换器，可直接用 UHF 频道传送。

从卫星下行的电视信号（例如 C 波段频率范围是 3.7～4.2 GHz），通过抛物面卫星天线送入馈源和高频头（LNB），将频率变成第一中频 IF，即 970～1470 MHz 的电视信号，通过同轴电缆送入前端设备。

进入前端的卫星信号常常需要经过两个前端设备：① 卫星电视接收机，其作用是将第一中频电视信号解调成音频和视频电视信号；② 邻频调制器，其作用是将音、视频电视信号调制到所需要的电视频道（VHF 或 UHF 频段），然后送入混合器。

自办节目的信号来自室内演播室、室外采访摄像机或室内录像机。它们输出的都是音、视频信号，进入前端以后都需用邻频调制器调制成指定的 VHF/UHF 邻频频道，再送入混合器。

在大型系统中还会遇到使用导频信号发生器的情况，它是提供整个系统自动电平控制和自动斜率控制的基准信号装置，可以在环境温度和电源电压不稳定时保证输出载波电平的稳定。这种装置一般不在中型或小型系统中采用。

2. 干线部分

干线传输系统是把前端接收、处理、混合后的电视信号传输给用户分配系统的一系列传输设备。一般在较大型的 CATV 系统中才有干线部分，如一个小区许多建筑物共用一个前端，自前端至各建筑物的传输部分称为干线。干线距离较长，为了保证末端信号有足够高的电平，需加入干线放大器以补偿信号的衰减。电缆对信号的衰减基本上与信号频率的平方根成正比，故有时需加入均衡器以补偿干线部分的频谱特性，保证干线末端的各频道信号电平基本相同。对于单幢大楼或小型 CATV 系统，可以不包括干线部分，而直接由前端和用户分配网络组成。

3. 用户分配部分

用户分配部分是 CATV 系统的最后部分，主要包括放大器（宽带放大器等）、分配器、分支器、系统输出端及电缆线路等，它的最终目的是向所有用户提供电平大致相等的优质电视信号。分配系统的主要问题是如何选用分配放大器以及如何合理地配置电平。对于邻频系统，其分配放大器宜选用推挽输出放大器，以保证二次互调。

关于用户电平的选择：用户电平是随建筑的层数而变化的，建筑的层数越高，受到电波的干扰就越严重，要求系统设计时用户电平就越高，如离电视发射台比较近，空间场强较强，可选较高的用户电平；对电平的配置还应考虑指标的分配、温度波动引起的电平波动等因素。

（二）视频监控系统

1. 视频监控系统的定义

视频监控系统是指利用视频技术探测、监视设防区域并实时显示、记录现场图像的电子系统或网络。

2. 视频监控系统的基本构成

视频监控系统包括前端设备、传输设备、控制设备、图像处理与显示设备四部分。

（1）前端设备部分

前端设备部分的作用是把系统所监视的区域，即把被摄目标的光、声信号变成电信号，然后输入系统的传输分配部分进行传送。前端设备部分的核心是电视摄像机，它是光电信号转换的主体设备，是整个系统的眼睛，为系统提供信号源。

摄像机种类很多，按颜色划分有彩色摄像机和黑白摄像机；按摄像器件的类型划分有电真空摄像器件（即摄像管）摄像机和固体摄像器件（如 CCD 器件、MO 器件）摄像机两大类，其中 CCD 摄像机由于体积小、灵敏度高、寿命长等特点，目前使用范围广泛，有取代摄像管摄像机的发展趋势。

(2) 传输设备部分

传输设备部分的作用是将摄像机输出的视频（有时包括音频）信号馈送到监控中心或其他监视点。监控中心的控制信号也需通过传输设备部分送到现场，以控制现场的云台和摄像机等工作。

传输设备部分的组成如下：

① 馈线。传输馈线有同轴电缆（以及多芯电缆）、平衡式电缆、光缆。

② 视频电缆补偿器。视频电缆补偿器在长距离传输中，对长距离传输造成的视频信号损耗进行补偿放大，以保证信号长距离传输时不影响图像质量。

③ 视频放大器。视频放大器用于系统的干线上，当传输距离较远时，对视频信号进行放大，以补偿传输过程中的信号衰减。具有双向传输功能的系统，必须采用双向放大器，这种双向放大器可以同时对下行和上行信号给予补偿放大。

(3) 控制设备部分

控制设备部分的作用是在监控中心通过有关设备对系统的现场设备（摄像机、云台、灯光、防护罩等）进行远距离遥控。

控制设备部分的主要设备有集中控制器、计算机控制器等。

(4) 图像处理与显示设备部分

图像处理是指对系统传输的图像信号进行切换、记录、重放、加工和复制。图像显示则是使用监视器进行图像重放，有时还采用投影电视来显示其图像信号。图像处理与显示设备主要有视频切换器、监视器和录像机等。

视频切换器能对多路视频信号进行自动或手动切换，输出相应的视频信号，使一个监视器能监视多台摄像机信号。

监视器的作用是把送来的摄像机信号重现成图像。系统中一般需配备录像机。在大型的监控系统中，录像系统还应具备如下功能：在进行监视的同时，可以根据需要定时记录监视目标的图像或数据，以便存档；根据对视频信号的分析或在其他指令的控制下自动启动，如果设有伴音系统，应能同时启动；系统应设有时标装置，以便在录像带上打上相应时标，将事故情况或预先选定的情况准确无误地录制下来，以备分析处理。随着计算机技术的发展，图像处理、控制和记录多由计算机完成，计算机的硬盘代替录像机完成对图像的记录。

（三）入侵报警系统

1. 入侵报警系统的定义

入侵报警系统是利用传感器技术和电子信息技术，探测并指示非法进入或试图非法进入设防区域（包括主观判断面临被劫持或遭抢劫或其他危急情况时，故意触发紧急报警装置）的行为、处理报警信息、发出报警信息的电子系统或网络。

2. 入侵报警系统的基本构成

入侵报警系统通常由前端设备（包括探测器和紧急报警装置）、传输设备、中心监控设备三个部分构成，如图 4-36 所示。

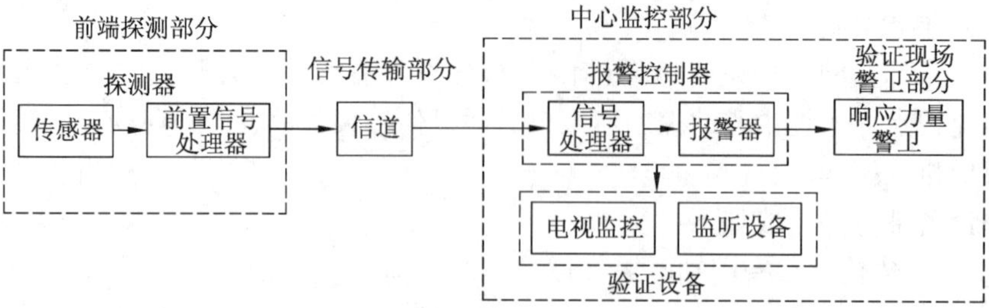

图 4-36　入侵报警系统的基本构成

（1）探测器

探测器是主要的前端探测设备，是用来探测入侵者的移动或其他动作的由电子及机械部件组成的装置。它通常由传感器和前置信号处理电路两部分组成。应根据不同的防范场所选用不同的信号传感器，如气压、温度、振动、幅度传感器等，来探测和预报各种危险情况。例如，红外探测器中的红外传感器能探测出被测物体表面的热变化率，从而判断被测物体的运动情况而引起报警；振动电磁传感器能探测出物体的振动，把它固定在地面或保险柜上，就能探测出入侵者走动或撬保险柜的动作。前置信号处理电路将传感器输出的电信号处理后转变成信道中传输的电信号，此信号常称为探测电信号。

（2）传输系统

传输系统（信道）是探测电信号传送的通道，负责在探测器和报警控制中心之间传递信息（探测电信号）。传输信道的种类较多，通常分为有线信道和无线信道两类。有线信道常用双绞线、电力线、电话线、电缆或光缆等传输探测电信号；无线信道则是将探测电信号调制到规定的无线电频段上，用无线电波传输探测电信号。

（3）控制器

控制器是报警控制中心的主要设备，也称为报警控制主机，是系统主要的处理/控制/管理/显示/记录设备。它由信号处理器和报警装置等设备组成，处理传输系统传来的各类探测电信号，以判断“有”或“无”危险信号。若有情况，控制器就控制报警装置发出声、光报警信号，引起值班人员的警觉，以采取相应的措施或直接向公安保卫部门发出报警信号。

（四）出入口控制系统

1. 出入口控制系统的定义

出入口控制系统是指利用自定义符识别或/和模式识别技术对出入口目标进行识别，并控制出入口执行机构启闭的电子系统或网络。

2. 出入口控制系统的基本构成及原理

出入口控制系统主要由识读部分、传输部分、管理/控制部分和执行部分以及相应的系统软件组成，如图 4-37 所示。

系统的控制原理是按照人的活动范围，预先制作出各种层次的卡片、预定密码或利用人体生物特征，在相关的大门出入口、金库门、档案室门、电梯门等处安装识别设备，用户持有效卡，或输入密码，或通过生物特征识别，方能通过或进入。由识别设备接收人员信息，经解码后送控制器判断，如符合，门锁被开启，否则报警。

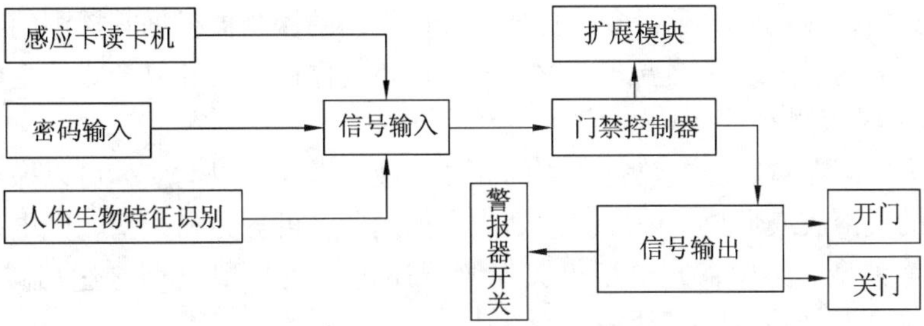

图 4-37　出入口控制系统的基本结构及原理框图

视频监控系统、入侵报警系统、出入口控制系统都是以维护社会公共安全为目的，运用安全防范产品和其他相关产品，三者作为子系统统称为安全防范系统。

（五）火灾自动报警系统

现代建筑除了在结构和装饰材料上采取防火和消防措施外，还在建筑物内设置了火灾自动报警和联动控制、灭火等装置。火灾自动报警系统一般都采用 24 V 左右的电压为工作电压，故称为弱电工程。

1. 火灾自动报警系统的组成

火灾自动报警系统（FAS）是为及早发现和通报火灾，及时采取有效措施控制、有效扑灭火灾而设置在建筑物中或其他场所的一种自动消防设施，一般由触发器件（火灾探测器和手动火灾报警按钮）、火灾警报装置、火灾报警控制器和其他具有辅助功能的装置四部分组成，其工作原理如图 4-38 所示。

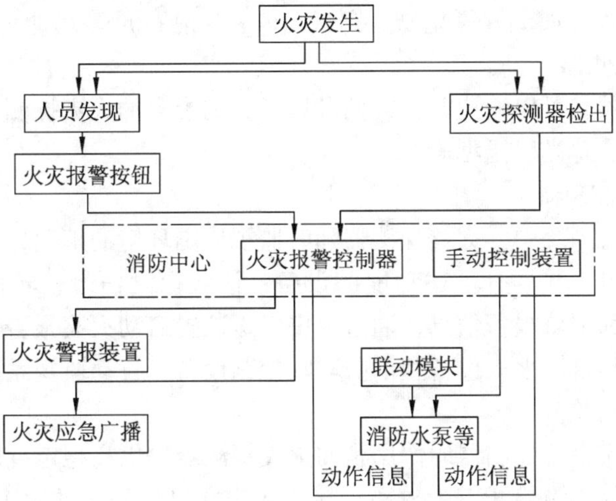

图 4-38　火灾自动报警系统工作原理

（1）火灾探测器

《火灾探测和报警系统》（ISO 7204-1）中的定义：火灾探测器是火灾自动探测系统的组成部分，它至少含有一个能连续或以一定频率周期监视与火灾有关的至少一个适宜的物理或化学现象的传感器，并且至少能向控制和指示设备提供一个适合的信号，是否报火警或操作自动消防设备可由探测器或控制和指示设备做出判断。

目前，火灾探测器的种类很多，功能各异，常用的探测器根据其探测的物理量和工作原理不同可分为感烟式、感温式、感光式、可燃气体探测式和复合式等主要类型。

① 感烟火灾探测器

这类火灾探测器对燃烧或热解产生的固体或液体微粒予以响应，可以探测物质初期燃烧所产生的气溶胶或烟粒子浓度。感烟火灾探测器又可分为离子型、光电型、电容式和半导体型等类型。其中，光电型火灾探测器还包括减光型（烟雾遮挡减少光通量）和散光型（烟雾对光的散射）两种。

② 感温火灾探测器

这种火灾探测器响应异常温度、温升速率和温差等火灾信号，是使用面广、品种多、价格较低的火灾探测器。其结构简单，很少配用电子电路，与其他种类比较，可靠性高，但灵敏度较低。常用的有定温型——环境温度达到或超过预定值时响应；差温型——环境温升速率超过预定值时响应；差定温型——兼有差温、定温两种功能。感温型火灾探测器使用的敏感元件主要有热敏电阻、热电偶、双金属片、易熔金属、膜盒和半导体等。

③ 感光火灾探测器

感光火灾探测器又称火焰探测器，主要对火焰辐射出的红外、紫外、可见光予以响应。常用的有红外火焰型和紫外火焰型两种。

④ 可燃气体火灾探测器

这类探测器主要用于易燃、易爆场所中探测可燃气体（粉尘）的浓度，一般调整在爆炸浓度下限的1/5～1/6时动作报警。其主要传感元件有铂丝、铂钝（黑白元件）和金属氧化物半导体（如金属氧化物、钙钛晶体和尖晶石）等几种。

⑤ 复合火灾探测器

复合火灾探测器是可以响应两种或两种以上火灾参数的火灾探测器，主要有感温感烟型、感光感烟型、感光感温型等。

（2）火灾报警控制器

在火灾自动报警系统中，火灾探测器随时监视周围环境的情况，而火灾报警控制器则是可向探测器供电，并具有下述功能的设备：接收探测信号，转换成声、光报警信号，指示着火部位和记录报警信息；通过火警发送装置启动火灾报警信号或通过自动消防灭火控制装置启动自动灭火设备和消防联动控制设备；自动监视系统运行和对特定故障发出声光报警（自检）。

由此可知，火灾报警控制器的作用是向火灾探测器提供高稳定度的直流电源；监视连接各火灾探测器的传输导线有无故障；接收火灾探测器发送的火灾报警信号，迅速、正确地进行转换和处理，并以声、光等形式指示火灾发生的具体部位，进而发送消防设备的启动控制信号。

火灾报警控制器可按其技术性能和设计使用要求等进行分类，国内常见的分类如图4-39所示。

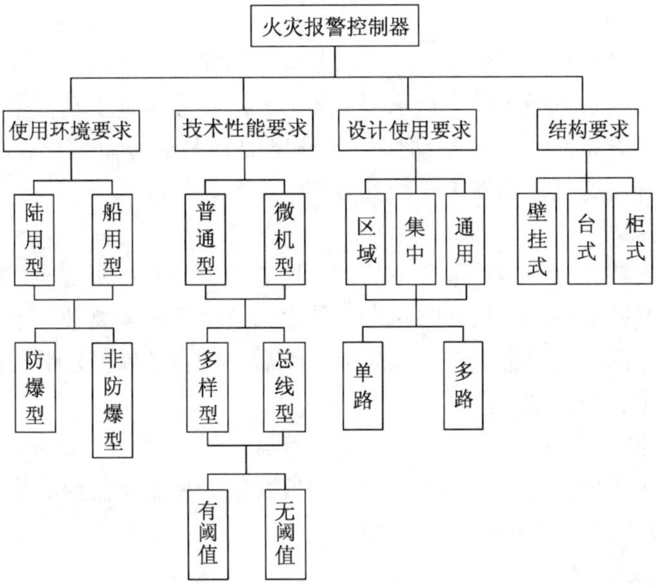

图 4-39　火灾报警控制器的分类

（3）联动控制器

联动控制器有多线制控制方式和总线制控制方式，与火灾报警控制器配合，用于控制各类消防外控设备，可现场编辑控制逻辑、驱动方式等，可实施自动或手动控制，操作简便、安全、可靠。其结构形式有壁挂式、柜式和台式。

（4）其他辅助装置

① 火灾显示盘（重复显示屏）

火灾显示盘设置在每个楼层或消防分区内，用以显示本区域内各探测点的报警和故障情况；在火灾发生时，指示火灾所处位置和范围等。

② 控制模块（编址输入/输出模块）

控制模块是总线制联动控制的执行器件，直接与联动控制器的控制总线或火灾报警控制器的总线连接，是控制器与被控设备间的连接桥梁。火警时，经逻辑控制关系，由模块内的继电器触点的动作来启动或关闭外控设备。外控设备动作状态信号通过控制模块经总线反馈给主机。

③ 双切换盒

双切换盒是多线制联动控制器的执行器件，可将报警联动控制器发出的有源触点信号与消防外控设备的强电控制回路隔离，将外控设备强电回路中的反馈执行信号与联动控制器的弱电返回信号隔离，避免强电进入系统。

④ 地址码中继器

如果一个区域内的探测器数量过多致使地址点不够用，可使用地址码中继器来解决。在系统中，一个地址码中继器最多可连接 8 个探测器，而只占用一个地址点。当其中的任意一个探测器报警或报故障时，都会在报警控制器中显示，但所显示的地址是地址码中继器的地址点，所以这些探测器应该监控同一个空间，而不能让监控不同空间的探测器受一个地址码中继器控制。

⑤ 编址输入模块

编址输入模块可将各种消防输入设备的开关信号接入探测总线，以实现报警或控制的目的。编址输入模块适用于水流指示器、压力开关、非编址手动报警按钮、普通型火灾探测器等主动型设备。这些设备动作后，输出的开关信号由编址输入模块送入控制器，产生报警，并可通过控制器来联动其他相关设备动作。

⑥ 短路隔离器

短路隔离器安装在火灾自动报警系统的传输总线上，其作用是当系统的某个分支短路时，能自动将其两端呈高阻或开路状态，使之与整个系统隔离开，不损坏控制器，也不影响总线上其他部件的正常工作。当故障消除后，能自动恢复这部分的工作，即将被隔离出去的部分重新纳入系统。

⑦ 总线驱动器

总线驱动器用来增强线路的驱动能力，一般在报警控制器监控的部件过多，所监控设备电流太大或总线传输距离过长时使用。

⑧ 报警门灯及引导灯

报警门灯一般安装在巡视观察方便的地方，如会议室、餐厅、房间及每层楼的门上端，可与对应的探测器并联使用，并与该探测器的编码一致。当探测器报警时，门灯上的指示灯亮，使人们在不进入的情况下就可知道探测器是否报警。

引导灯安装在疏散通道上，与控制器相连接。在有火灾发生时，消防控制中心通过手动操作打开有关的引导灯，引导人员尽快疏散。

⑨ 声光报警盒

声光报警盒是一种安装在现场的声光报警设备，分为编码型和非编码型两种。其作用是当发生火灾并被确认后，由火灾报警控制器启动，发出声光信号以提醒人们注意。

⑩ CRT 报警显示系统

CRT 报警显示系统是把所有与消防系统有关的平面图形及报警区域和报警点存入计算机内，火灾发生时能在显示屏上自动显示火灾部位及报警类型、发生时间等，并通过打印机自动打印。

⑪ 手动报警按钮

手动报警按钮安装在公共场所，人工确认火灾发生后，按下按钮上的有机玻璃片，可向火灾报警控制器发出火灾报警信号。

⑫ 电源

火灾自动报警及消防联动控制系统应设有主电源和直流备用电源。主电源应采用消防电源，且主电源的保护开关不应采用漏电保护开关。直流备用电源宜采用火灾报警控制器的专用蓄电池或集中设置的蓄电池。当直流备用电源采用消防系统集中设置的蓄电池时，火灾报警及联动控制器应采用单独的供电回路，并应保证在消防系统处于最大负载状态下不影响报警控制器的正常工作。

2. 火灾自动报警系统的分类

《火灾自动报警系统设计规范》（GB 50116—2013）根据火灾自动报警系统联动功能的复杂程度及报警系统保护范围的大小，将火灾自动报警系统分为区域火灾报警系统、集中火灾报警系统和控制中心报警系统三种类型。

（1）区域火灾报警系统

区域火灾报警系统通常由区域火灾报警控制器、火灾探测器、手动火灾报警按钮、火灾警报装置及电源等组成。系统结构形式如图 4-40 所示。

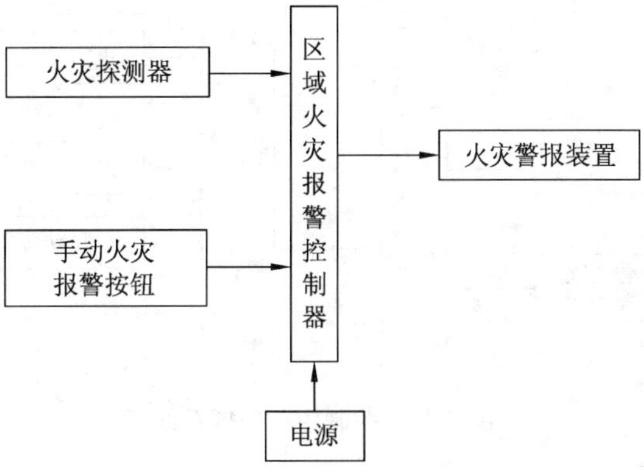

图 4-40 区域火灾报警系统

（2）集中火灾报警系统

集中火灾报警系统通常由集中火灾报警控制器、两台及两台以上区域火灾报警控制器（或区域显示器）、火灾探测器、手动火灾报警按钮、火灾警报装置及电源等组成。系统结构形式如图 4-41 所示。

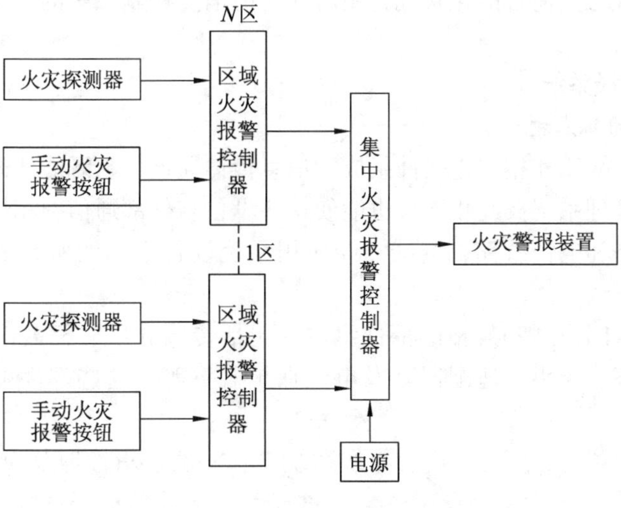

图 4-41 集中火灾报警系统

（3）控制中心报警系统

控制中心报警系统通常由至少一台集中火灾报警控制器、一台消防联动控制设备、两台及两台以上区域火灾报警控制器（或区域显示器）、火灾探测器、手动火灾报警按钮、火灾警报装置、火警电话、火灾应急照明、火灾应急广播、联动装置及电源等组成。系统结构形式如图 4-42 所示。

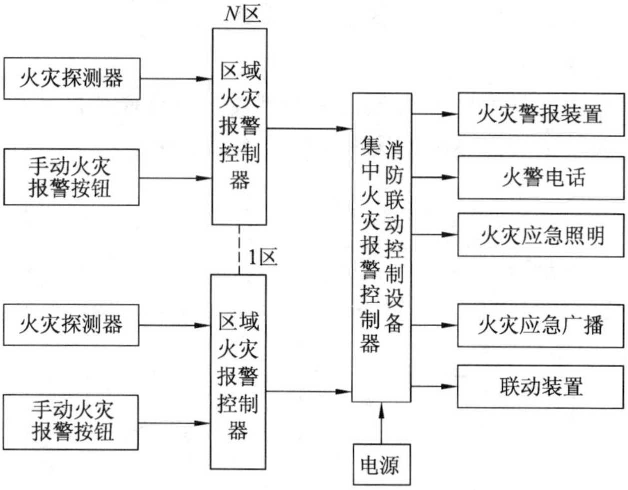

图 4-42 控制中心报警系统

3. 消防控制室和消防联动控制

在我国的建筑设计防火规范中，将设有火灾自动报警控制器和消防联动控制设备，专门用于接收、显示、处理火灾报警信号，控制有关消防设施的房间称为消防控制室。

消防控制室宜设在建筑物的首层，有独立对外通道，消防控制室门的上方应设标志牌或标志灯。消防控制室设在地下时，门上的标志必须是带灯光的装置。标志灯的电源应从消防电源引接，以保证标志灯电源可靠工作。

消防控制室可与其他智能化系统合用房间，但消防控制系统的设备宜单独设置，保持相对独立。

（六）综合布线系统

1. 综合布线的基本概念

综合布线是由线缆和相关连接件组成的信息传输通道。它既能使语音、数据、视频设备与其他信息管理系统彼此相连，也能使这些设备与外部通信网相连接。综合布线包括建筑物外部网络和电信线路的连线点与应用系统设备之间的所有线缆及相关的连接部件。

综合布线由不同系列和规格的部件组成，包括传输介质、相关连接硬件（如配线架、连接器、插座、插头、适配器）及电气保护装置等。这些部件可用来构建各个子系统。

为了便于设计和施工管理，综合布线系统工程一般逻辑性地分为 7 个模块化结构，即工作区、配线子系统（水平子系统）、干线子系统、建筑群子系统、设备间、进线间和管理子系统。

（1）工作区

一个独立的需要设置终端设备（TE）的区域宜划分为一个工作区。工作区应由配线子系统的信息插座模块（TO）延伸到终端设备处的连接缆线及适配器组成，如图 4-43 所示。

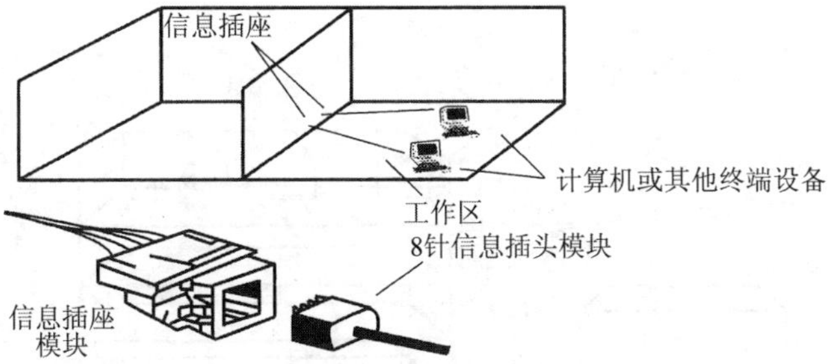

图 4-43　工作区

（2）配线子系统

配线子系统应由工作区的信息插座模块、信息插座模块至电信间配线设备（FD）的配线电缆和光缆、电信间的配线设备及设备缆线和跳线等组成，如图 4-44 所示。

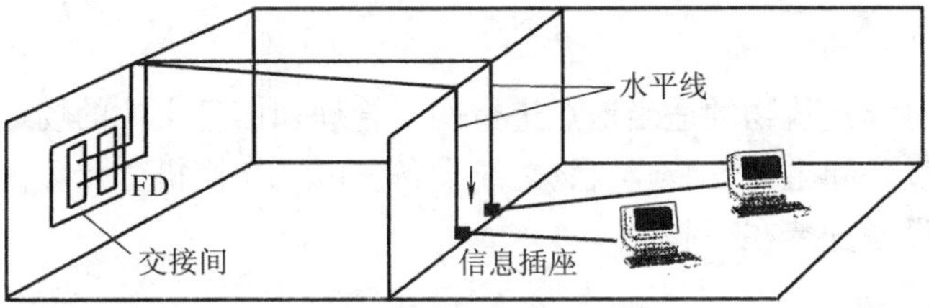

图 4-44　配线子系统

（3）干线子系统

干线子系统应由设备间至电信间的干线电缆和光缆、安装在设备间的建筑物配线设备（BD）及设备缆线和跳线组成，如图 4-45 所示。

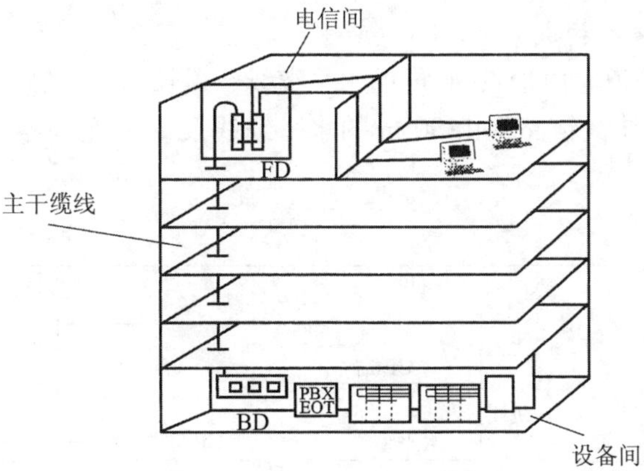

图 4-45　干线子系统

（4）建筑群子系统

建筑群子系统应由连接多个建筑物之间的主干电缆和光缆、建筑群配线设备（CD）及设备缆线和跳线组成，如图 4-46 所示。

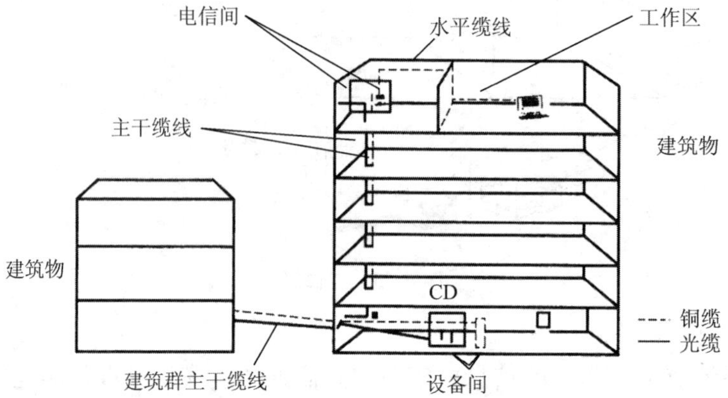

图 4-46　建筑群主干子系统

（5）设备间

设备间是在每幢建筑物的适当地点进行网络管理和信息交换的场地。对于综合布线系统工程设计，设备间主要安装建筑物配线设备。电话交换机、计算机主机设备及入口设施也可与配线设备安装在一起。

（6）进线间

进线间是建筑物外部通信和信息管线的入口部位，并可作为入口设施和建筑群配线设备的安装场地。

（7）管理子系统

管理子系统应对工作区、电信间、设备间、进线间的配线设备、缆线、信息插座模块等设施按一定的模式进行标识和记录。

2. 综合布线系统的构成

综合布线系统信道应由最长 90 m 的水平缆线、最长 10 m 的跳线和设备缆线及最多 4 个连接器件组成，永久链路则由 90 m 的水平缆线及 3 个连接器件组成，连接方式如图 4-47 所示。

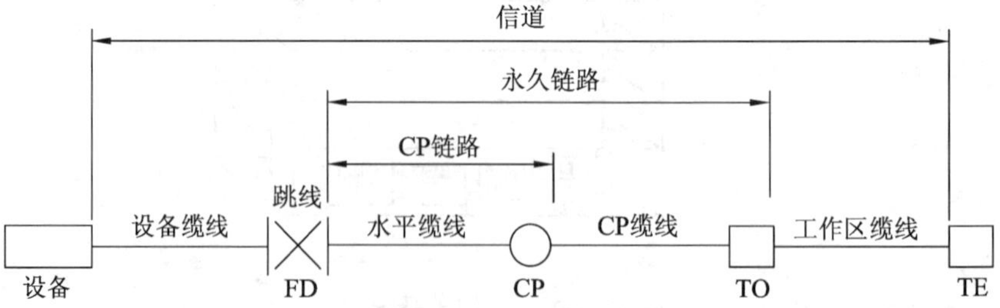

图 4-47　布线系统信道、永久链路、CP 链路的构成

综合布线系统的基本构成应符合图 4-48 的要求。

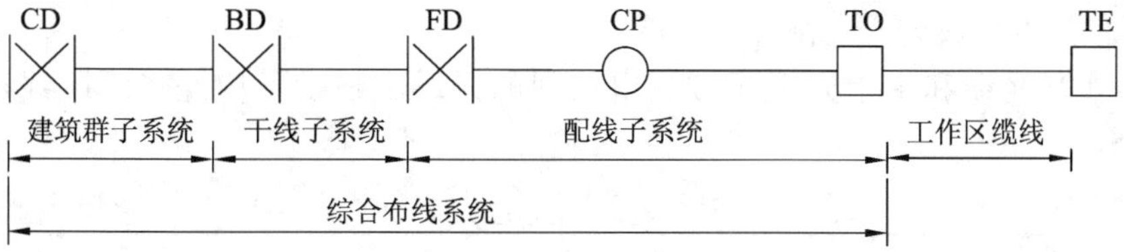

图 4-48　综合布线系统的基本构成

综合布线子系统的构成应符合图 4-49 的要求。

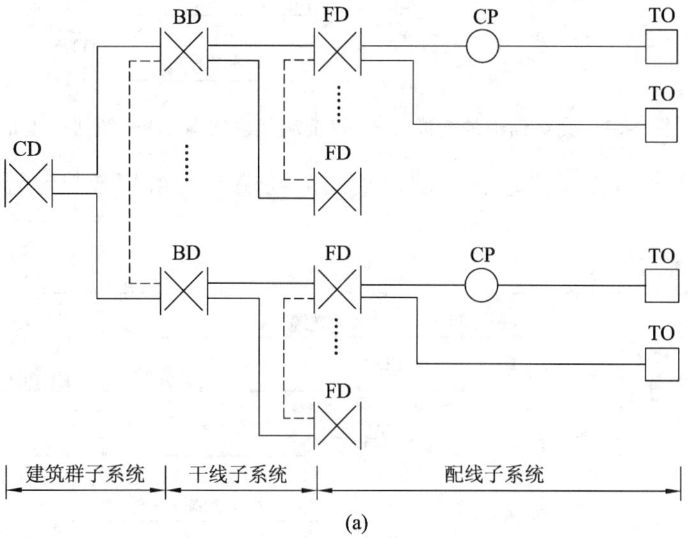

图 4-49　综合布线子系统的构成

综合布线系统入口设施及引入缆线的构成应符合图 4-50 的要求。

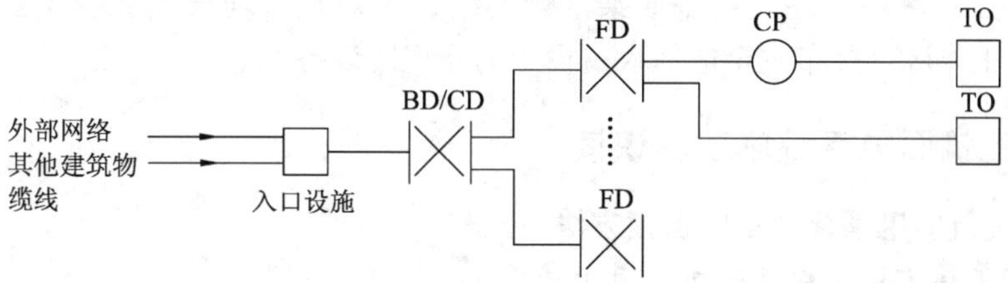

图 4-50　综合布线系统引入部分的构成

光纤信道的构成方式应符合以下要求：

（1）水平光缆和主干光缆至楼层电信间的光纤配线设备应经光纤跳线连接构成（见图 4-51）。

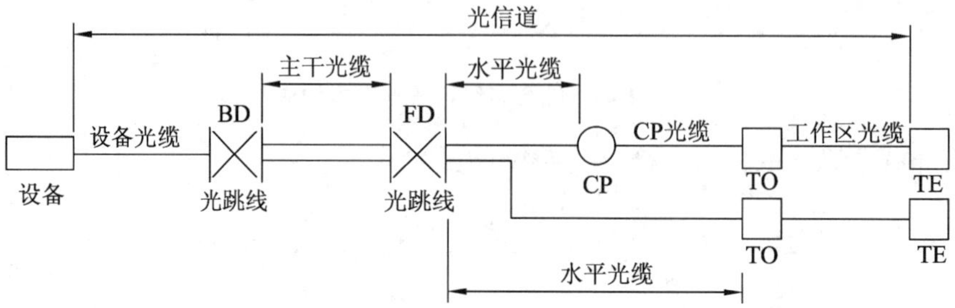

图 4-51　光纤信道的构成（一）（光缆经电信间 FD 光跳线连接）

（2）水平光缆和主干光缆在楼层电信间应经端接（熔接或机械连接）构成（见图 4-52）。

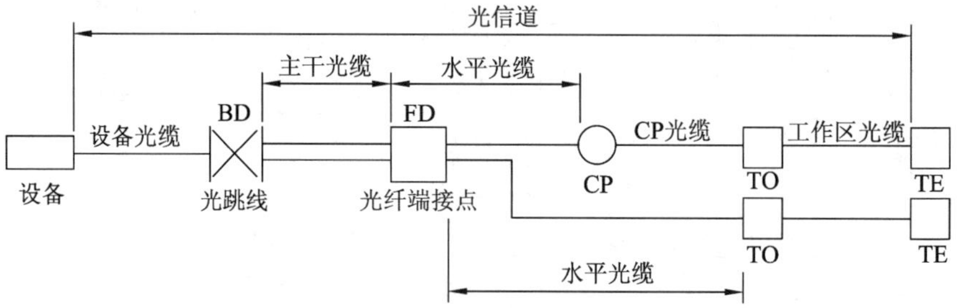

图 4-52　光纤信道的构成（二）（光缆在电信间 FD 做端接）

（3）水平光缆经过电信间直接连至大楼设备间光配线设备构成（见图 4-53）。

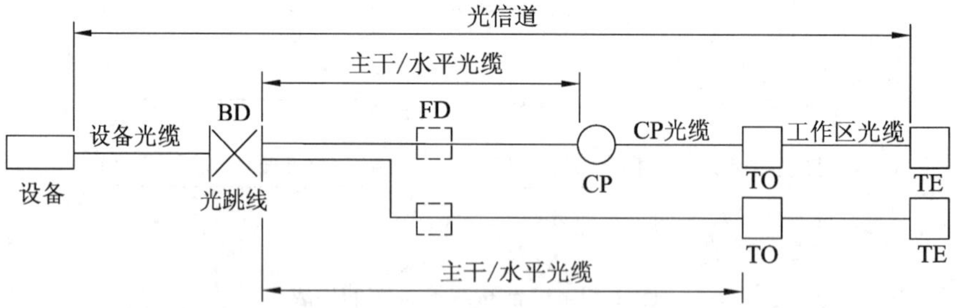

图 4-53　光纤信道的构成（三）（光缆经过电信间 FD 直接连接至设备间 BD）

（4）当工作区用户终端设备或某区域网络设备需直接与公用数据网进行互通时，宜将光缆从工作区直接布放至电信入口设施的光配线设备。

二　建筑弱电系统施工图识读

（一）建筑弱电系统施工图识读方法

1. 共用天线有线电视系统工程图识读

共用天线有线电视系统工程图主要有共用天线电视系统图、共用天线电视系统设备平面图、设备安装详图等。共用天线电视系统设备平面图是预埋配管、穿线、设备安装的主要依据，其平面图形式与火灾自动报警及综合布线等系统的平面图相类似。而其系统图是表现各组成部分相互关系的图样。识图时，要熟悉绘制共用天线电视系统工程图所采用的图形符号，并了解系统中各种设备的功能、特性，以便更好地分析共用天线电视系统的系统图。设备安装详图用来表示各种设备的具体安装施工做法，施工时常参考相关标准图集。

2. 火灾自动报警系统工程图识读

火灾自动报警及消防联动控制系统工程图一般是在简化的建筑平面图上用图形符号表示消防设备和器件，并标注文字说明，常用的图样有系统图、平面图和原理框图等。火灾自动报警及消防联动控制系统图主要反映系统的组成，设备和元件之间的逻辑关系及连接关系；火灾自动报警及消防联动控制平面图在实际工程安装中是不可缺少的图样，图中反映了设备和器件的安装位置，管线的走向、敷设部位、敷设方式，导线的型号、规格及数量。火灾自动报警及消防联动控制原理框图用以说明工作原理，一般用于系统调试。

3. 综合布线系统工程图识读

综合布线系统工程图主要包括系统图和平面图两部分。

综合布线系统图即所有配线架和电缆线路的全部通信空间的立面详图。系统图是全面概括布线系统全貌的示意图，在系统图中主要反映如下几点内容：

（1）总配线架（MDF）、楼层配线架（IDF）及其他种类配线架和光纤互联单元的数量、分布位置。

（2）水平电缆的类型（屏蔽电缆还是非屏蔽电缆）和垂直干线的类型（光纤还是大对数双绞线）。

（3）主要设备的位置，包括电话交换机（PBX）和网络设备（HUB 或 SWITCH 网络交换机等）。

（4）垂直干线的路由。

（5）电话局电话进线位置等。

（二）建筑弱电系统施工图识读示例

1. 共用天线有线电视系统工程图识读

图 4-54 为某高层住宅有线电视系统的系统图，该住宅共 15 层，4 个单元，每个单元每层两户，每户设有两路电视信号线。电视信号来源于市内有线电视系统，外线电缆由室外穿管埋地引入一层进线间内的电视器件箱（见图 4-54 左起 2 单元）。电视信号首先进入前端均衡器（均衡器的作用是使不同频段的信号电平能够均衡），再进入一分四分配器将信号一分为四，即分配给 4 个单元。楼内干线采用 SYWV-75-9 型，分支线采用 SYWV-75-9 型穿钢管沿墙、地面及楼板内暗敷设。由于该住宅为 15 层的高层建筑，如果直接用分支器进行信号分配，会因电缆的损耗及分支损耗使信号不均衡，因此将该 15 层住宅分为 3 部分，即 1F～5F，6F～10F 及 11F～15F 各设一干线支路，每路最后一级分支器末端接 75 Ω 匹配电阻，避免信号的反射。交流电源由 3 根 2.5 mm^2 的 BV 聚氯乙烯绝缘铜线穿直径 $\phi15$ 的钢管提供。为了防止雷电波沿着外线侵入，在前端箱设置了信号避雷器 SPD。

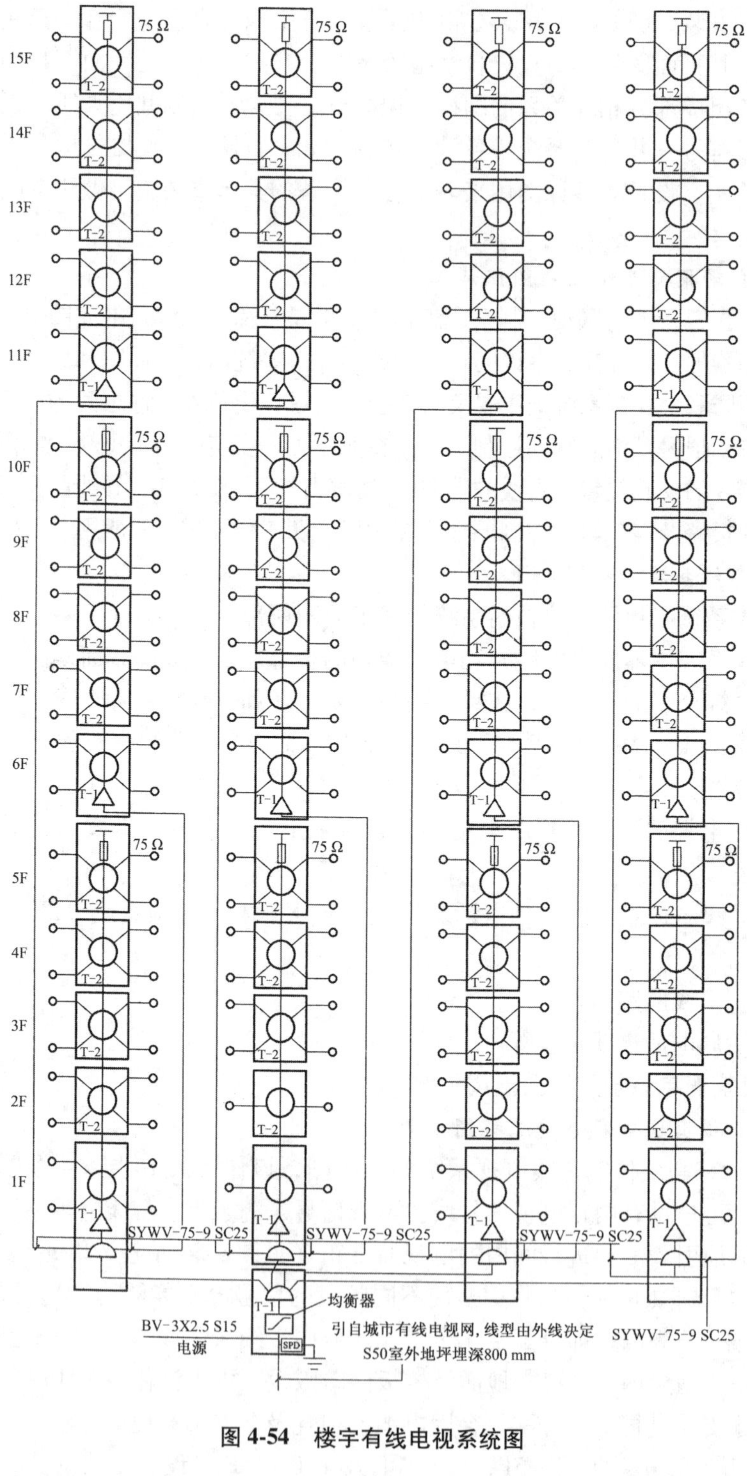

图 4-54 楼宇有线电视系统图

图 4-55 为电缆电视系统一层干线平面图，图中电视信号由外面引入电视前端箱，再分配给 4 个单元的设备箱，并向上输送。干线为 SYWV-75-9 型射频同轴电缆穿 ϕ 25 的钢管沿地面暗敷设。

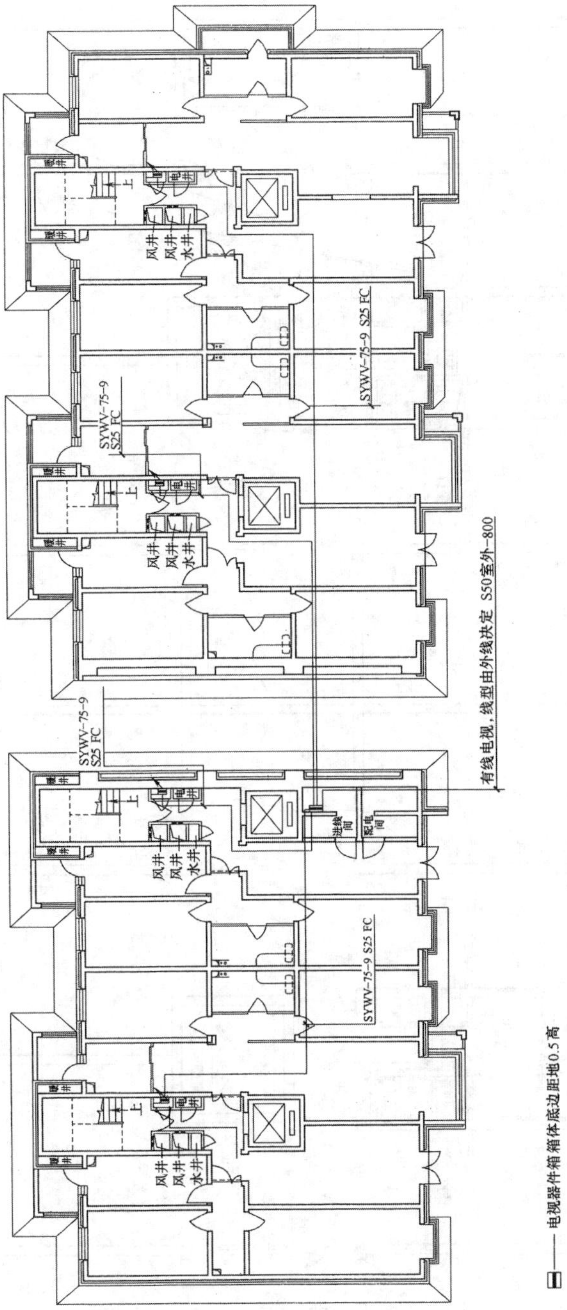

图4-55　电缆电视系统一层干线平面图

图 4-56 为电缆电视系统标准层平面图，图中每户由智能箱预埋了 3 路用户支线配管，穿线钢管沿地面、沿墙暗敷设，分别引到起居室、主卧室、次卧室，但由系统图可知，每户实际只设置了两路信号线，另一管路为预留。所用电缆型号，干线为 SYWV-75-9 型射频同轴电缆，用户端支线为 SYWV-75-5 型射频同轴电缆。

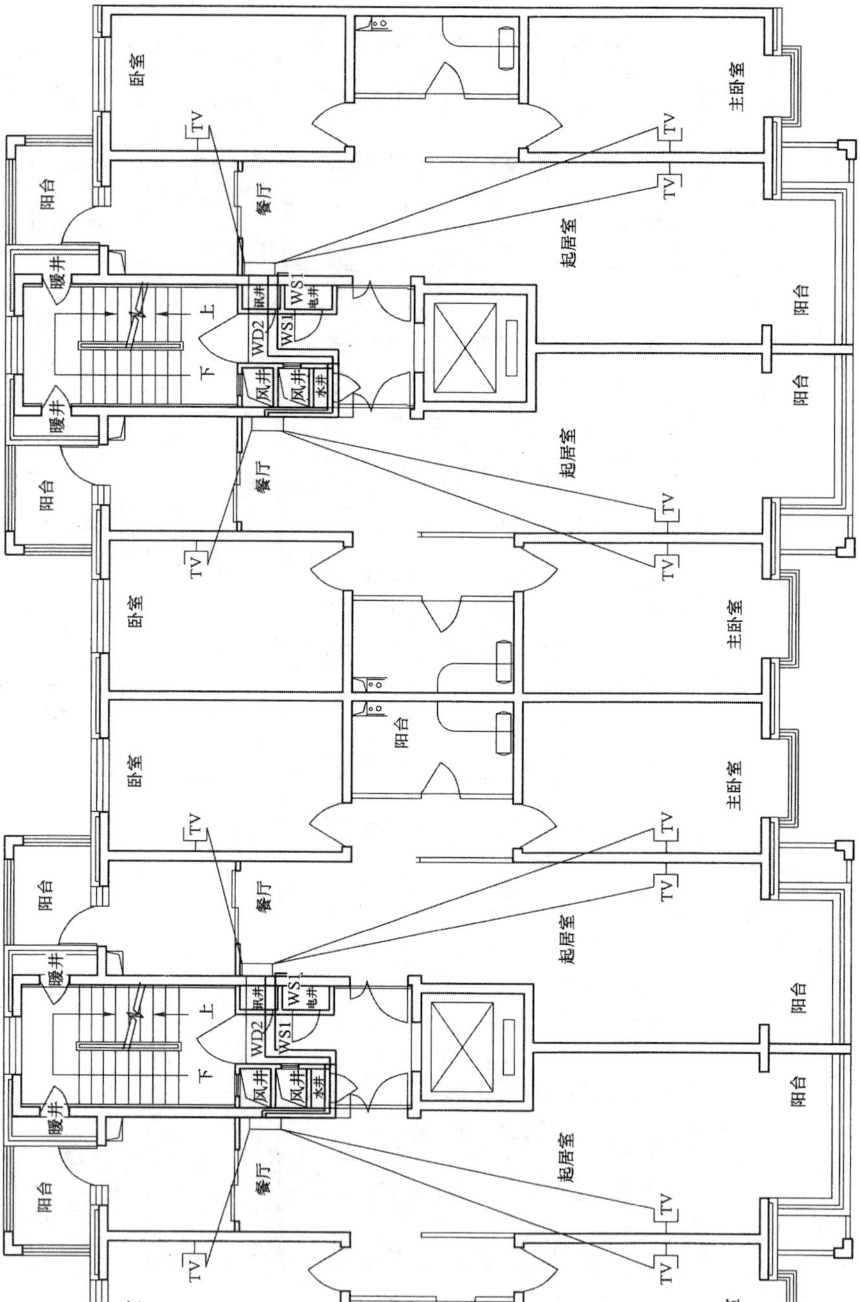

图4-56　电缆电视系统标准层平面图（对称图形，只示出左侧两个单元）

2. 火灾自动报警系统工程图识读

火灾自动报警系统工程图一般分为系统图和平面图。

（1）火灾自动报警系统图

图 4-57 所示为一规模较大、外控设备较多的火灾自动报警及消防联动控制系统图，从图中可以看出，消防中心设有火灾报警控制器和联动控制器、CRT 显示器、消防广播及消防电话装置，并配有主机电源和外控电源。每一楼层都分别设有楼层火灾显示器，报警控制器通过输出总线与显示器连接。火灾自动报警采用二总线输入，该控制器最多有 8 路输入总线，每一回路都设有感烟探测器、感温探测器、水流指示器、消防栓按钮、手动报警按钮，并装有短路隔离器。

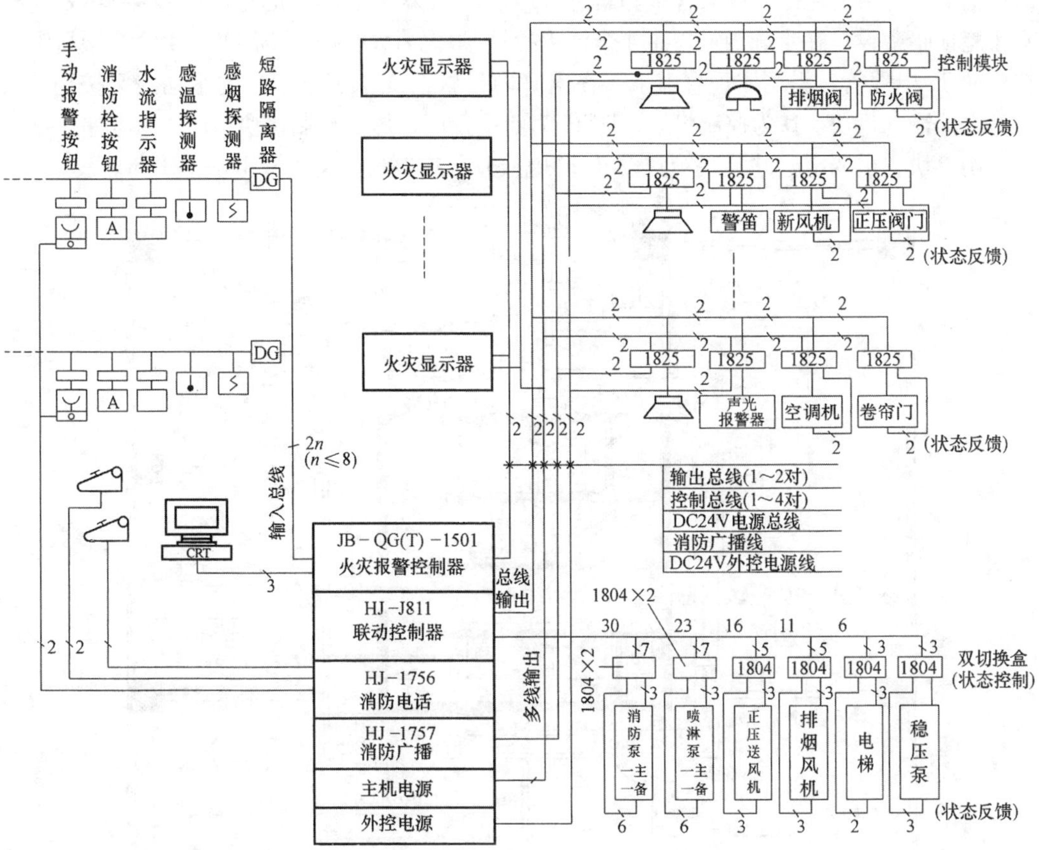

图 4-57 火灾自动报警及消防联动控制系统图

中央外控设备有消防泵、喷淋泵、正压送风机、排烟风机、电梯及稳压泵，它们分别通过对应的双切换盒与多线制联动控制输出线和联动控制器连接。排烟阀、防火阀、卷帘门及空调机等楼层消防联动设备，通过对应的控制模块和二总线制输出控制总线与联动控制器连接。

消防电话连接二线直线电话，电话插孔设置于手动报警按钮旁，只需将手提式电话机的插头插入电话插孔即可与总机（消防中心）通话。消防电话的分机可向总机报警，总机也可呼叫分机进行通话。

消防广播装置由联动控制器实施着火层及其上、下层的紧急广播的联动控制。当有背景音乐（与火灾事故广播兼用）的场所发生火警时，由联动控制器通过其执行件（控制模块或继电器盒）实现强制切换到火灾事故广播的状态。

（2）火灾自动报警系统平面图

图 4-58 是一栋大厦 22 层的火灾自动报警系统平面图，从图中可以看出，在消防电梯前室内装有区域火灾报警器（或楼层显示器）ARL，用于报警和显示着火区域，输入总线接到弱电竖井中的接线箱，然后通过垂直桥架中的防火电缆接至消防中心。整个楼面装有 27 只带地址编码底座的感烟探测器 y，采用二总线制，用聚氯乙烯绝缘聚氯乙烯护套的屏蔽软电缆 RVVP-2×1.0 穿电线管（TC20）沿顶暗敷设。在走廊顶设置了 8 个消防广播 B，可用于通知、背景音乐和紧急时广播，用 2×1.5 mm^2 的塑料软线穿 ϕ 20 电线管于屋顶暗敷设。在走廊内设置了 4 个消火栓箱 FB，消火栓按钮线用 BV-4×2.5 塑料铜芯线穿 ϕ 25 电线管，沿墙体垂直引下。在走廊内设置了 3 个带指示灯的手动报警按钮 SB，含有编址输入模块。D 为控制模块，D221 为前室正压送风阀控制模块，D22 为电梯厅排烟阀控制模块，由弱电竖井接线箱敷设 ϕ 20 电线管至控制模块，内穿 BV-4×1.5 导线。

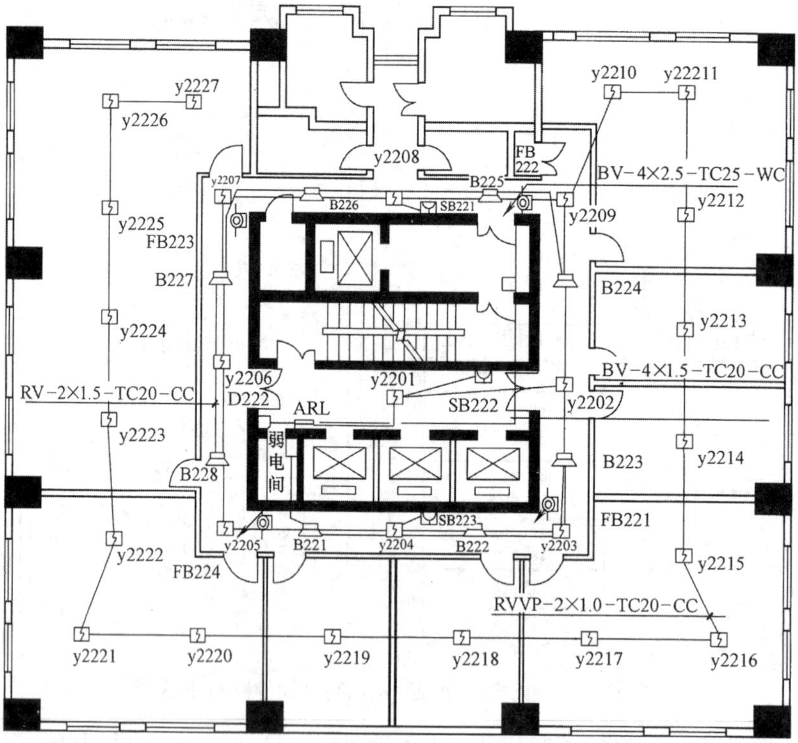

图 4-58　大厦 22 层火灾自动报警系统平面图

3. 综合布线系统工程图识图

综合布线系统工程图一般分为系统图和平面图。

（1）综合布线系统图

图 4-59 是某建筑综合布线系统的系统图，由图可以得出以下内容：

① 设备间与进线间合用一个房间，即位于首层的计算机机房。设备间内设置的主

要布线设备有连接外线与干线的建筑物总配线架 MDF 及光纤配线架、网络交换机（或集线器）和机柜等。电话程控交换机也设置在设备间内，即电话机房和计算机机房均设置在设备间。另外，计算机网络系统的服务器、路由器等核心设备也可设置在设备间。

② 系统语音主干电缆（大对数双绞电缆）和数据主干光纤分别从设备间的内侧总配线架引出，通过建筑弱电井分别引到各弱电间相应的楼层配线架 IDF。

③ 每个楼层配线架管理两个相邻楼层的水平配线，另外在各楼层交接间的机柜内除了设置有 110 配线架或 RJ45 配线架外，还设有光纤配线设备及集线器 HUB 或交换机 SWITCH。

④ 系统水平子系统的语音和数据全部采用五类非屏蔽双绞线，这样通过在楼层交接间进行简单跳线，就可以将语音信息点作为数据信息点来用或将数据信息点作为语音信息点来用。

⑤ 信息插座均选用双口信息插座。

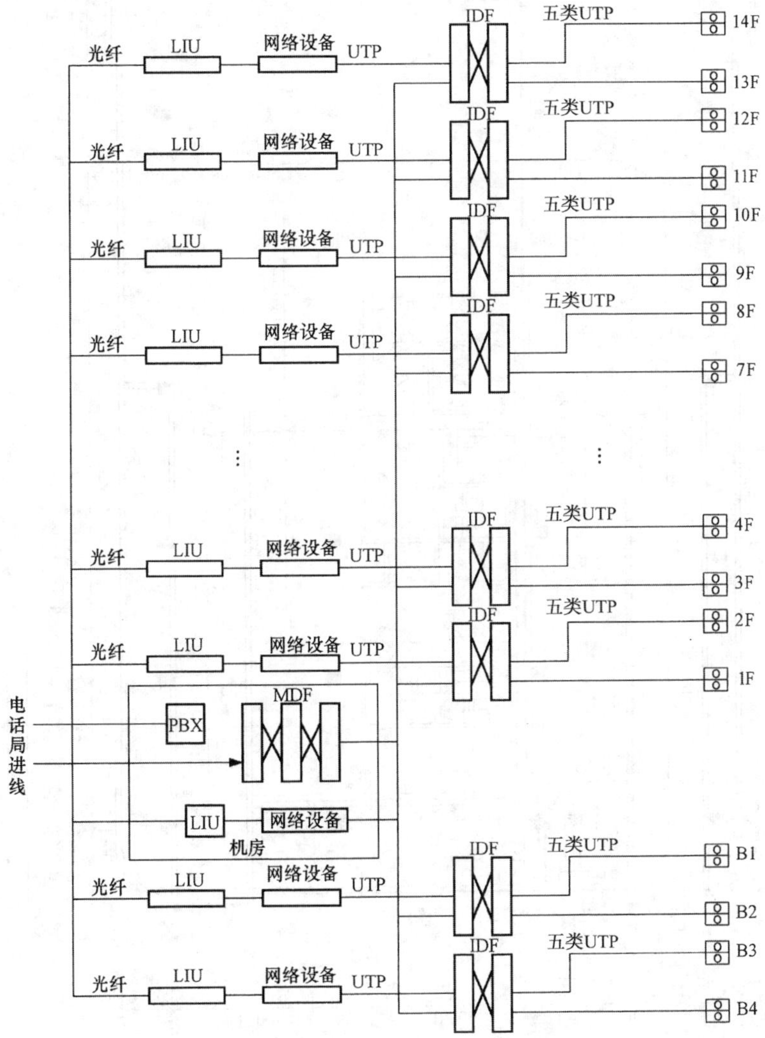

图 4-59 某建筑综合布线系统图

（2）综合布线系统平面图

综合布线系统平面图是施工的依据，它可以和其他弱电系统的平面图在一张图上表示。图 4-60 是某建筑地下一层综合布线平面图。结合系统图，通过对平面图的识读，可以得知以下内容：

① 语音外线 HYA-800×2×0.5、数据外线 6 芯多模或单模光缆均由楼前人孔井或手孔井穿 SC80 管引入进线室的进线箱内，再经桥架引到该建筑综合布线系统总配线架。

② 该建筑地下一层物业办公室内设有语音、数据信息点 TO 共计 20 个，在车库和电梯前室设有图像信息点 IP 共计 7 个，这些信息点均由该层弱电间内的楼层配线架 IFD 进行跳线管理。

③ 水平缆线经桥架和配管的方式由楼层配线架敷设到各信息点。

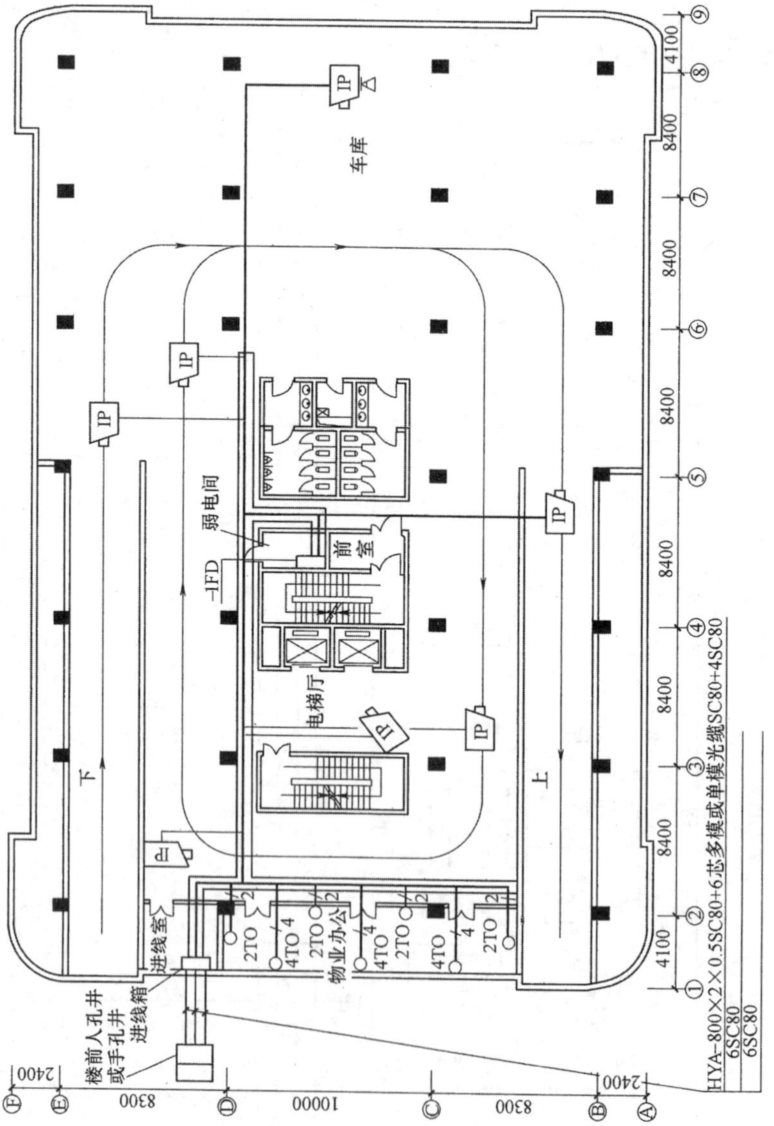

图 4-60　某建筑地下一层综合布线平面图

阅读平面图时还需要注意如下要素：

① 弱电避让强电线路、暖通设备、给排水设备。

② 线槽的路由和安装位置应便于设备提供厂商的安装调试。

③ 当设备需要安装在弱电竖井里时，需要确定的设备分布图。

④ 弱电竖井的数量、平面位置、大小，井中线槽的安装位置，井中是否设置有照明电源、220 V 设备电源、接地装置（这些内容需结合强电施工图识读）等。

⑤ 电话机房、计算机机房和设备间的平面位置，由机房及设备间引出线槽或线管的数量及位置。

4. 视频监控系统工程图识读

图 4-61 为某建筑视频监控系统图，对照表 4-7 中的图形符号可以了解该系统的组成概况。

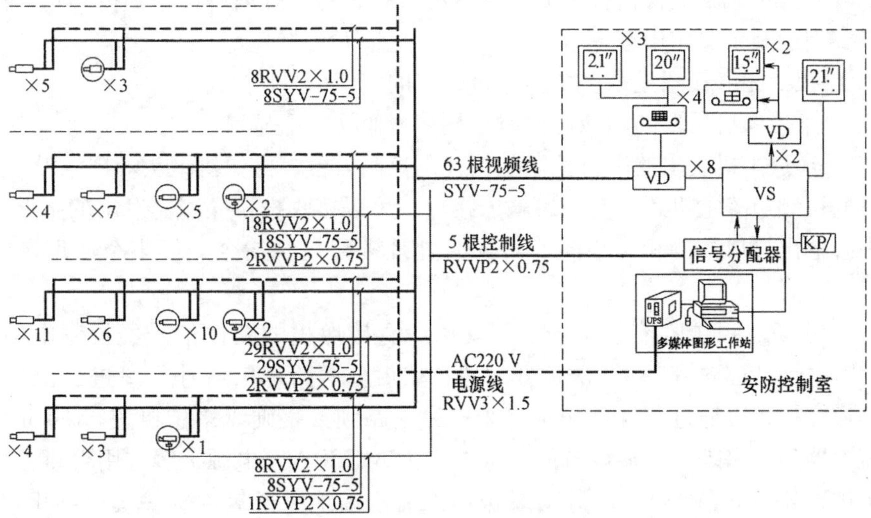

图 4-61　某建筑视频监控系统图

表 4-7　图形符号含义

图形符号	含义	图形符号	含义
	彩色摄像机		黑白摄像机
	彩色半球摄像机	信号分配器	信号分配器
	室外黑白一体化摄像机	VS	矩阵切换主机
VD	视频分配器	KP/	控制键盘
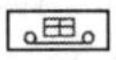	数字硬盘录像机		20 英寸彩色监视器
	15 英寸彩色监视器		21 英寸彩色监视器

该系统图可分成三大部分，即现场前端设备部分、传输线路部分和控制室设备部分。

（1）现场前端设备

1~4 层共安装各种类型摄像机 63 台，其中黑白摄像机 16 台、彩色摄像机 24 台、彩色半球摄像机 18 台、室内彩色一体化摄像机 4 台、黑白一体化摄像机 1 台。

（2）控制室设备

控制室设备有矩阵切换主机（VS）1 台、视频分配器（VD）10 台、16 路数字硬盘录像机 4 台、4 路数字硬盘录像机 1 台、监视器 7 台、信号分配器 1 台、UPS 和多媒体图形工作站等。

视频信号分配器的作用是将一路视频信号分成多路信号，也就是说它可将一台摄像机送出的视频信号供给多台监视器或其他终端设备使用，另外还兼有电压放大功能。

视频矩阵主机是电视监控系统中的核心设备，对系统内各设备的控制均可由视频矩阵主机实现。其主要作用有：

① 监视器能够任意显示多个摄像机摄取的图像信号；

② 单个摄像机摄取的图像可同时送到多台监视器上显示；

③ 可通过主机发出的串行控制数据代码控制云台、摄像机镜头等现场设备。

有的视频矩阵主机还带有报警输入接口，可以接收报警探测器发出的报警信号，并通过报警输出接口控制相关设备，可同时处理多路控制指令，供多个使用者同时使用系统。

图 4-61 所示视频监控系统表示：现场所有摄像机的图像信号经视频电缆（SYV-75-5 型）传到安防控制室进视频分配器，然后分两路送出信号（一进二出）。一路到矩阵切换主机，再通过监视器显示出来；另一路到数字硬盘录像机进行 24 h 录像，再通过监视器显示出来。前端设备的供电电压为 AC220 V，电源干线选用聚氯乙烯绝缘聚氯乙烯护套软线 RVV3×1.5，分支线选用聚氯乙烯绝缘聚氯乙烯护套软线 RVV2×1.0。控制线选用聚氯乙烯绝缘聚氯乙烯护套屏蔽软线 RVVP2×0.75，控制信号由矩阵主机通过信号分配器发出，传送到彩色云台摄像机。

5. 入侵报警系统工程图识读

图 4-62 为某建筑一至四层入侵报警系统图，初步反映了该系统的组成及系统连接情况，图中部分图形符号含义见表 4-8。

（1）系统概况

由图 4-62 可知，该建筑入侵报警系统在一至四层布防。一层共设置 8 个探测点，其中有 2 个电子振动探测器、2 个栅栏探测器、2 个声控探测器、2 个玻璃破碎探测器。另外，还有 10 个无线巡更按钮。二层设置有 3 个吸顶双鉴探测器、3 个门磁开关、3 个紧急按钮开关、3 个玻璃破碎探测器、1 个振动分析仪连接 6 个振动探测器，共 18 个探测点。三层共 20 个探测点。四层共 25 个探测点。一至三层每层安装 1 台收集器和 1 台电源，四层因探测点较多，安装 2 台收集器及配套电源。各探测器将探测信号先送至收集器，再送至安防控制中心。

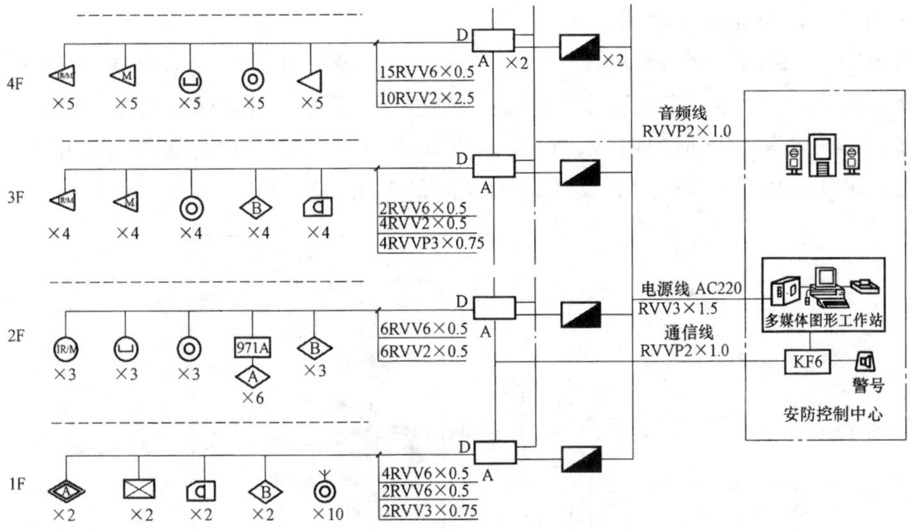

图 4-62 某建筑一至四层入侵报警系统图

表 4-8 图形符号含义

图形符号	含义	图形符号	含义	图形符号	含义	图形符号	含义
IR/M（圆形）	吸顶双鉴探测器	971A	振动分析仪	（黑白方块）	电源	B（菱形）	玻璃破碎探测器
IR/M（三角形）	双鉴探测器	（方框内叉）	栅栏探测器	KF6	联动模块	（圆内符号）	门磁开关
A（双菱形）	电子振动探测器	（声控符号）	声控探测器	（喇叭符号）	警号	（双圆）	紧急按钮
A（菱形）	振动探测器	D、P、A（方框）	收集器 A——报警主机 P——巡更点 D——探测器	（天线双圆）	无线巡更按钮	M（三角形）	微波探测器

（2）系统配线情况

各层收集器电源由控制室 UPS 提供，使用 RVV3×1.5 聚氯乙烯绝缘聚氯乙烯护套软线。收集器至控制主机通信线采用 RVVP2×1.0 聚氯乙烯绝缘聚氯乙烯护套屏蔽软线。

收集器到双鉴探测器、吸顶双鉴探测器、玻璃破碎探测器、红外探测器、微波探测器、电子振动探测器均使用 RVV6×0.5 线；到振动探测器、紧急按钮、门磁开关、栅栏探测器均使用 RVV2×0.5 线；声控探测器采用 RVVP3×0.75 线；警号采用 RVVP3×0.75 线。如四层有 5 个双鉴探测器、5 个微波探测器、5 个红外探测器，所以用 15 根 RVV6×0.5 线；有 5 个门磁开关、5 个紧急按钮，所以用 10 根 RVV2×0.5 线。其他各层均如此阅读。

（3）线路敷设及设备安装

由系统图可以了解应该用多少导线以及所用导线的规格、型号，至于线路的敷设及设备安装应主要阅读施工平面图，应依据设计和现场实际情况决定线路敷设途径和敷设部位，以及设备准确安装的位置。线路敷设方式应按设计要求采用线槽或管子敷设。

6. 出入口控制系统工程图识读

图 4-63 为某建筑门禁系统图，图中有双门读卡模块和单门读卡模块。主控模块到各层读卡模块采用五类非屏蔽双绞线传输数据信息，系统采用由安防监控室集中供电的供电方式，并设有 UPS 应急电源，由监控室 AC220 V 主电源到前端各电源箱采用树干式接线，干线采用 RVV3×1.5，支线采用 RVV2×1.0。

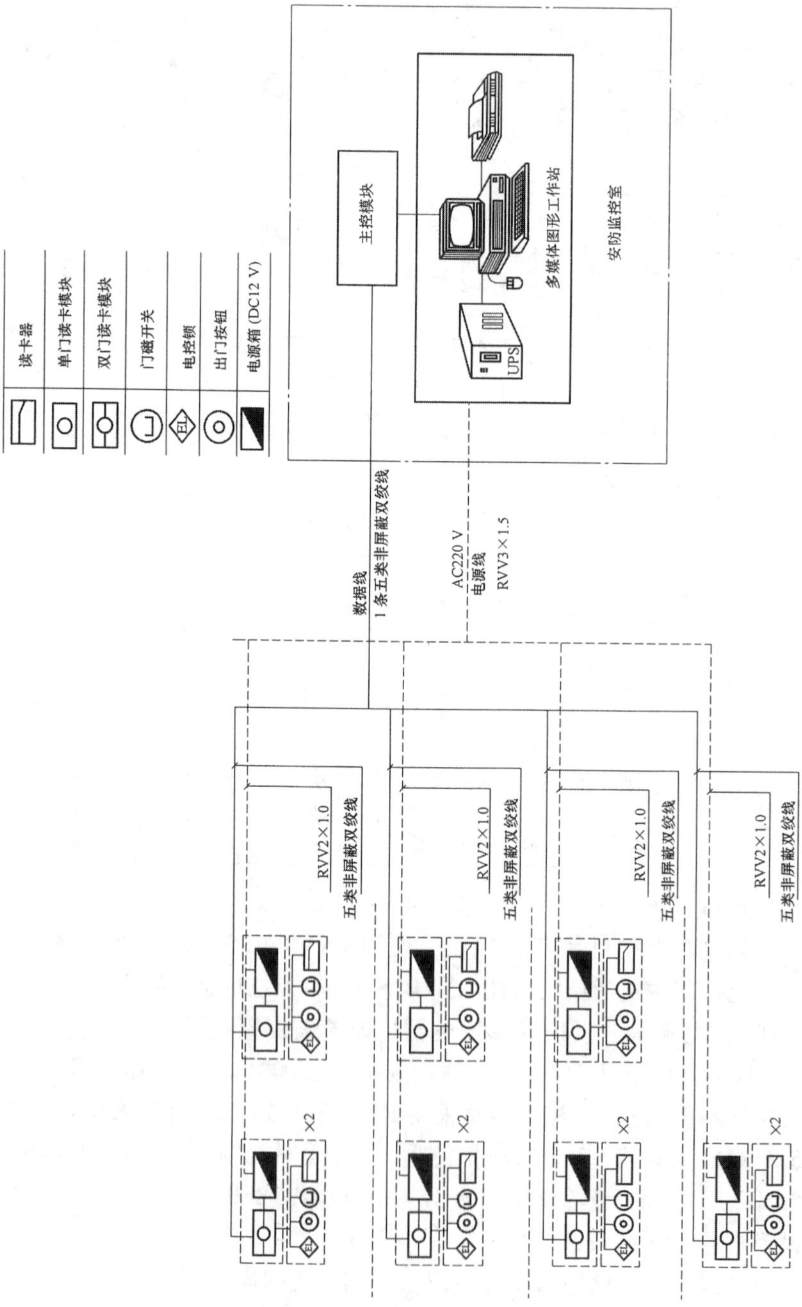

图 4-63　某建筑门禁系统图

由图4-64a，c可知：读卡模块可安装在弱电井或被控门就近的吊顶内，读卡模块到读卡器采用五类非屏蔽双绞线，到出门开关、电控锁、门磁开关均采用RVV2×0.5，前端各电源箱内均设有将AC220 V转变为DC12 V的电源适配器，由前端电源箱到对应电控锁采用RVV2×1.0；由图4-64b可知：室外门禁机安装标高为底边距地1.4 m，门禁机水平位置为壳体靠近门框侧边距门框0.1 m，此门禁机集读卡模块与读卡器于一体。门磁开关安装的垂直位置为门框上方，水平位置为距把手侧门框0.15 m，其中干簧管在门框上，磁铁在门扇上。电控锁安装标高为距地1.1 m。室内出门按钮安装标高为距地1.4 m，水平位置为距门框0.1 m。

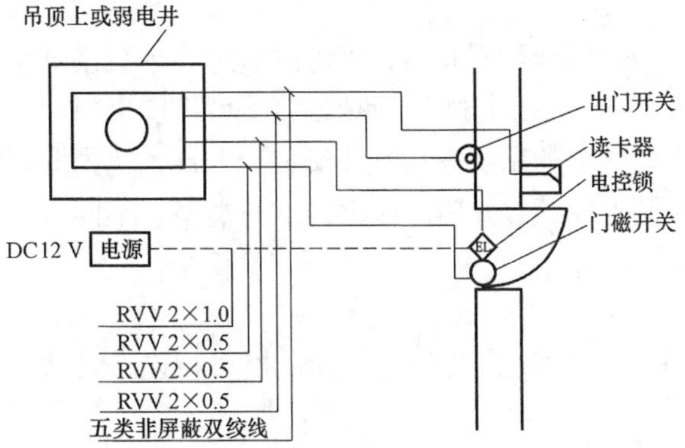

(a) 单门模块接线示意

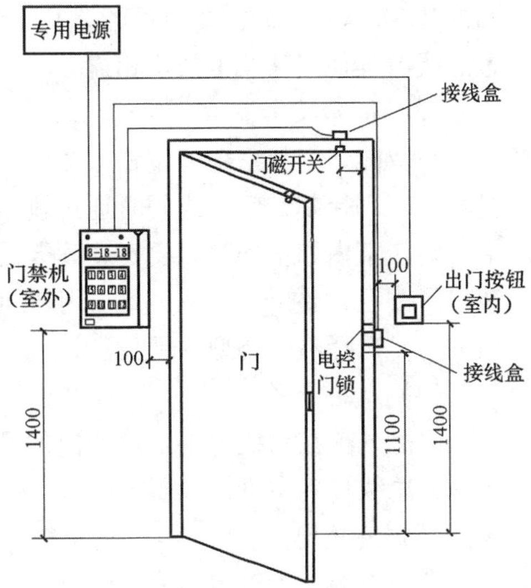

(b) 设备安装示意

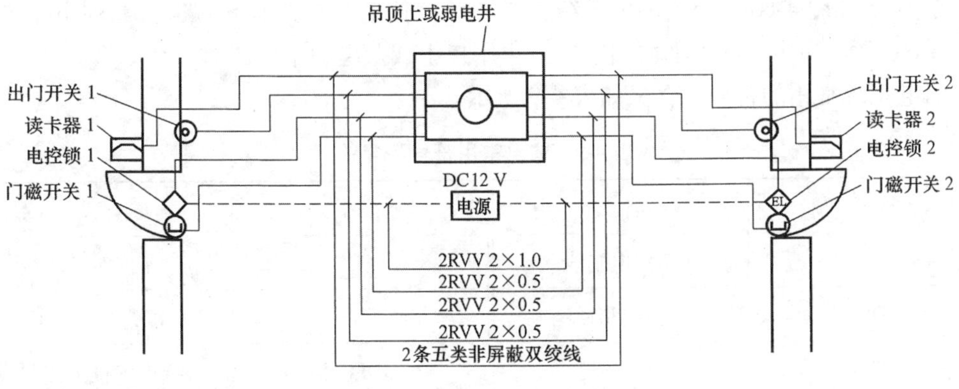

(c) 双门模块接线示意

图4-64 门禁设备安装和接线图

（1）主控模块

主控模块是系统中央处理单元，连接各功能装置和控制装置，具有集中监视、管理、系统生成及诊断等功能，通过协议转换连接多媒体电脑。系统出现不正常情况时，与之相连接的声光报警器能及时提醒管理人员。报文打印机可根据需要随时打印系统运行状况，记录报警发生的时间、地点。

（2）读卡模块

门禁读卡模块是安装在现场的一个直接数字控制器。其数字输入接口连接现场读卡器，数字输出接口连接现场被控设备，如电控锁，或消防、电视监控等联动设备。每个读卡模块可连接多台感应读卡器，控制多个门的开/关。一个感应读卡器占一个数字输入接口。如门禁管理系统只要求进门读卡，则一个门配置一个数字输入（DI）接口；如门禁管理系统要求进/出门读卡，则一个门配置两个数字输入（DI）接口，同时配置一个继电器输出（DO）接口连接电控锁，一个输入（DI）接口供门磁开关，用以检测门的开/关状态。如需要也可配置几个输出接口供与其他系统联动用。门禁读卡模块通过总线与其他门禁读卡模块相连。

（3）门禁读卡器

在智能卡门禁系统里设置一个读卡器，通过刷卡控制开门，也可以通过一个数字键盘输入密码控制开门，或同时通过刷卡和输入密码控制开门。如果系统设置进/出门读卡，则在室内和室外都需要安装读卡器。进门读卡的系统只在室外安装读卡器，室内安装出门按钮，要出门时按一下出门按钮，控制电控锁打开门。应根据不同类型、不同材质的门，选择不同类型的锁具。

（4）门磁开关

门磁开关在系统中用来检测门的开/关状态。门磁开关与门禁读卡模块相连，其状态通过总线传到中央控制器。

（5）专用电源

专用电源负责对门禁读卡模块、门禁读卡器、功能扩展模块及电控锁等提供电源。

7. 公寓弱电系统施工图识读

图 4-65 和图 4-66 为公寓弱电系统施工图。该住宅每层共有 6 户，公寓弱电平面图如图 4-65 所示，图 4-66 为平面图中左上角用户干线及电力平面图。

弱电系统常用的符号及含义如表 4-9 所示。

表 4-9　弱电常用符号及含义

符号	含义	符号	含义
J	室内电脑线	FD	室内对讲线
TO	电脑线和插座	TV	电视线和插座
TP	电话插座	DFC	多线火灾报警控制线
FC	通信总线	F	电话线
S	广播线路	FS	火灾报警信号线

从图 4-66 中可以看出，有多根线从弱电箱引出，其中从弱电箱向卧室引出户内电脑线 J 到电脑插座 TO，预留方式为 PC20-FC，也即以直径为 20 mm 的聚氯乙烯套管地板暗敷；弱电箱引出两根电话线 TP 到两个卧室的电话插座 TP，预留方式同样为 PC20-

FC，也即以直径为 20 mm 的聚氯乙烯套管地板暗敷；弱电箱引出电视线路 TV 到客厅的电视插座 TV，再到卧室的电视插座 TV，预留方式同样为 PC20-FC，也即以直径为 20 mm 的聚氯乙烯套管地板暗敷；从弱电箱还引出一根电话线路 TP 到餐厅电话插座 TP，预留方式同样为 PC20-FC，也即以直径为 20 mm 的聚氯乙烯套管地板暗敷。

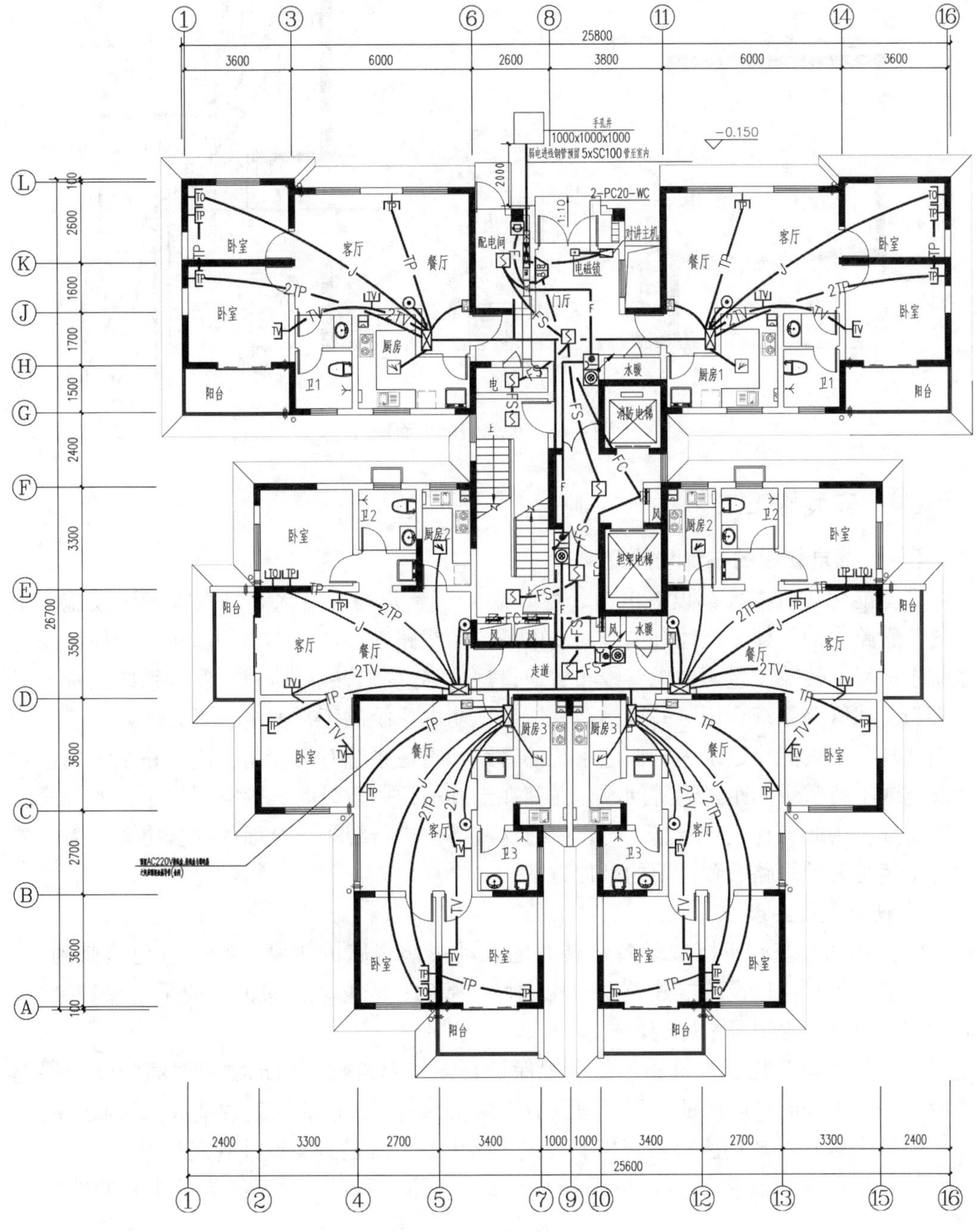

图 4-65 公寓弱电平面图

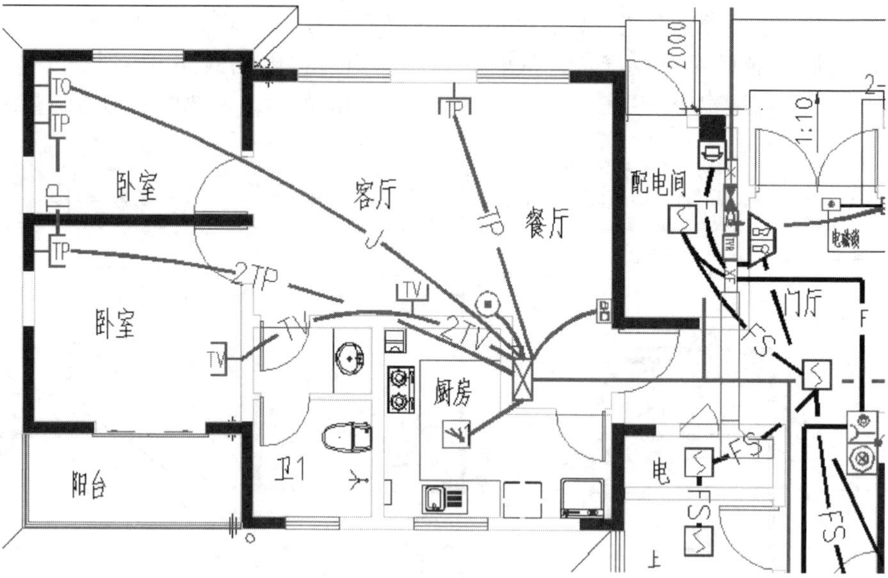

图 4-66　房间弱电平面图

三　安装施工工艺

（一）弱电管线的布置与敷设

在智能化建筑中大都设有电力、燃（煤）气、热力、给水和排水等管路设施，由于这些管路中的气体、液体和电能对弱电系统的线路都会产生不良的影响，为保证弱电系统中信号的传输质量，弱电管线布置应设法远离这些管线。所以，弱电系统工程一般不准与上述管路系统合用竖井或槽道，以保证弱电系统的正常安全运行。

此外，在智能化建筑内，弱电系统的管路和槽道系统有可能与上述管路系统发生互相交越或平行敷设间距过近等问题，尤其在走廊吊顶内敷设时，因空间较小，各种管路均需布置。为此，在设计及施工时，要对这些部位进行统一、全面的综合协调，力求能设计出满足各种管路布置需要的最佳方案。

1. 线管敷设要求

（1）为防止基础下沉或设备运转时的振动影响线路的正常运行及避免检修困难，电线保护管不宜穿过设备或建筑物、构筑物的基础；当必须穿过时，应采取保护措施，同时应在隐蔽工程记录中标明位置。

（2）埋入建筑物、构筑物内的电线保护管，与建筑物、构筑物表面间的保护层厚度应不小于 15 mm，以保证暗配管敷设后不露出抹灰层，防止因锈蚀造成抹灰面脱落。

（3）缆线在布放前应核对规格、程式、路由及位置是否与设计规定相符。

（4）缆线的布放应平直，不得产生扭绞、打圈等现象，不应受到外力的挤压和损伤。

（5）缆线在布放前两端应贴有标签，以表明起始和终端位置，标签书写应清晰、端正、正确。

（6）电源线、信号电缆、对绞电缆、光缆及建筑物内其他弱电系统的缆线应分开布放。各缆线间的最小净距应符合设计要求。

（7）缆线布放时应有冗余。在交接间、设备间对绞电缆预留长度一般为 3~6 m，工作区为 0.3~0.6 m；光缆在设备端预留长度一般为 5~10 m。有特殊要求的应按设计要求预留长度。

2. 金属导管的暗敷

（1）钢管在现浇混凝土结构中敷设

现浇混凝土结构中的电气配管多采用钢管，在施工中既不易被损坏，也不会过大地降低混凝土梁、柱、楼板的强度。

① 现浇混凝土楼板内配钢管，应在模板支好后，待钢筋底网绑扎后再配管、盒，管子应敷设在底筋上面。并列敷设的管子间距应不小于 25 mm，使管子周围均有混凝土保护层，防止钢管挡住混凝土，在其下面形成捣固不实或孔洞性土建质量隐患。

② 线管竖穿现浇混凝土梁时，应防止梁下部配管外露，管应设在受剪力、应力较小部位梁的轴线上，并列敷设的管间距应不小于 25 mm。梁内钢管数量较多或截面面积较大时，应在混凝土梁受压区增设加强钢筋，防止减损梁的有效截面。

当钢管需横向穿过混凝土梁时，应将其敷设在梁受剪力、应力较小的部位，即梁的净跨度的 1/3 的中跨区域内通过梁的中和轴处。当中和轴难以确定时，管宜在梁中部的中和轴及以下受拉区内横向穿过，且穿梁管距底筋上部应不小于 50 mm。

③ 钢管在现浇混凝土墙体内配管，应把钢管绑扎在内壁钢筋的里边一侧，避免或减少管与盒连接时的弯曲。同时将已焊好跨接地线的盒与钢筋或模板固定，如管与盒采用焊接连接，则不需再焊跨接接地线；当管与盒采用螺纹连接时，应先在管的适当部位焊好跨接线，安装盒体时跨接线另一端再与盒体焊接。

④ 钢管在混凝土柱内需要埋设管、盒时，应先将它们连接好，线管沿主筋内侧与主筋上的箍筋绑扎在一起，线管中间的绑扎间距不应大于 1 m，管与盒连接处的绑扎距离不应大于 0.3 m。

在柱内线管需要伸出混凝土柱子与墙体连接时，为了避免钢模板开孔，可在柱内紧靠模板处的管口处先连接好套管，并堵塞好套管的管口，待模板拆除后取出套管内的堵塞物，再与墙体线管进行连接。

当线管需要横向穿过混凝土柱子时，对柱子的结构强度有一定的影响，此时应相应地增加补强钢筋面积，以抵消对柱子面积的减损影响。

⑤ 钢管在混凝土地面内的配管应尽量埋入混凝土层中，充分利用混凝土地面层保护管路。当管路露出地面的弯曲部位不能全部埋入时，可适当增加埋入深度。

（2）钢管在砖墙中布置与敷设

钢管在砖墙中敷设，应在土建砌墙时与其配合预埋。若在施工中由于种种原因无法进行配合，则应在墙体表面开槽，槽宽约为管子直径的 1.2 倍。在配管时可在槽内的砖缝中打入木榫，再用铁丝或铁钉弯钩将管子卡紧。

在厚度 120 mm 及以下的砖墙内敷设管路时，会造成墙体接茬不良，应改变敷设位置或者加强墙体结构。在墙体中配管需要接管时，应在连接处设置跨接接地线，以确保管子成为良好的导体。

（3）暗配钢管管路补偿措施

钢管通过建（构）筑沉降缝或伸缩缝（统称变形缝）时必须断开，需在其两侧各埋设接线盒（箱）做补偿装置，使导线在该处留有余量，如图 4-67 所示。当变形缝中的缝下基础没有断开时，配管应尽量在基础内水平通过，避免在墙体上设置补偿装置。补偿装置的两端必须焊好跨接地线。

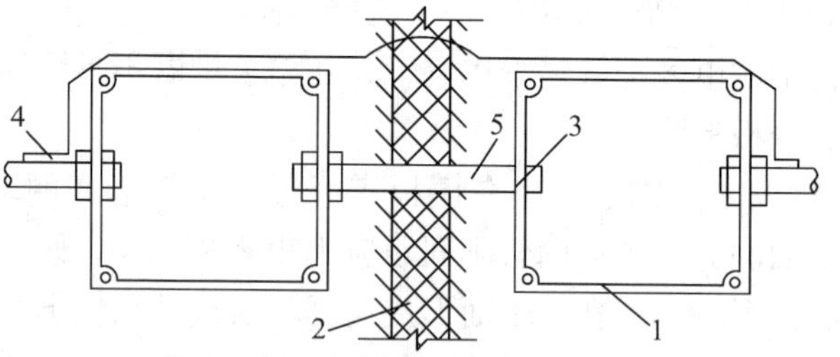

1—接线盒；2—变形缝；3—长孔；4—跨接地线；5—短钢管

图 4-67 暗配钢管过变形缝补偿装置

3. 金属导管的明敷

明配钢管在敷设前应按设计图样或标准图要求，加工各种支架、吊架、抱箍等金属支持件，并根据管路应横平竖直的原则，顺线路的垂直和水平位置进行画线定位，并应注意管路与其他管路间的位置、最小距离以及用电设备、盒（箱）的安装位置，确定吊架、支架等固定点的具体位置和距离，并做好预埋工作。

明配管路一般沿墙、支架、吊架敷设，且应在建筑物装饰工程结束后进行。

（二）弱电系统与土建的配合

弱电系统是整个建筑工程的重要组成部分，需要和土建密切配合。

1. 弱电系统安装前对土建系统的要求

（1）弱电系统安装的房屋应满足的要求

室内屋面的土建工作已完成；结束粗制地面的工作，并在墙上标明最后抹光地面的标高；设备的混凝土基础及构架达到允许进行安装的强度；对于需要进行修饰的墙壁、柱子及基础的表面，在弱电装置安装之前结束修饰工作；对弱电装置安装有影响的建筑部分的模板、脚手架应当拆除，并清除废料，但对于弱电装置安装可以利用的脚手架等，可根据工作需要逐步加以拆除。

（2）弱电系统安装的户外土建工程应满足的要求

弱电装置安装所用的混凝土基础及构架，已达到允许进行安装的规定强度；模板和建筑废料已经拆除，有足够的安装用场地，施工用道路畅通；基坑已回填夯实。

（3）弱电系统安装时允许进行的土建工作

弱电装置所用的金属构架安装后，允许进行抹灰工作；弱电装置安装后，允许进行建筑物部分表面的涂色及粉刷，但要注意不应使已安装的装置遭受污损。

（4）弱电装置投入运行前应结束的工作

清除弱电装置及构架上的污垢，结束修饰工作（如粉刷、涂漆、补洞、抹制地面、表面修饰等）；户外变电站区域的永久性围墙及场地平整；拆除临时设施，更换为永久设施（如永久性梯子、栏杆等）。

2. 施工阶段弱电系统与土建的配合

配合土建工程及其他工程，注意和遵循其施工规律。

（1）设计施工阶段

① 预留孔洞和预埋管线与土建工程的配合。在土建基础施工中，应做好接地工程引线孔、地坪中配管的过墙孔、电缆过墙保护管和进线管的预埋工作。

② 线槽架的施工与土建工程的配合。线槽架的安装施工，在土建工程基本结束以后，与其他管道（风管、给排水管）的安装同步进行，也可稍迟于管道安装一段时间，但必须解决好弱电线槽架与管道在空间位置上的合理安置和配合问题。

③ 管线施工与装饰工程的配合。配线和穿线工作，在土建工程完全结束以后，与装饰工程同步进行，进度安排应避免装饰工程结束以后，造成穿线敷设的困难。

④ 各控制室布置与装饰工程的配合。各控制室的装饰应与整体的装饰工程同步，弱电系统设备的定位、安装、接线端连接，应在装饰工程基本结束时开始。

（2）调试开通阶段

先做单体设备或部件调试，而后进行局部或区域调试，最后完成整体系统调试，具体调试按系统种类而定。

（3）竣工验收阶段

工程验收分为隐蔽工程、分项工程和竣工工程三个步骤进行。

① 隐蔽工程验收。弱电安装中的线管预埋、直埋电缆、接地极等都属于隐蔽工程，这些工程在下道工序施工前，应由建设单位代表（或监理人员）进行隐蔽工程检查验收，并认真做好隐蔽工程验收手续，纳入技术档案。

② 分项工程验收。某阶段工程结束，或某一分项工程完工后，由建设单位会同设计单位进行分项验收；有些单项工程则由建设单位申报当地主管部门进行验收。

③ 竣工验收。工程竣工验收是对整个工程建设项目的综合性检查验收。在工程正式验收前，由施工单位进行预验收，检查有关的技术资料、工程质量，发现问题及时解决。再由建设单位会同设计单位和由建设单位申报当地主管部门进行验收。

3. 施工工艺

在施工全过程中严格按照工程质量检验评定标准逐项检查操作质量，在工程完工后，对施工质量进行评定，并备好质量保证资料，保证交付使用的工程达到设计要求、满足使用功能。

（1）电气线路敷设

① 电缆（线）敷设前，做外观及导通检查，并用直流 500 V 兆欧表测量绝缘电阻，其电阻不小于 5 MΩ；当有特殊规定时，应符合其规定。

② 线路按最短途径集中敷设，横平竖直、整齐美观、不宜交叉。

③ 线路不应敷设在易受机械损伤、有腐蚀性介质排放、潮湿及有强磁场和强静电场干扰的区域，必要时采取相应保护或屏蔽措施。

④ 当线路周围温度超过 65 ℃时，采取隔热措施；位处有可能引起火灾的火源场所时，加防火措施。

⑤ 线路不宜平行敷设在高温工艺设备、管道的上方和具有腐蚀性液体介质的工艺设备、管道的下方。

⑥ 线路与绝热的工艺设备、管道绝热层表面之间的距离应大于 200 mm，与其他工艺设备、管道表面之间的距离应大于 150 mm。

⑦ 线路的终端接线处以及经过建筑物的伸缩缝和沉降缝处，应留有适当的余度。

⑧ 线路不应有中间接头，当无法避免时，应在分线箱或接线盒内接线，接头宜采用压接；当采用焊接时，应用无腐蚀性的焊药。补偿导线宜采用压接。同轴电缆及高频电缆应采用专用接头。

⑨ 敷设线路时，不宜在混凝土梁、柱上凿安装孔。

⑩ 线路敷设完毕，应进行校线及编号，并按第一条的规定，测量绝缘电阻。测量线路绝缘时，必须将已连接上的设备及元件断开。

（2）电缆的敷设

① 敷设电缆时的环境温度不应低于-7 ℃。

② 敷设电缆时应合理安排，不宜交叉；敷设时应防止电缆之间及电缆与其他硬物体之间的摩擦；固定时，松紧应适度。

③ 多芯电缆的弯曲半径不应小于其外径的 6 倍。

④ 信号电缆（线）与电力电缆交叉时，宜呈直角；当平行敷设时，其相互间的距离应符合设计规定。

⑤ 在同一线槽内的不同型号、不同电压等级的电缆，应分类布置；对于交流电源线路和连锁线路，应用隔板与无屏蔽的信号线路隔开敷设。

⑥ 电缆沿支架或在线槽内敷设时应在下列各处固定牢固：电缆倾斜坡度超过 45°或垂直排列时，在每一个支架上；电缆倾斜坡度不超过 45°且水平排列时，在每隔 1~2 个支架上；和补偿余度两侧以及保护管两端的第一、第二两个支架上；引入仪表盘（箱）前 300~400 mm 处；引入接线盒及分线箱前 150~300 mm 处。

⑦ 线槽垂直分层安装时，电缆应按下列规定顺序从上至下排列：仪表信号线路；安全连锁线路；交流和直流供电线路。

⑧ 明敷设的信号线路与具有强磁场和强电场的电气设备之间的净距离，宜大于 1.5 m；当采用屏蔽电缆或穿金属保护管以及在线槽内敷设时，宜大于 0.8 m。

⑨ 电缆在沟道内敷设时，应敷设在支架上或线槽内。当电缆进入建筑物后，电缆沟道与建筑物间应隔离密封。

（3）其他要求

① 电线穿管前应清扫保护管，穿管时不应损伤导线。

② 信号线路、供电线路、连锁线路及有特殊要求的仪表信号线路，应分别采用各自的保护管。

③ 仪表盘（箱）内端子板两端的线路，均应按施工图纸编号。

④ 每一个接线端子上最多允许接两根芯线。

⑤ 导线与接线端子板、仪表、电气设备等连接时，应留有适当余度。

四 技能点训练

1. 训练目的

(1) 了解建筑弱电系统的组成。

(2) 熟悉识读建筑弱电系统施工图的方法。

(3) 会识读建筑弱电系统施工图。

2. 训练内容

扫描二维码，识读某建筑弱电施工图。根据施工图，进行训练：

(1) 指出一层电话进线盒、网络进线盒和电视进线盒的位置。

(2) 指出一层共连接有多少网络插座。

(3) 识读一层至三层弱电平面图，指出消火栓的位置。

(4) 指出二层共连接有多少电视插座。

(5) 识读三层弱电平面图，指出分别有多少电话插座、网络插座和电视插座。

建筑弱电施工图

任务三 建筑防雷与接地

一 知识点学习

雷电是雷云之间或雷云对地面放电的一种自然现象。在雷雨季节里，云中的水滴受强烈气流的摩擦产生电荷，而且微小的水滴带负电，小水滴容易被气流带走而聚集在一起形成带负电的云；较大的水滴留下来形成带正电的云。由于静电感应，带电云层在大地表面会感应出与云层异性的电荷，当其间的电场强度达到一定程度时，周围空气的绝缘性能被破坏，即会发生雷云与大地之间的放电；同样，在两块异性电荷的雷云之间，当电场强度达到一定值时，便会发生云层之间的放电。放电时伴随着强烈的电光和声音，即闪电和雷鸣，这就是雷电现象。其中尤以雷云对地放电（直接雷击）对地面上的建筑物和构筑物的破坏性最大。

（一）雷电的基础知识

1. 雷电的分类

雷电可分为直击雷、感应雷、雷电波侵入及球形雷四种。

(1) 直击雷

有时雷云较低，周围又没有带异性电荷的云层，就会在地面上突出的树木或建筑物上感应出异性电荷，雷云就会通过这些物体对大地直接放电，这种直接击在建筑物或其他物体上的雷击，称为直击雷。

（2）感应雷

感应雷又称雷电感应，它是由雷电流的强大电场和磁场变化产生的静电感应和电磁感应引起的。它能造成金属部件之间产生电火花放电。

（3）雷电波侵入

雷电作用于架空线路或金属导体所产生的雷电波可能沿着这些导体侵入建筑物内，危及人身安全或损坏设备。

雷电波侵入的事故时有发生，在雷害事故中占有相当大的比例。

（4）球形雷

通常认为球形雷是一个炽热的等离子体发光球体，温度极高，并发出橙色或红色的光，直径一般为 10~20 cm，最大直径可达 1.0 m。

球形雷常沿地面滚动或在空气中飘动，能通过烟囱、门、窗或其他孔洞进入建筑物内部，或无声消失，或伤害人身、破坏物体，甚至发生剧烈的燃烧或爆炸，引起严重的后果。

2. 雷电的危害

雷电有时会带来严重的危害，就其破坏因素来说，有以下三方面破坏作用：

（1）电效应

在雷电放电时，能产生高达数万伏甚至数十万伏的冲击电压，足以烧毁电力系统的发电机、变压器、断路器等电气设备或将输电线路绝缘击穿而发生短路，导致可燃、易燃、易爆物品着火和爆炸。

（2）热效应

巨大的雷电流（几十至几百千安）通过导体，会在极短的时间内转换成大量的热能。雷击点的发热量为 500~2000 J，会造成易爆物品燃烧或造成金属熔化、飞溅而引起火灾或爆炸事故。

（3）机械效应

被击物遭到严重破坏，这是由于巨大的雷电流通过被击物时，使被击物缝隙中的气体剧烈膨胀，被击物中的水分急剧蒸发为大量气体，因而在被击物体内部出现强大的机械压力，致使被击物体遭受严重破坏或发生爆炸。

（二）防雷等级

建筑物根据其重要性、使用性质和类别、发生雷电事故的可能性和后果，按防雷要求分为三类。

1. 第一类防雷建筑物

凡属于下列情况之一时，为第一类防雷建筑物：

（1）凡制造、使用或贮有炸药、火药、起爆药、火工品等大量爆炸物质的建筑物，因电火花而引起爆炸，会造成巨大破坏和人身伤亡者。

（2）具有 0 区或 10 区爆炸危险环境的建筑物。

（3）具有 1 区爆炸危险环境的建筑物，因电火花而引起爆炸，会造成巨大破坏和人身伤亡者。

2. 第二类防雷建筑物

凡属于下列情况之一时，为第二类防雷建筑物：

（1）国家级重点文物保护的建筑物。

（2）国家级的会堂、办公建筑物、大型展览和博览建筑物、大型火车站、国宾馆、国家级档案馆、大型城市的重要给水水泵房等特别重要的建筑物。

（3）国家级计算中心、国际通信枢纽等对国民经济有重要意义且装有大量电子设备的建筑物。

（4）制造、使用或贮存爆炸物质的建筑物，且电火花不易引起爆炸或不致造成巨大破坏和人身伤亡者。

（5）具有1区爆炸危险环境的建筑物，且电火花不易引起爆炸或不致造成巨大破坏和人身伤亡者。

（6）具有2区或11区爆炸危险环境的建筑物。

（7）工业企业内有爆炸危险的露天钢质封闭气罐。

（8）预计雷击次数大于0.06次/a的部、省级办公建筑物及其他重要或人员密集的公共建筑物。

（9）预计雷击次数大于0.3次/a的住宅、办公楼等一般性民用建筑物。

3. 第三类防雷建筑物

凡属于下列情况之一时，为第三类防雷建筑物：

（1）省级重点文物保护的建筑物及省级档案馆。

（2）预计雷击次数大于或等于0.012次/a，且小于或等于0.06次/a的部、省级办公建筑物及其他重要或人员密集的公共建筑物。

（3）预计雷击次数大于或等于0.06次/a，且小于或等于0.3次/a的住宅、办公楼等一般性民用建筑物。

（4）预计雷击次数大于或等于0.06次/a的一般性工业建筑物。

（5）根据雷击后对工业生产的影响及产生的后果，并结合当地气象、地形、地质及周围环境等因素，确定需要防雷的21区、22区、23区火灾危险环境。

（6）在平均雷暴日大于15 d/a的地区，高度在15 m及以上的烟囱、水塔等孤立的高耸建筑物；在平均雷暴日小于或等于15 d/a的地区，高度在20 m及以上的烟囱、水塔等孤立的高耸建筑物。

（三）防雷装置的组成

建筑防雷的避雷装置主要由接闪器、引下线和接地装置三部分组成，如图4-68所示，接闪器为ϕ10热镀锌圆钢（避雷带）沿女儿墙明敷；引下线为柱内的2ϕ16对角主筋（通长电气导通），接地装置为基础圈梁钢筋（2ϕ16对角主筋）。引下线上部与避雷带焊接（或专用卡接器连接），距室外地坪0.5 m设接地电阻测试点（25 mm×4 mm热镀锌扁钢，设146系列暗盒），据地−1.0 m焊接40 mm×4 mm热镀锌扁钢，外甩1.5 m作为户外接地母线，下部与基础圈梁钢筋焊接为一体。

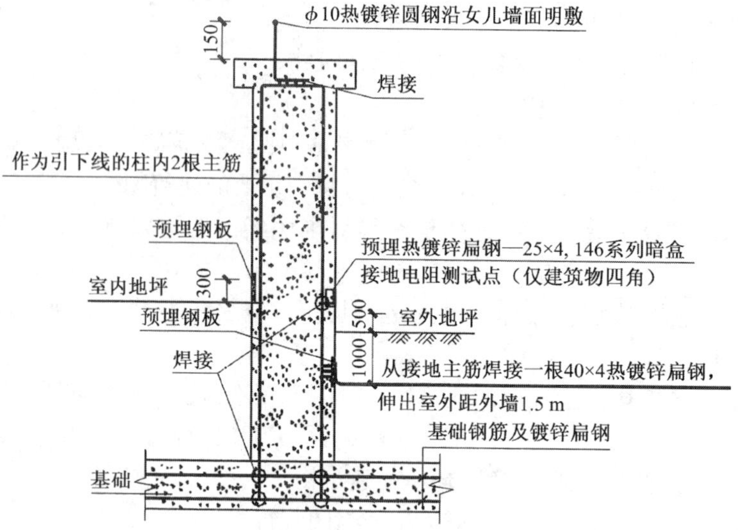

图 4-68　建筑防雷接地示意图

1. 接闪器

接闪器是吸引和接受雷电流的金属导体，常见接闪器的形式有避雷针、避雷带、避雷网等。

（1）避雷针

避雷针通常由钢管制成，针尖加工成锥体。当避雷针较高时，加工成多节，上细下粗，固定在建筑物或构筑物上。避雷针是安装在建筑突出部位或独立安装的针形金属导体。避雷针通常采用镀锌圆钢或镀锌钢管制成，所用圆钢及钢管直径依针长的不同而不同。当针长小于 1 m 时，圆钢和钢管的直径分别不得小于 12 mm 和 20 mm；当针长为 1~2 m 时，圆钢和钢管的直径分别不得小于 16 mm 和 25 mm；烟囱顶上的避雷针，圆钢的直径为 20 mm。当避雷针的长度超过 2 m 时，针体由针尖和不同管径的管道组合而成。

（2）避雷带

避雷带是沿建筑物易受雷击的部位装设的带形导体，一般用镀锌圆钢或镀锌扁钢制成。避雷带由直径不小于 8 mm 的圆钢或截面面积不小于 48 mm^2 且厚度不小于 4 mm 的扁钢组成，在要求较高的场所也可以采用 20 镀锌钢管。明敷的避雷网（带）应沿屋面、屋脊、屋檐和檐角等易受雷击部位敷设；暗敷的避雷网（带）必须与避雷针配合，沿屋面、屋脊、屋檐和檐角等易受雷击部位敷设。

镀锌圆钢的直径一般为 10 mm；镀锌扁钢一般为 25 mm×4 mm。避雷带一般要高出建筑屋面 0. 2 m 左右，两根平行的避雷带之间的距离小于 10 m。明敷避雷带的敷设形式有两种（见图 4-69），一种是在屋面上用混凝土支墩支起，另一种是沿女儿墙敷设。安装避雷带时，每隔 1 m（转角处间距为 0. 5 m）用支持卡将避雷带固定在墙上或专设的混凝土支座上。支持卡的实物及大样图如图 4-70 所示。为了增强防护作用，有时还在避雷带上增装短针，短针的长度一般为 0. 4~0. 5 m。可上人屋面的避雷带宜暗敷，埋设深度为屋面或女儿墙下 50 mm。

避雷带的连接一律采用焊接，屋顶的外露金属管道、水箱等应与避雷针、避雷带等物体连成一个整体的电气通路，如图 4-71 所示。

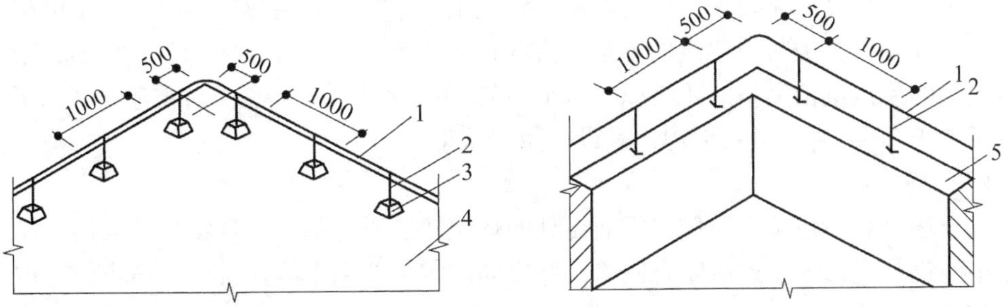

(a) 在平屋面上安装　　(b) 在女儿墙上安装

1—避雷带；2—支持卡；3—混凝土支座；4—平屋面；5—女儿墙

图 4-69　避雷带的安装

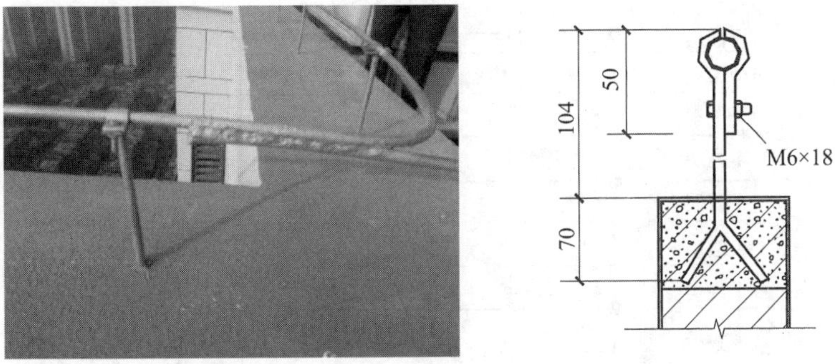

(a) 实物　　(b) 大样图

图 4-70　支持卡的实物及大样图

图 4-71　屋顶的金属管道与避雷带连接

（3）避雷网

避雷网是由在屋面上纵横敷设的避雷带组成的网格。建筑屋顶避雷网格的间距应按设计规定，如果设计无要求，应按如下要求施工：第一类防雷建筑的屋顶避雷网格间距为 5 m×5 m，第二类防雷建筑的屋顶避雷网格间距为 10 m×10 m 或 12 m×8 m，第三类防雷建筑的屋顶避雷网格间距为 20 m×20 m 或 24 m×16 m。第三类防雷建筑，当平屋面宽度不大于 20 m 时，可仅沿周边敷设一圈避雷带。

（4）均压环

均压环是高层建筑为防侧击雷而设计的环绕建筑周边的水平避雷带。高层建筑结构圈梁中的钢筋应每 3 层连成闭合回路，并应同防雷装置引下线连接，以防止侧击雷（见图 4-72）。

45 m 以上建筑的金属门窗、栏杆等应用ϕ 10 的圆钢或 25 mm×4 mm 的扁钢与均压环连接，如图 4-73 所示。

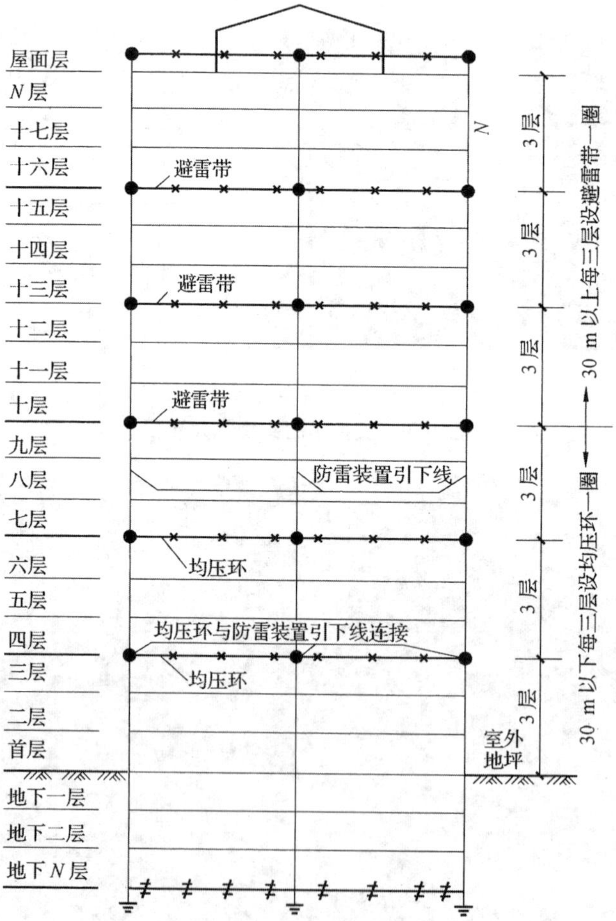

图 4-72　建筑避雷带、均压环与防雷装置引下线连接

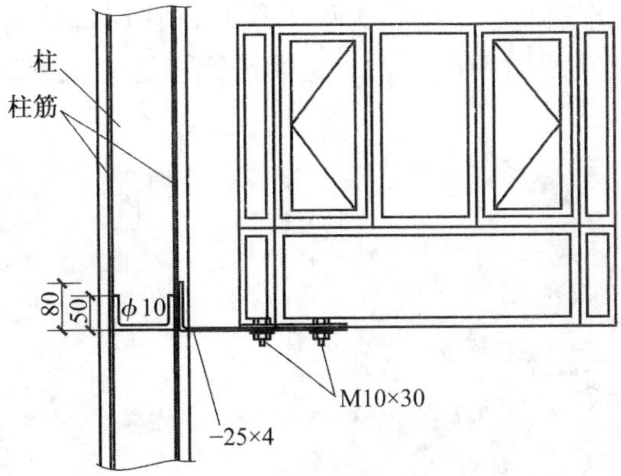

图 4-73 门窗接地做法

（5）避雷笼

避雷笼即用垂直和水平的导体（铜带或钢筋）密集地将建筑包围起来，形成一个保护笼。一般利用建筑混凝土内部的结构钢筋作为笼式避雷网。

2. 引下线

引下线是连接接闪器和接地装置的导体，其作用是将接闪器收到的雷电流引至接地装置。通常情况下，引下线沿墙敷设若干条（按设计定），一般不少于 2 根。引下线一般采用直径不小于 8 mm 的圆钢或截面面积不小于 48 mm^2 且厚度不小于 4 mm 的扁钢，烟囱上的引下线宜采用直径不小于 12 mm 的圆钢或截面面积不小于 10 mm^2 且厚度不小于 4 mm 的扁钢。

引下线的安装方式可分为明敷设和暗敷设。明敷设是沿建筑物或构筑物外墙敷设。暗敷设是将引下线埋于墙内或利用建筑物柱内的主筋可靠连接而成。若利用建筑钢筋混凝土中的钢筋作为引下线，当钢筋的直径为 16 mm 及以上时，应用 2 根钢筋作为一组引下线；当钢筋的直径为 10 mm 及以上时，应用 4 根钢筋作为一组引下线，如图 4-74 所示。

图 4-74 利用建筑钢筋混凝土中的钢筋作为引下线

引下线的间距应由设计确定，如果设计不明确，可按规范要求确定，第一类防雷建筑的引下线间距不应大于 12 m，第二类防雷建筑的引下线间距不应大于 18 m，第三类防雷建筑的引下线间距不应大于 25 m。

引下线的上部应与接闪器焊接，焊接为搭接焊，焊接长度为钢筋直径的 6 倍以上并要求必须双面焊，且焊接处要进行防腐处理。引下线与接地装置的连接既可用焊接，也可用螺栓连接（只能用于有 2 根以上的引下线）。引下线的下部在室外地坪 0.8～1.0 m 处焊出一根 ϕ12 mm 或者 40 mm×4 mm 的镀锌导体，此导体伸向室外距外墙皮宜不小于 1 m，并做防腐处理。

如图 4-75 所示，引下线明装时，沿建筑外墙敷设，在地面以上 1.7 m 和地面以下 0.3 m 的线段上必须用绝缘保护管（竹管或塑料管）加以保护，不能穿入封闭金属管内。利用钢筋混凝土中的钢筋、钢柱作为引下线时，宜在每组引下线距地 0.3～1.8 m 处设置断接卡，如图 4-76 和图 4-77 所示；定期进行接地电阻测试，接地电阻要求一般不大于 10 Ω。

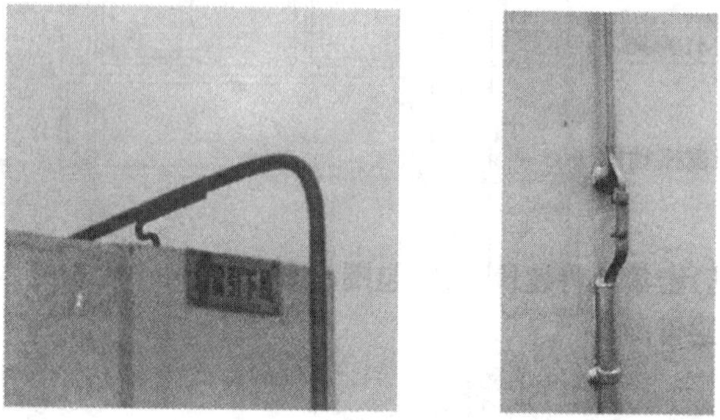

图 4-75　引下线明装

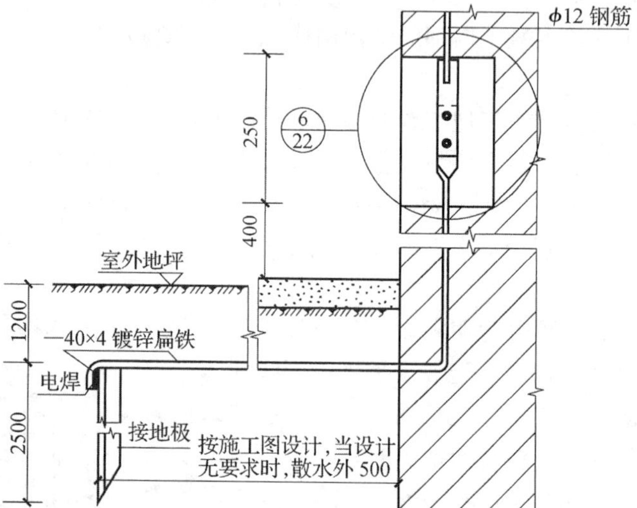

图 4-76　断接卡大样图

图 4-77　接地电阻测试点（断接卡）

3. **接地体**

接地体又称接地极，是指埋入地下与大地土壤直接接触，作散流用的金属导体。接地体的作用是接收引下线传来的雷电流，并以最快的速度泄入大地。装有防雷装置的建筑物，在防雷装置与其他设施和建筑物内人员无法隔离的情况下，应采取等电位连接。接地体有自然接地体与人工接地体两类。按敷设方式不同，又可分为水平接地体与垂直接地体两种。

（1）自然接地体

自然接地体是指兼作接地用的直接与大地土壤接触的各种金属管道（输送易燃、易爆气体或液体的管道除外）、金属构件、金属井管、建筑物基础等。在众多的自然接地体中，利用钢筋混凝土内钢筋作为自然接地体在国内外已积累了一定的经验，常作为自然接地体的首选。接地示意图如图 4-78 所示。

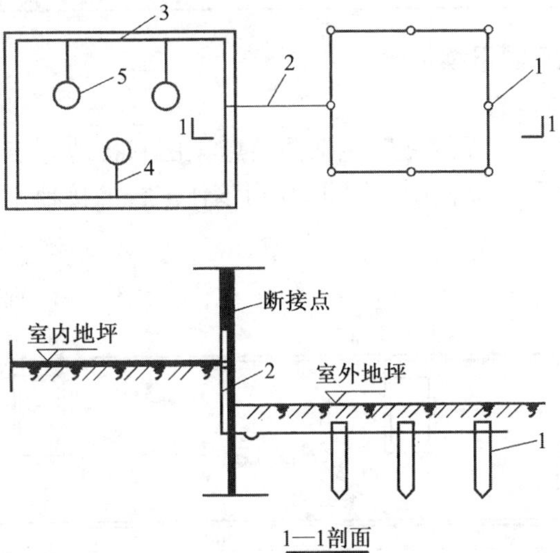

1—接地体；2—接地引下线；3—接地干线；4—接地支线；5—被保护电气设备

图 4-78　接地示意图

（2）人工接地体

按设计要求专门埋设的金属接地体称为人工接地体。除临时接地装置外，接地装置应采用热镀锌钢材。

水平敷设的接地体可采用圆钢和扁钢，垂直敷设的接地体可采用角钢和钢管。腐蚀比较严重地区的接地装置，应适当加大截面面积，或采用阴极保护等措施。

二　建筑防雷施工图识读

（一）建筑防雷施工图识读方法

建筑防雷工程图的识读方法可以分为以下几个步骤：

（1）明确建筑物的雷击类型、防雷等级、防雷措施。

在防雷采用的方式确定后，分析建筑物避雷带等装置的安装方式，引下线的路径及末端连接方式等。

（2）明确避雷装置类型、尺寸及型号。

建筑防雷设施主要有避雷针和避雷带，表示这些防雷设施平面布置的图称为建筑防雷施工图。建筑防雷施工图常用图形符号和文字符号见表 4-10。

表 4-10　建筑防雷施工图常用图形符号和文字符号

序号	名称	图形符号	文字符号	说明
1	接地	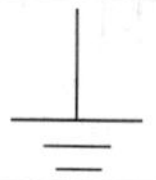	E	一般符号，用于电气接地系统图
2	保护接地		PE	表示具有保护作用，例如在故障情况下防止触电的接地
3	接地装置	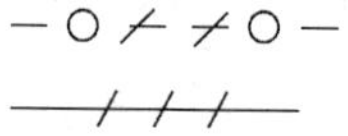		上图：有接地体，○表示接地体 下图：无接地体，用于平面布置图

（二）建筑防雷施工图识读示例

1. 住宅防雷接地施工图

建筑物防雷接地系统工程图一般包括防雷施工图和接地施工图两部分。图 4-79 为某住宅楼的防雷平面图和北立面图，图 4-80 为该住宅楼的接地平面图，图 4-81 为引下线固定安装示意图。

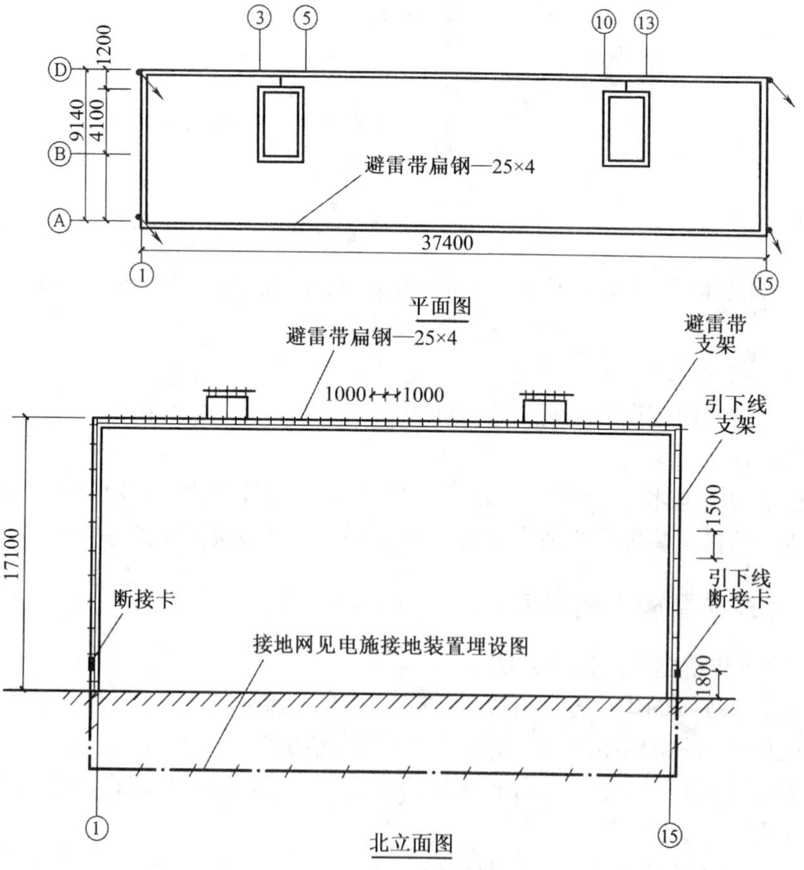

图 4-79　住宅建筑防雷平面图、立面图

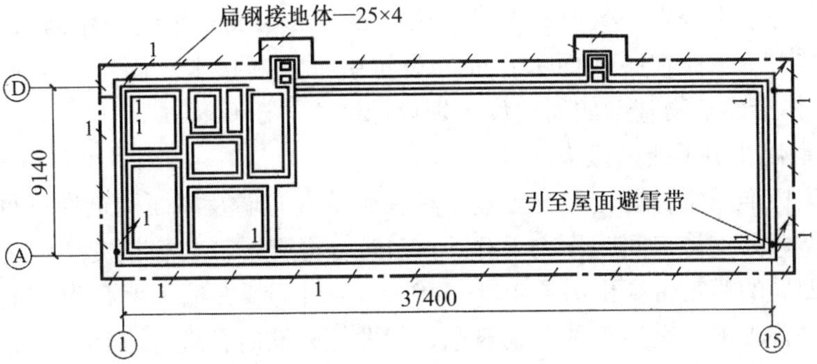

图 4-80 住宅建筑防雷接地平面图

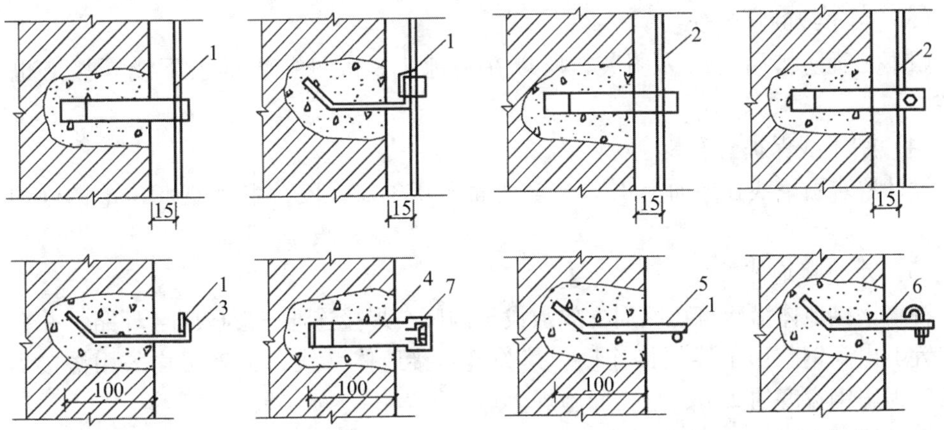

Ⅰ型 Ⅱ型 Ⅲ型 Ⅳ型

1—扁钢引下线；2—圆钢引下线；3，4—12×4，L=141 支架；5—12×4，L=130 支架；6—12×4，L=135 支架；7—12×4，L=60 套环

图 4-81 引下线固定安装示意图

该工程防雷接地系统基本情况如下：

① 本建筑属于第三类防雷建筑物。

② 本建筑为平屋面毛石基础砖混结构，宽度小于 20 m，避雷带沿屋面四周女儿墙敷设，所有突出屋面的金属体和构筑物应与避雷带做电气连接。

③ 本工程避雷带、引下线均采用 25 mm×4 mm 热镀锌扁钢，引下线在东、西侧外墙明敷设。

④ 引下线在地面上 1. 7 m 至地面下 0. 3 m 一段，用 DN50 硬塑料管保护。

⑤ 本工程采用 25 mm×4 mm 热镀锌扁钢作水平接地极，围建筑物埋设一周，埋设深度不小于 0. 8 m，在距建筑物出入口或人行道不超过 3 m 的部位，水平接地体局部深埋不小于 1 m。

⑥ 本工程强、弱电采用共用接地体，接地电阻不大于 1 Ω。

从本工程防雷接地施工图中可以得知：

（1）建筑防雷接地工程概况

该住宅建筑避雷带沿屋面女儿墙及突出屋面的构筑物四周敷设，支持卡间距为1 m。

在东、西两侧外墙上分别明敷设 2 根引下线（25 mm×4 mm 热镀锌扁钢），与埋于地下的接地体连接，引下线在距地面 1.8 m 处设置引下线断接卡。固定引下线支架间距为 1.5 m。接地体沿建筑物基础四周埋设，埋设深度不小于 0.8 m。

（2）避雷带及引下线的敷设

参照国家标准图集，首先配合土建工种在砌筑女儿墙及屋面构筑物时每隔 1.0 m 预埋支持卡，转弯处支持卡间距不大于 0.5 m，然后将避雷带与扁钢支架焊为一体，应保证装于屋顶四周的避雷带高出屋顶 100~150 mm。引下线在墙上明敷设与避雷带敷设基本相同，也是首先配合土建工种在砌筑东、西两侧外墙时预埋好扁钢支架，然后在外墙土建工程完毕、拆外脚手架之前，将引下线与支架焊接在一起，如图 4-81 所示，可选用Ⅰ型或Ⅱ型。

（3）引下线断接卡安装

因本工程防雷引下线为明装，所以在距地 1.8 m 处装设的引下线断接卡也应为明装。

（4）引下线保护管安装

设计要求引下线在地面上 1.7 m 至地面下 0.3 m 一段，用直径 50 mm 的硬塑料管保护。

（5）水平接地体敷设

将扁钢接地体沿建筑物四周立放敷设于沟底，焊接连通，形成闭合环路，并在引下线位置引出扁钢与引下线焊接连接。其关键是接地体（线）的连接均采用搭接焊，搭接长度为扁钢宽度的 2 倍，且三面施焊。

2. 公寓屋顶防雷施工图

公寓屋顶防雷平面图如图 4-82 所示，沿着屋面四周全部有避雷带。凡突出屋面的广告牌、金属构件等须与防雷装置连接；屋面的水箱、空调机组、风机等设备也须与防雷网焊接连通。用作接闪带的圆钢必须进行热镀锌；作为引下线的柱内主筋从上到下不能错位，要认真做好焊接；所有焊接点的焊接长度不得小于扁钢宽度的 2 倍或圆钢直径的 6 倍，外露的焊接点应做防腐处理；接闪带水平敷设时，支架间距为 1 m，转弯处为 0.5 m；为防止侧向雷击，将三、六、九、十一层屋顶圈梁内的两根主钢筋（直径大于 16 mm）焊接，绕建筑物形成均压环，并将其与所有的引下线焊接，外墙上所有金属外窗、玻璃幕墙金属构件或外挂石材的预埋件及龙骨的上下端均应与均压环焊接。

本图纸特别说明：出屋面管线均应做防水弯头，出屋面金属管线及设备外壳均应与防雷网焊接连通。

现在对防雷平面图中的左上方进行详细说明，如图 4-83 所示，防雷引下线利用柱内 4 根直径不小于 12 mm 的主筋通长焊接，左上角为其中一根；主筋上下对齐焊接，焊接长度为 6 倍直径，共 10 处；上端与避雷带焊接，下端与基础接地体牢固焊接；直径 10 mm 的镀锌圆钢避雷带沿女儿墙明敷；避雷带高差处暗敷连通。

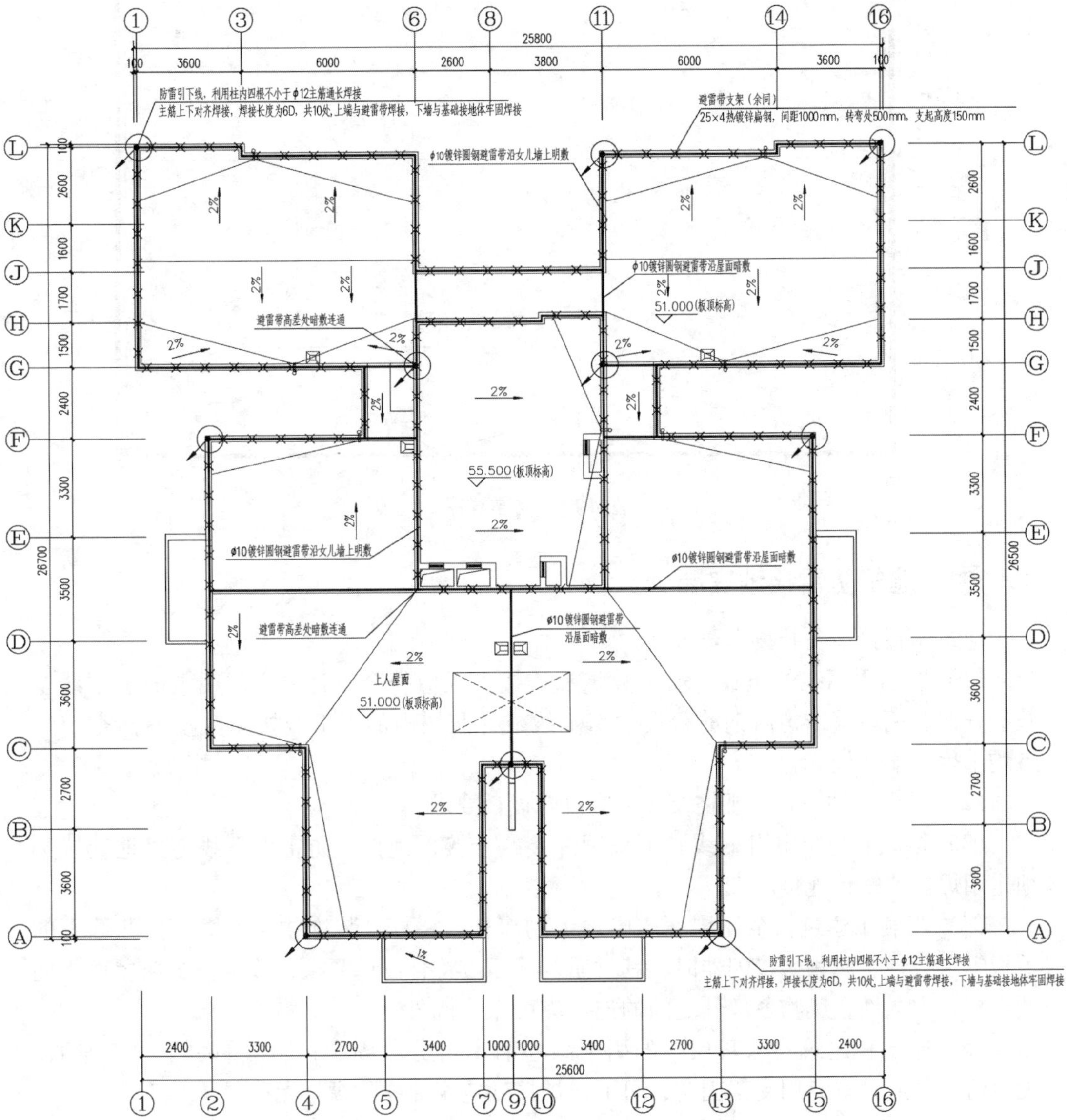

图 4-82　公寓屋顶防雷平面图

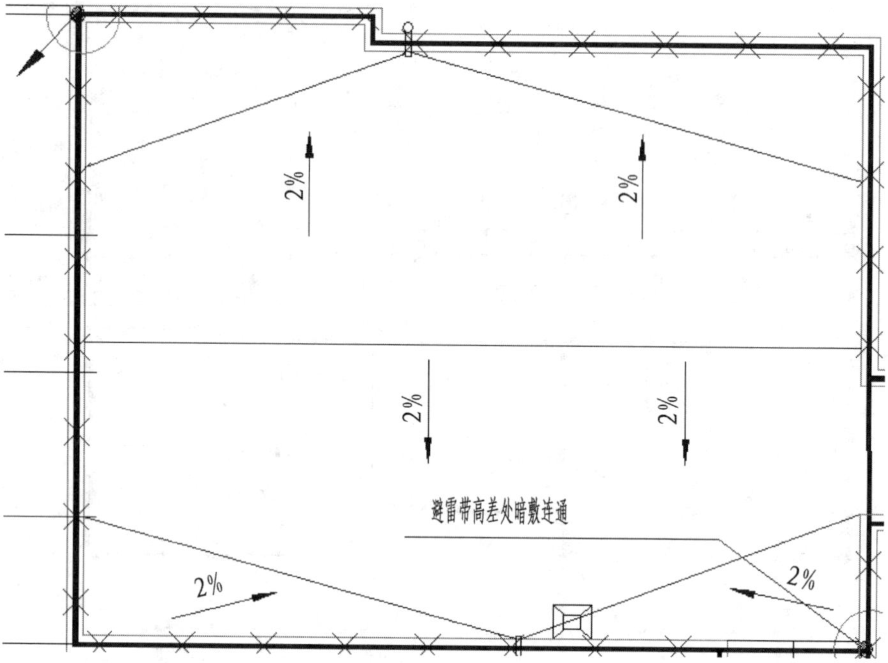

图 4-83 防雷详图

三 建筑防雷接地安装

建筑防雷接地安装技术要求：

（1）防雷引下线的布置、安装数量和连接方式应符合设计要求。明敷的引下线全数检查，利用建筑结构内钢筋敷设的引下线或抹灰层内的引下线按总数量各抽查 5%，且均不得少于 2 处。

（2）接闪器的布置、规格及数量应符合设计要求。

（3）接闪器与防雷引下线必须采用焊接或卡接器连接，防雷引下线与接地装置必须采用焊接或螺栓连接。

（4）当利用建筑物金属屋面或屋顶上的旗杆、栏杆、装饰物、铁塔、女儿墙上的盖板等永久性金属物做接闪器时，其材质及截面应符合设计要求，建筑物金属屋面板间的连接、永久性金属物各部件之间的连接应可靠、持久。

（5）暗敷在建筑物抹灰层内的引下线应有卡钉分段固定；明敷的引下线应平直、无急弯，并应设置专用支架固定，引下线焊接处应刷油漆防腐且无遗漏。

（6）接闪杆、接闪线或接闪带安装位置应正确，安装方式应符合设计要求，焊接固定的焊缝应饱满无遗漏，螺栓固定的应防松零件齐全，焊接连接处应防腐完好。

（7）接闪线和接闪带安装应符合下列规定：

① 安装应平正顺直、无急弯，其固定支架应间距均匀、固定牢固。

② 当设计无要求时，固定支架高度不宜小于 150 mm，间距应符合表 4-11 的规定。

③ 每个固定支架应能承受 49 N 的垂直拉力。

表 4-11　明敷引下线及接闪导体固定支架的间距　mm

布置方式	扁形导体固定支架间距	圆形导体固定支架间距
安装于水平面上的水平导体		
安装于垂直面上的水平导体	500	1000
安装于 20 m 以上垂直面上的垂直导体		
安装于地面到 20 m 以下垂直面上的垂直导体	1000	1000

（8）接闪带或接闪网在过建筑物变形缝处的跨接应有补偿措施。

四　技能点训练

1. 训练目的

（1）了解建筑防雷接地的组成。

（2）熟悉识读建筑防雷接地施工图的方法。

（3）会识读建筑防雷接地施工图。

2. 训练内容

扫描二维码，识读某建筑防雷接地施工图。根据施工图，进行训练：

建筑防雷接地施工图

（1）识读屋顶防雷平面图，指出接闪器的类型。

（2）结合一层接地平面图和屋顶防雷平面图，指出引下线的位置。

（3）识读屋顶防雷平面图，说明避雷带如何布置。

（4）识读屋顶防雷平面图，画出楼顶设置灯具的实际接线图。

（5）识读一层接地平面图，说明接地网如何布置。

参考文献

[1] 贾永康. 建筑设备 [M]. 北京：中国建筑工业出版社，2010.
[2] 郭卫琳，黄奕沄，张宇. 建筑设备 [M]. 北京：机械工业出版社，2010.
[3] 陈宏振，相里梅琴，张丽娟. 供热工程 [M]. 徐州：中国矿业大学出版社，2017.
[4] 陈宏振. 室内采暖系统安装 [M]. 徐州：中国矿业大学出版社，2010.
[5] 相里梅琴. 室外供热管网安装 [M]. 徐州：中国矿业大学出版社，2010.
[6] 贾永康. 供热通风与空调工程施工技术 [M]. 北京：机械工业出版社，2017.
[7] 文桂萍. 建筑设备安装与识图 [M]. 北京：机械工业出版社，2012.
[8] 陆耀庆. 实用供热空调设计手册 [M]. 北京：中国建筑工业出版社，2008.
[9] 图集编绘组. 建筑设备设计施工图集 [M]. 北京：中国建筑工业出版社，2000.
[10] 中华人民共和国住房和城乡建设部，中华人民共和国国家质量监督检验检疫总局. 民用建筑供暖通风与空气调节设计规范：GB 50736—2012 [S]. 北京：中国计划出版社，2012.
[11] 中华人民共和国建设部，国家质量监督检验检疫总局. 建筑给水排水及采暖工程施工质量验收规范：GB 50242—2002 [S]. 北京：中国计划出版社，2002.
[12] 张金和. 图解供热工程安装 [M]. 北京：中国电力出版社，2007.
[13] 岳娜，冉昭祥. 建筑设备工程 [M]. 北京：清华大学出版社，北京交通大学出版社，2012.
[14] 徐正廷，凌代俭. 建筑装饰设备 [M]. 北京：中国建筑工业出版社，2000.
[15] 中华人民共和国住房和城乡建设部. 建筑给水排水设计标准：GB 50015—2019 [S]. 北京：中国计划出版社，2019.
[16] 中华人民共和国公安部. 自动喷水灭火系统设计规范：GB 50084—2017 [S]. 北京：中国计划出版社，2017.
[17] 供热术语标准：CJJ/T 55—2011 [S]. 北京：中国建筑工业出版社，2011.
[18] 中华人民共和国住房和城乡建设部. 暖通空调制图标准：GB/T 50114—2010 [S]. 北京：中国计划出版社，2010.
[19] 涂中强. 建筑设备安装工程 [M]. 北京：北京邮电大学出版社，2018.
[20] 刘源全. 建筑设备 [M]. 北京：北京大学出版社，2017.
[21] 陈桂凤. 建筑设备 [M]. 南京：南京大学出版社，2018.
[22] 杨建忠. 建筑设备 [M]. 北京：中国水利水电出版社，2019.
[23] 赵慧敏. 建筑设备 [M]. 北京：中国水利水电出版社，2017.
[24] 庄玉玲. 建筑设备 [M]. 北京：北京理工大学出版社，2017.
[25] 丑洋. 建筑设备 [M]. 北京：北京理工大学出版社，2018.
[26] 孙桂良. 建筑设备 [M]. 合肥：合肥工业大学出版社，2017.
[27] Grondzik W T, Kwok A G. Mechanical and electrical equipment for buildings [M]. New Jersey: John Wiley & Sons Inc, 2014.